RECHERCHES

SUR PLUSIEURS POINTS

DE

L'ASTRONOMIE ÉGYPTIENNE.

DE L'IMPRIMERIE DE FIRMIN DIDOT,

IMPRIMEUR DU ROI ET DE L'INSTITUT, RUE JACOB, N° 24.

RECHERCHES

SUR PLUSIEURS POINTS

DE

L'ASTRONOMIE ÉGYPTIENNE,

APPLIQUÉES

AUX MONUMENS ASTRONOMIQUES TROUVÉS EN ÉGYPTE;

Par J.-B. BIOT,

Membre de l'Académie des Sciences, Astronome adjoint au Bureau des Longitudes, Professeur de Physique mathématique au Collége de France, et de Physique expérimentale à la Faculté des Sciences de Paris; des Sociétés royales de Londres et d'Édimbourg; de l'Académie impériale de Saint-Pétersbourg; des Académies Royales de Stockholm, Turin, Munich, Lucques, Berlin, Naples; Membre honoraire de l'Université de Wilna; de l'Institution royale de Londres, de la Société philosophique de Cambridge, des Antiquaires d'Écosse, de la Société pour l'avancement des Sciences naturelles de Marbourg, de la Société Helvétique des Sciences naturelles, et de la Société Italienne des Sciences résidante à Modène.

« Videndum est non modo quid quisque loquatur, sed etiam quid quisque sentiat, atque etiam quâ de causâ quisque sentiat. (Cic. de Off. , l. i.)

PARIS,

CHEZ FIRMIN DIDOT, PÈRE ET FILS,

LIBRAIRES, RUE JACOB, N° 24.

1823.

AVANT-PROPOS.

Eh bien ! je me suis tu, malgré ce que je voi,
Et j'ai laissé parler tout le monde avant moi.
MOLIÈRE.

LORSQUE le zodiaque de Denderah , depuis long-temps l'objet de tant de discussions et de systèmes parmi les savans, fut tout à coup apporté en France par une entreprise aussi hardie qu'imprévue , la curiosité publique fut au comble. Chacun ambitionnait de voir par ses propres yeux ce vieux monument échappé aux ravages des siècles, ouvrage mystérieux d'une science que quelques personnes faisaient remonter aux premiers âges du monde, et qui du moins devait, sans aucun doute, appartenir à une très-haute antiquité. Outre les connaissances astronomiques qu'il pouvait révéler, bien d'autres genres d'intérêt s'y attachaient encore ; la multitude des hiéroglyphes qui le couvrent, leur état de conservation parfaite, l'espoir vraisemblable que l'interprétation en serait facilitée par la connaissance, ainsi que par la spé-

cialité du sujet auquel le très-grand nombre d'entre
eux se rapporte avec évidence; enfin la nature
même toute extraordinaire du monument qui n'a
point de pareil dans aucun Musée de l'Europe,
et que l'on peut supposer unique même en Égypte;
sans doute aussi quelque souvenir de gloire na-
tionale attachée au pays où il fut découvert, tout
se réunissait pour faire souhaiter qu'il ne nous
quittât plus. Les lumières personnelles du Roi, et
la respectueuse confiance que sa bonté inspire,
me persuadèrent qu'il accueillerait favorablement
ce vœu public, s'il était porté jusqu'à lui. Sans
autre titre que le pur amour des sciences, et de
toute gloire française, j'osai le faire; et j'eus le
bonheur d'éprouver que, près du Roi, ces sentimens suffisent pour être écouté. La libéralité
du Roi conserva le zodiaque de Denderah à la
France (1). L'empressement général put alors se
satisfaire; et, tandis que les moins savans y con-
templaient avec surprise les mêmes figures des
constellations zodiacales aujourd'hui en usage,
transmises ainsi jusqu'à nous presque sans chan-

(1) Une commission choisie dans les académies avait fixé le
prix du monument à cent cinquante mille francs. Le roi donna,
sur sa cassette, la moitié de cette somme; le reste fut fourni
par le ministère de l'intérieur. Je puis rapporter ces détails
avec certitude, ayant été chargé de signer l'acte d'acquisition
au nom du gouvernement.

gement, comme le ciel auquel on les avait attachées, les plus habiles scrutant curieusement
les détails moins apparens, mais plus caractéris-
tiques, dont ces figures sont accompagnées, cherchaient, dans leur disposition ou leur forme, à
retrouver quelque indice du but pour lequel on
les avait réunies, et quelque trace de la pensée
qui avait dirigé leur arrangement. La circonstance heureuse dont j'ai parlé plus haut, me
donna l'avantage de pouvoir étudier ainsi le monument autant que je le voulus, même avant qu'il
fût publiquement exposé. J'en comparai les diverses parties par des mesures précises. Après
quelques essais généraux, qui me semblaient y
montrer des rapports plus géométriques qu'on
n'avait paru jusqu'alors le présumer, je remar-
quai, dans l'intérieur de la courbe formée par les
douze signes du zodiaque, quelques astérismes
peu nombreux, accompagnés chacun d'une étoile
sculptée, et que leur rareté, ainsi que le choix
évidemment volontaire de leur place pouvait faire
soupçonner être des indications nominatives de
constellations ou d'étoiles, remarquables soit par
leur éclat, soit par les usages religieux qui s'y
appliquaient. La discussion des figures zodiacales
qui avoisinaient ces astérismes, me fit bientôt connaître avec vraisemblance quelle étoile pouvait

avoir été ainsi spécialement désignée par chacun d'eux; et le calcul des distances célestes que je parvins à déduire de leurs positions relatives sur le monument, se trouva si conforme à ces interprétations, que j'en fus très-étonné moi-même; car l'accord n'était pas inférieur à celui que l'on aurait pu obtenir avec des observations d'Hipparque. Le développement de cette première idée devint pour moi l'objet d'un travail auquel je pris un intérêt extrême; j'avouerai même que, peut-être, je me laissai aller à y donner trop de temps. Mais comment se défendre d'un vif sentiment de curiosité, lorsqu'on espère pouvoir ainsi retrouver, et faire en quelque façon renaître une ancienne pensée, cachée peut-être depuis trente ou quarante siècles dans le mystère d'un temple égyptien?

Toutefois, en proposant une interprétation nouvelle et purement astronomique du Zodiaque de Denderah, j'aurais vivement souhaité qu'il me fût permis de me borner à exposer mes idées, sans être obligé de dire mon sentiment sur celles des autres : cette liberté ne m'a pas été accordée. Vainement, dans les deux mémoires que j'ai lus sur ce sujet à l'Académie des sciences, avais-je évité de froisser, de toucher les opinions précédemment émises. Je n'avais pas achevé de lire mes recherches, que déja elles étaient l'objet de

réfutations publiques ou de critiques imprimées,
de la part d'adversaires qui ne les connaissaient
qu'imparfaitement, et qui même avouaient sincèrement n'en avoir été informés que par oui-dire.
Ici, on supposait que j'avais dû ignorer les données
précieuses qu'un savant distingué avait déja reconnues dans l'écriture symbolique des anciens
Égyptiens ; tandis que ces données m'avaient été
indiquées par un de nos antiquaires les plus habiles, et que j'avais, dès le commencement de
mes recherches, parfaitement compris l'importance de semblables indices pour établir une première discussion critique du monument, pour en
deviner le but vraisemblable, et pouvoir découvrir, dans sa construction présumée, quelques
élémens géométriques auxquels on pût appliquer
des mesures. Ailleurs on ne m'attaquait point relativement aux données qui pouvaient être obtenues par l'observation comparée des antiquités
égyptiennes ; au contraire, on affectait de les dé-
daigner : mais, en les écartant, on se procurait,
par cela même, une entière liberté pour confondre
les unes avec les autres toutes les particularités
qu'elles servaient à reconnaître. On faisait ainsi
disparaître toutes les distinctions délicates que
j'avais pris tant de soin d'établir, et qui, après
m'avoir fourni les premiers objets d'épreuves géo-

métriques, m'avaient graduellement conduit à
pouvoir appliquer les vérifications les plus sévères
de l'astronomie. Ayant ainsi mêlé toutes mes traces,
on se refusait aisément à reconnaître la route que
je prétendais avoir parcourue ; ou, si l'on con-
sentait à m'y suivre, on niait, d'après des aperçus
nécessairement aussi incomplets que précipités,
les résultats numériques que j'avais obtenus par
un travail de plusieurs mois. Enfin, un savant
académicien, qui a dû profondement s'occuper
des zodiaques d'Égypte, puisqu'il en fait espérer,
depuis près de vingt ans, une explication complète et démontrée, voulut bien s'ouvrir aussi sur
ce sujet dans une société savante dont nous faisons tous deux partie. Mais, dans une discussion
qui dura fort long-temps, il ne me donna guère
d'autres raisons décisives contre mon travail, sinon
qu'il fallait envisager les zodiaques égyptiens d'une
manière toute différente, qui était celle que lui-
même avait laissé depuis long-temps entrevoir.
Et lorsque, pressé d'exposer les motifs scientifiques sur lesquels il fondait cette préférence, il
voulut bien condescendre à exposer sa doctrine,
il me sembla, et, je crois, non pas à moi seulement, mais à beaucoup d'autres personnes pré-
sentes, il me sembla, dis-je, qu'il ne l'appuyait
réellement d'aucune preuve, mais qu'elle consistait

simplement dans un système de significations al-
légoriques, qu'il attribuait aux figures dont ces
monumens sont couverts, et d'après lesquelles il
interprétait l'intention de ceux qui les avaient
construits. Ce même académicien ajouta que deux
habiles ingénieurs, MM. Jollois et Devilliers, membres de l'expédition d'Égypte, qui ont aussi publié un travail sur le zodiaque circulaire, avaient
d'abord cru, comme moi, qu'il pouvait être construit sur des principes géométriques, et même
selon le mode de projection que je croyais y avoir
reconnu; mais que bientôt ils avaient renoncé à
cette opinion, comme je le ferais sans doute moi-
même, étant averti de son peu de certitude. Deux
jours après, M. Devilliers écrivit à l'Académie des
sciences, pour réclamer, au nom de M. Jollois
et au sien, l'idée que le monument égyptien était
construit géométriquement selon cette méthode,
ajoutant que lui-même et son collaborateur
avaient expliqué et adopté ce système de projection dans leur travail imprimé; d'où l'on pouvait clairement inférer qu'ils ne l'avaient pas voulu
abandonner pour les opinions que M. Fourier
supposait si incontestablement victorieuses. Je
me voyais ainsi placé dans cette position singulière, que les idées que j'avais émises étaient con-
testées comme fausses quand on me les attribuait,

et réclamées comme justes quand on ne me les attribuait pas ; de sorte que, si elles étaient fausses, elles étaient miennes, et j'avais tort de les avancer : ou, si elles étaient exactes, elles étaient à d'autres, et j'avais encore tort de m'en emparer. De quelque côté que je me tournasse, il fallait toujours que j'eusse tort.

Sans me laisser le temps de prendre haleine, un autre membre de l'Institut et de la commission d'Égypte lut à l'Académie des inscriptions et à l'Académie des sciences un mémoire qu'il présenta aussi comme un examen de mon travail. J'ignore comment il pouvait faire alors cet examen, n'ayant eu aucune communication de mes recherches, ne pouvant ainsi en apprécier, en connaître même entièrement les détails numériques, toujours impossibles à saisir complètement d'après une simple exposition orale ; j'ignore tout cela d'autant plus que cet académicien a considéré sa réfutation de mon travail comme assez urgente, pour la faire paraître dans le court intervalle d'une absence que mes fonctions m'imposent tous les ans à pareille époque, de sorte que je ne pouvais l'entendre, ni par conséquent répondre. J'ai lu depuis ce qu'il a publié à ce sujet ; et il m'a paru que je répondais assez en publiant mon mémoire.

Quelques vives que soient en général les rivalités littéraires, l'amour-propre seul ne s'emporte pas ordinairement à ce point. Avant de combattre les opinions qui le blessent, où les travaux qui lui déplaisent, il a presque toujours la patience d'attendre que l'impression les ait fait complètement connaître, et ait fourni, pour les combattre, les armes que l'imperfection humaine laisse toujours à la critique, même dans les plus beaux ouvrages. Cet empressement d'un certain nombre de personnes à prévenir le public contre un travail purement astronomique où personne n'était attaqué; cette ardeur à le décréditer d'avance, par des motifs divers, et même contradictoires, avant qu'il eût été, je ne dis pas imprimé, mais seulement annoncé par extrait dans aucun recueil scientifique; tout cela devait venir de quelque intérêt plus cher et plus énergique que le simple amour individuel de la vérité. Je compris que j'avais blessé au vif quelque opinion de corps, dont les partisans se coalisaient pour prévenir la propagation des sentimens qui leur étaient contraires.

Cette opinion, ou plutôt ce dogme, car je ne saurais autrement l'appeler en voyant la ferveur qu'il excite, c'est celui de l'immense antiquité des monumens astronomiques trouvés en Égypte.

Lors de la dernière expédition des Français dans cette contrée, le traité de Dupuis sur les mythologies astronomiques venait de paraître, et avait produit une grande sensation. Partant de l'idée que le zodiaque a été inventé en Égypte, qu'il a été créé d'un seul jet, et que les douze signes qui le composent ont du offrir, à cette première époque, la représentation convenue des travaux agricoles propres aux douze mois de l'année, trois suppositions qui ne sont fondées sur aucune autorité historique quelconque, Dupuis trouvait qu'un tel accord aurait eu lieu assez exactement pour le climat de l'Égypte, en concevant le solstice d'été placé dans la constellation du capricorne, ce qui met l'équinoxe d'automne dans le bélier, le solstice d'hiver dans le cancer, et l'équinoxe du printemps dans la balance (1). Or, à l'époque actuelle, ces quatre divisions de l'année solaire se trouvent dans les constellations des gémeaux, de la vierge, du sagittaire et des poissons. Ainsi le temps nécessaire pour ce déplacement étant calculé d'après la loi connue de la rétrogradation des équinoxes, donnera la distance hypothétique des deux époques. A la vérité, pour faire ce calcul avec quelque exactitude, il aurait

____

(1) Origine des cultes, tom. III, p. 350. Paris, an III.

fallu savoir au juste quelles étoiles composaient
alors les quatre constellations; si elles étaient les
mêmes que nous y plaçons aujourd'hui où si elles
étaient différentes ; et enfin, à quelle étoile de
chaque constellation les quatre points de division
répondaient. Or, indépendamment de l'incertitude illimitée où nous sommes sur les deux premières questions, la seule indétermination qui
naît de la troisième n'est pas peu considérable ;
car, en plaçant le solstice d'hiver au commencement oriental de la constellation du capricorne
telle qu'elle est composée aujourd'hui, on trouve
à peu près 15000 ans avant l'ère chrétienne pour
l'époque que le système de Dupuis assignerait à l'invention du zodiaque; tandis qu'en plaçant le même
point à la limite occidentale, on ne trouve guères
plus que 13000 ans; ce qui ne fait pas moins de
vingt siècles de variation sur un calcul déja si
problématique. Au reste, se trouvant sans doute
embarrassé pour remplir des intervalles de 13000
ou de 15000 années avec des évènemens historiques qu'aucune histoire ne lui fournissait,
Dupuis suggéra lui-même la possibilité d'en rac-
courcir la durée de toute une demi-révolution
des équinoxes, c'est-à-dire de 13000 ans; et cela,
en convenant que les inventeurs du zodiaque
auraient appliqué les noms propres de chaque

signe, non pas aux constellations de l'écliptique dans lesquelles le soleil se trouvait effectivement à chaque mois de l'année, mais aux constellations qui étaient diamétralement opposées à cet astre; et qui se montraient les premières à l'horizon oriental à l'entrée de la nuit (1). Cette supposition qui ne donne plus que 4000 ans d'antiquité à l'invention du zodiaque, est peut-être historiquement moins embarrassante à soutenir que la première; mais il faut convenir que, comme spéculation hypothétique, elle semble beaucoup moins spécieuse; car il serait bien bizarre que l'on eût imaginé de caractériser les diverses constellations situées sur la route annuelle du soleil, par des dénominations propres aux époques de l'année où cet astre en était le plus éloigné. Telles étaient les opinions dominantes parmi les savans attachés à l'expédition d'Égypte, lorsque les monumens astronomiques furent découverts. En voyant de grands zodiaques sculptés sous les portiques et dans l'intérieur des temples Égyptiens, les ingénieurs et les géomètres que la guerre avait transportés sur cette terre célèbre, crurent avoir retrouvé les traces d'une science antérieure à tous les temps connus. Ils y virent la confirmation

(1) Dupuis, origine des cultes, tom. III, pag. 340 et 341. Paris, an III.

éclatante des idées de Dupuis, et ce fut ainsi que
cette découverte fut annoncée en Europe d'après
leur correspondance. Toutefois, à leur retour,
lorsqu'ils se furent soustraits à l'imposant aspect
de ces vieux monumens, ils parurent abandonner
l'idée d'une antiquité aussi difficile à défendre,
et se rapprochèrent du second système de Dupuis, fondé sur les levers du soir. C'est à cela du
moins que s'est fixé le plus célèbre de ces savans,
M. Fourier; et, d'après cette manière de voir,
il ne fait remonter la date des zodiaques de Latopolis, les plus anciens de tous, qu'environ à
vingt-cinq siècles avant l'ère chrétienne; ce qui,
à ce qu'il assure, se trouve conforme à l'histoire
de l'Égypte, aux opinions de la Grèce, et aux
annales des Hébreux. Tous les autres membres
de la commission d'Égypte qui pouvaient émettre
une opinion en pareille matière, s'étant ostensi-
blement ralliés à ce savant géomètre, ont partout
cité, loué, adopté comme indubitable la décision
qu'il avait portée, sans toutefois en connaître
beaucoup plus que le public les preuves positives, demeurées jusqu'ici dans la possession de
l'auteur (1). La haute antiquité des monumens

(1) M. Fourier a donné seulement l'énumération des ouvrages sur lesquels il s'appuie. On la trouve à la page 8 de ses
recherches sur les sciences et le gouvernement de l'Égypte,

astronomiques trouvés en Égypte, a pris ainsi parmi ces savans le caractère d'un fait, d'un fait matériel, consacré par un consentement unanime, et par une sorte de droit des gens que l'on ne pouvait légitimement contester.

Personne plus que moi ne reconnaît et ne respecte l'autorité des grandes sociétés savantes de l'Europe. Le nombre des membres qui les composent, et dont la plupart ont un rang élevé dans le genre de travaux dont ils s'occupent, la diversité de ces travaux, l'adoption même qu'elles font toutes de savans étrangers qu'elles s'associent, sont autant de circonstances qui doivent généralement concourir à y maintenir l'indépendance des opinions scientifiques, indépendance qui,

sous le titre « d'ouvrages qui traitent de la sphère égyptienne.» Si cette indication ne suffit pas pour prévoir tout le parti que M. Fourier a su tirer des auteurs qu'il désigne, elle fait du moins connaître tous les élémens historiques desquels il s'est autorisé ; et, comme les passages où ces élémens se trouvent sont tous connus depuis long-temps, et ont été souvent cités, il ne reste qu'à tirer les conséquences logiques qu'ils comportent, ce que chacun peut aisément faire. Quant aux considérations astronomiques et géométriques, leur énoncé, qui se trouve dans l'ouvrage de M. Fourier cité plus haut, suffit pour qu'on puisse les apprécier. Le système de M. Fourier sur les monumens astronomiques d'Égypte étant ainsi complètement connu dans ses bases et dans ses résultats, par les énoncés mêmes que l'auteur en donne, peut, à ce qu'il nous semble, être discuté sans témérité.

dans l'état de diffusion actuel des lumières est la plus importante condition, et peut-être la seule, des progrès futurs des connaissances humaines. Mais tous ces avantages disparaissent lorsqu'une réunion savante peu nombreuse, composée de personnes dont les occupations sont à peu près pareilles, se soumet, dans des matières contestables, à l'influence d'une opinion unique qu'elle adopte, qu'elle embrasse, qu'elle professe pendant un grand nombre d'années dans tous les ouvrages qu'elle publie. Car alors, si un individu étranger au même système d'idées vient proposer au public des vues contraires, ou seulement différentes, il est dans la nature des choses que l'association tout entière se soulève, et repousse le novateur avec toute l'énergie d'une ancienne possession.

Voilà ce qu'ont éprouvé avant moi, tous ceux qui ont essayé de considérer les zodiaques égyptiens sous un point de vue différent de celui qu'a embrassé la commission d'Égypte, et qui ont cru pouvoir révoquer en doute l'antiquité presque fabuleuse attribuée par elle à ces monumens. Naturalistes, antiquaires, astronomes, tous ont été repoussés presque comme des agresseurs injustes, quand ils ne faisaient qu'user du droit de discussion commun à tous les savans. Et ce-

pendant ce droit était alors d'autant plus légitimement exercé qu'il l'étaitd'une manière unanime.
Car, dans le nombre des écrivains distingués
qui ont pris part à cette lutte, la très-grande
majorité a été, par des raisons diverses, contraire
à l'excessive antiquité des monumens; ou plutôt
la commission n'a eu réellement personne de son
avis, si ce n'est elle-même, et un petit nombre
d'amis qui ont répété ses assertions sans y ajouter
aucune autorité nouvelle. J'aurais mauvaise grace
à me plaindre d'avoir partagé le sort de tant
d'autres, ayant eu le même genre de tort; aussi je
suis bien éloigné de vouloir le faire. Partisan sincère, et constant, de toute liberté juste et raisonnable, je fais surtout profession de croire que le
libre examen des opinions scientifiques est l'unique
moyen d'en constater la vérité. Mais cette liberté
que j'accepte entière dans l'attaque, je la réclame
entière pour la défense. Ici elle m'a paru exiger
que le public connût au vrai la situation respective des deux partis opposés, afin qu'il pût apprécier les insinuations par lesquelles on a cherché
à le prévenir. Car enfin, il est temps que l'on
sache que ceux qui nient la prodigieuse antiquité
attribuée aux monumens égyptiens, peuvent être
d'aussi bonne foi que ceux qui la soutiennent;
et qu'ils peuvent en outre avoir d'aussi bonnes
raison à donner, si l'on veut bien les entendre.

Voilà surtout ce que je voulais établir dans cet avant-propos.

Au reste, je dois confesser que si, d'un côté, l'on m'a attaqué pour avoir rendu le zodiaque de Denderah trop moderne, on m'a aussi attaqué d'un autre comme le faisant trop ancien. Cependant les détails de mon travail n'étaient pas plus connus de mes nouveaux adversaires qu'ils ne l'avaient été des autres; et, quant à moi, je n'avais aucune envie de rendre le zodiaque ancien ou moderne ; je voulais seulement le présenter tel qu'il est. Soutenu par la conscience de cette intention, j'ai mis pour ainsi dire mon premier travail aux prises avec la critique; j'en ai examiné de nouveau avec soin les points fondamentaux ; je les ai soumis à une discussion plus approfondie; et j'ai ensuite examiné de même les autorités sur lesquelles on avait fondé des explications différentes. Ceci, en généralisant la question, a naturellement étendu mes recherches au delà de leurs premières limites ; et il en est résulté l'ouvrage que le public a sous les yeux.

On y trouvera d'abord le mémoire sur le Zodiaque circulaire, qui a excité une opposition si vive. Il est ici tel à peu près que je l'ai lu à l'Académie des sciences et à l'Académie des inscriptions. Cependant les attaques hâtives dont il a été l'objet, m'ont fourni comme je l'ai dit, l'occasion d'y faire plusieurs améliorations de détail qui lui donnent encore plus de force. Par exemple, en cherchant à reconnaître sur le monument quelques indications d'étoiles qui fussent marquées dans leur vraie position astronomique, ce qui est réellement l'idée mère de tout mon travail, je n'avais pas fait assez valoir les raisons que l'on pouvait tirer de la manière dont les Égyptiens écrivaient en hiéroglyphes les noms propres d'individus. Car, bien que cette manière m'eût été indiquée par M. de St-Martin, et que j'en eusse compris toute l'importance, je n'avais pas osé insister beaucoup sur cette considération, redoutant toujours qu'elle ne fût contestable. Mais, puisque c'est aujourd'hui un point sur lequel tous les critiques se sont accordés, et qu'ils ont fait valoir contre moi comme une chose certaine, j'ai pensé que je pouvais en toute sécurité m'en servir à mon avantage, et montrer que l'on ne pouvait rien dire de plus fort en faveur des premières inductions sur lesquelles je m'étais appuyé.

Ai-je toutefois la prétention de présenter l'interprétation que j'ai proposée du Zodiaque de Denderah comme absolument et mathématiquement indubitable? Non, et je suis bien aise de pouvoir ici m'expliquer sur ce point avec la sincérité la plus entière. Je ne la présente pas comme indubitable, parce que les figures que l'on peut reconnaître avec certitude pour astronomiques dans le monument, s'y trouvant mêlées avec d'autres dont la signification nous est inconnue, et sur lesquelles aucune projection exacte du ciel ne peut amener d'étoiles qui justifient leur configuration et leur présence ; il s'ensuit que la distinction qu'il faut faire de ces deux classes d'emblèmes, entraîne nécessairement quelque indétermination, et exclut la parfaite certitude que l'on obtiendrait si la coïncidence du ciel avec les figures du monument pouvait être générale et complète. Mais, après avoir fait au doute philosophique cette juste part, qu'il faut toujours lui réserver dans toute recherche scientifique où l'on veut réellement la vérité, je ne crains pas d'avancer que l'interprétation dont il s'agit est non-seulement la plus vraisemblable, mais la seule que l'on puisse géométriquement déduire du monument, lorsqu'on veut faire accorder le mieux possible avec le ciel les figures reconnaissables de constellations qui y sont tracées. Alors l'époque céleste qu'il représente, se trouve être celle d'environ 700 ans avant l'ère chrétienne, ce qui n'empêche pas que sa construction ne puisse être d'une date fort postérieure. Les données que l'on peut tirer des positions d'étoiles ne permettent pas d'éviter, sur l'époque précédente, une indétermination d'une cinquantaine d'années. On atteindrait une précision beaucoup plus grande si l'on parvenait à reconnaître sur le monument des indications de planètes, ou de la lune, placées en position absolue ; mais c'est ce que je n'ai pas cherché à faire, n'ayant pas assez de connaissances des signes hiéroglyphiques pour m'y hasarder, et je me suis borné à considérer les constellations. Si l'on demande d'ailleurs quelle pouvait être la destination du monument, le motif qui l'avait fait ériger, et qui l'avait fait rapporter à l'époque à laquelle les calculs nous conduisent, je ne puis offrir à cet égard que des conjectures, et j'ai rapporté celles qui m'ont paru les plus vraisemblables. Car la solution rigoureuse de ces questions doit se dériver des considérations archéologiques, et non pas d'une simple restitution astronomique qui, par sa nature, ne peut donner qu'une date céleste, sans faire connaître la raison pour laquelle cette date a été spécialement choisie. C'est aussi à la détermination, mais à la détermination précise et géométrique, de cette date, que se bornent toutes mes prétentions.

A la suite de ces recherches sur le Zodiaque circulaire, j'ai placé un examen des trois zodiaques rectangulaires sculptés au plafond des portiques des temples à Denderah et à Latopolis. Je discute les analogies de ces monumens avec le Zodiaque circulaire ; je fais remarquer les rapports de disposition, de forme, qui existent entre les figures emblématiques qui les composent. Enfin, considérant le mode divers suivant lequel les douze signes du zodiaque sont séparés, sur chacun d'eux, en séries de six signes, je montre qu'il se trouve en rapport avec la déviation des temples relativement à la ligne méridienne ; de façon qu'on peut le prédire pour les trois édifices lorsque leur déviation est donnée, et réciproquement. De là il résulte que ce mode de subdivision n'est nullement l'expression nécessaire et certaine d'une position différente des équinoxes parmi les constellations de l'écliptique, comme M. Fourier l'admet dans son système (1), puisqu'on peut l'interpréter, et même le déterminer, sans avoir aucun égard à ce déplacement. La considération qui semblait mettre entre ces monumens un intervalle nécessaire de vingt siècles, se trouvant ainsi exclue, les analogies qui les rapprochent se présentent avec toute leur force, et rendent très-

____

(1) Recherches sur les sciences et le gouvernement de l'Égypte.

vraisemblable que, s'ils ont une application astronomique, ce que le défaut de liaison géométrique de leurs parties ne permet pas d'affirmer avec une entière certitude, ils se rapportent à un état du ciel analogue à celui du Zodiaque circulaire, c'est-à-dire, peu éloigné de 700 ans avant l'ère chrétienne; d'où l'on ne doit pas néanmoins conclure qu'ils ont dû être nécessairement construits à cette époque même, mais seulement qu'ils n'ont pas dû l'être à des époques antérieures à celle-là.

S'il était vrai, comme M. Fourier le suppose, que ces monumens remontassent à une antiquité de quarante siècles, et s'il était certain que l'inégale division des signes du zodiaque qui s'y trouve tracée, exprime la situation différente des équinoxes lors de leur construction, ils attesteraient que les Égyptiens possédaient aux mêmes époques, c'est-à-dire, dans des temps très-reculés, une astronomie déja fort savante. L'état plus ou moins avancé de cette astronomie n'est donc pas un élément étranger à l'interprétation des monumens, et aussi M. Fourier s'en est appuyé pour leur donner la haute antiquité qu'il leur suppose. En conséquence, j'ai voulu déterminer, d'après les faits, c'est-à-dire, d'après les documens littéraires qui nous restent, quelle idée on devait se former de l'ancienne astronomie égyptienne, à laquelle M. Fourier et d'autres auteurs attribuent positivement des observations si précises, des périodes si justes, des connaissances si étendues (1). J'ai particulièrement recherché avec soin l'origine de cette fameuse période de 1460 années de $365^j \frac{1}{4}$, appelée période Sothiaque, parce que son commencement était réglé sur le lever héliaque de Syrius que l'on nommait en égyptien Sothis. J'ai trouvé, contre l'opinion commune, et je l'avouerai, j'ai trouvé, non sans surprise, que, de tous les écrivains antérieurs à l'ère chrétienne, dont les ouvrages se sont transmis directement jusqu'à nous en original, il n'en est aucun qui ait fait mention de cette période comme étant liée aux levers héliaques de Syrius, même parmi ceux qui se sont le plus occupés spécialement d'antiquités astronomiques ou chronologiques. Si elle a été indiquée par quelques-uns d'entre eux , c'est seulement comme l'expression du plus petit intervalle de temps après lequel un nombre entier d'années vagues égyptiennes, chacune de 365 jours, égale un nombre entier d'années solaires supposées chacune exactement de $365^j \frac{1}{4}$, détermination qui n'exige qu'un calcul arithmétique extrèmement simple. La relation de ce nombre

(1) Recherches sur les sciences et le gouvernement de l'É gypte , *passim.*

d'années vagues avec les levers héliaques de Syrius ne se montre que fort postérieurement à Hipparque, et même à Ptolémée, long-temps après que ces habiles astronomes eurent donné des méthodes pour déterminer les levers héliaques par le calcul trigonométrique, et lorsque ces phénomènes étaient annoncés publiquement dans tous les calendriers vulgaires. Je ne parle ici que des ouvrages originaux ; car des auteurs du troisième siècle de l'ère chrétienne et des siècles postérieurs citent une vieille chronique égyptienne qu'ils donnent comme du temps d'Alexandre, et des annales égyptiennes en partie fabuleuses, composées par un prêtre nommé Manethon, sous Ptolémée Philadelphe, dans lesquelles ils disent que le cycle sothiaque était nommé comme période chronologique. Ainsi, en admettant leur témoignage comme suffisant pour attester l'authenticité de ces anciens écrits, ce qui serait sans doute beaucoup leur accorder, puisque la plupart d'entre eux ne les avaient pas vus en original, mais les connaissaient seulement par des extraits successivement tirés les uns des autres, on prouverait tout au plus l'existence du cycle sothiaque 350 ans environ avant l'ère chrétienne, c'est-à-dire, trois siècles après Thalès, et plus d'un siècle après Méton. Mais il serait impossible de trouver un document

littéraire qui en indique la moindre trace au delà
de cette époque. Ceci m'a donc conduit à examiner
si la connaissance seule d'une telle période, en la
considérant comme établie par l'observation réelle
des levers héliaques, pourrait être donnée pour
une preuve d'une astronomie très-ancienne, à
cause du temps présumable qu'il aurait fallu employer pour la reconnaître, et pour en fixer les
limites extrèmes avec la précision que l'on trouve
à celle-ci dans les écrivains qui nous l'ont transmise. Je fais voir qu'une centaine d'années d'observations, même très-grossières, suffisent pour
cet objet ; et il en faut incomparablement moins
si l'on veut supposer, comme cela est très-vraisemblable, que cette détermination a été précédée
par la connaissance de l'année tropique de $365_j \frac{1}{4}$.
Ainsi, de quelque côté qu'on envisage cette période célèbre, elle ne porte en elle-même aucune trace de la haute antiquité qu'on lui avait
supposée. Et par conséquent on ne peut pas s'en
servir pour donner une pareille antiquité aux
monumens astronomiques de Denderah et de
Latopolis, quand même on admettrait qu'elle est
emblématiquement figurée sur ces monumens.

Mais cette dernière supposition est-elle réelle?
Pour le prouver, M. Fourier établit une analogie
hypothétique entre la manière diverse dont les

figures des douze signes sont partagées sur ces monumens en deux bandes parallèles, et la diversité
des constellations dans lesquelles le soleil a dû se
trouver successivement, en différens siècles, au
moment de l'année où Syrius se levait héliaquement pour l'Égypte. Selon lui, 2500 ans avant
l'ère chrétienne, ce lieu du soleil qu'il appelle le
point héliaque, était dans la constellation du Lion,
et cet état est représenté par les zodiaques de Latopolis : ce qui fait remonter leur construction à
cette antique époque. Quatre siècles plus tard,
le point héliaque se trouvait sur la limite du Lion
et du Cancer; et plus tard encore, il passa dans
le Cancer même; ce que signifient les monumens
trouvés à Denderah. Or, en calculant réellement
les lieux du soleil au moment du lever héliaque
de Syrius en Égypte, non-seulement pour les
époques que M. Fourier cite, mais depuis plus
de 3000 avant l'ère chrétienne jusqu'à plus de
1000 ans après cette même ère, je ne trouve pas
du tout que cet astre ait changé ainsi de constellation; mais je trouve au contraire qu'il est resté
constamment dans celle du Lion : et, par une
singulière particularité, pendant tout ce temps
il n'a pas non plus changé de signe; car il s'est
trouvé constamment dans le signe du Cancer. De
sorte que, si les zodiaques de Denderah et de

Latopolis avaient dû représenter ses positions dans différens siècles, au moment du lever héliaque de Syrius, comme M. Fourier le suppose dans son système, ils auraient dû, pour être conformes avec le ciel, présenter tous le même mode de partage des figures zodiacales, au lieu d'offrir des modes différens. J'ignore ce qui a pu faire illusion à un aussi habile géomètre que M. Fourier, dans une application de calcul aussi simple. Mais il suffit que l'erreur existe, pour renverser radicalement son système, et avec lui toutes les inductions que l'on en tirait sur l'antiquité des monumens. Or chacun peut aisément la constater avec évidence. Car on n'a qu'à prendre les longitudes du soleil données par Petau, Baimbridge, ou M. Ideler, pour l'instant du lever héliaque de Syrius en Égypte, aux diverses époques où la période sothiaque s'est renouvelée; ce qui s'étend depuis 2782 ans avant l'ère chrétienne jusqu'à 139 ans après cette même ère : et, en leur appliquant la précession commune de 50″ par année, afin de les réduire à nos catalogues modernes, on trouvera que le soleil est constamment resté dans la constellation du Lion pendant tout cet intervalle; ainsi que je l'ai énoncé tout à l'heure d'après des calculs plus rigoureux.

A la suite de cette dernière partie, j'ai placé

une dissertation intitulée : « Examen du Mémoire
« de MM. Jollois et Devilliers sur les Bas-reliefs
« astronomiques des Égyptiens , avec des remar-
« ques sur le dessin du Zodiaque circulaire publié
« par la Commission d'Égypte. » Le titre de ce
morceau en indique assez l'objet qu'il m'eût été
plus agréable d'éviter. Je commence par rapporter textuellement la lettre adressée par M. Devilliers à l'Académie des sciences afin de réclamer
l'idée première et l'emploi même du mode de
projection dont j'ai fait usage pour reconstruire
le Zodiaque circulaire. Je rapporte aussi, en entier,
les passages du mémoire que M. Devilliers a cités
et désignés dans sa lettre pour justifier cette réclamation. J'ai ensuite discuté les droits de ces
savans et les miens. Je crois avoir prouvé , jusqu'à
l'évidence, que, s'ils ont réellement eu l'idée de
cette projection, comme je suis tout-à-fait disposé
à le croire puisqu'ils le disent, du moins, ils l'ont
exprimée dans des termes tels qu'aucune des personnes qui ont écrit après eux sur le Zodiaque, ou
qui les ont cités , n'a pu apercevoir cette idée dans
leur travail ; que pas une seule ne la leur a attribuée, même dans les écrits où il était hypothétiquement question des divers modes de projection
qui pouvaient s'appliquer au monument; qu'eux-
mêmes n'ont jamais réclamé contre ce silence;

qu'ils ont si parfaitement gardé leur secret, que
dans leur mémoire, ils n'ont énoncé aucun caractère qui fût spécialement propre à cette méthode
par eux réclamée; qu'ils n'en ont fait aucune application exacte; et qu'enfin, s'ils l'ont connue,
leurs amis mêmes leur ont ôté tout droit sur elle,
en déclarant publiquement qu'ils l'avaient aban-
donnée après l'avoir essayée. Je regrette que la
nécessité d'accorder cette dernière assertion avec
la réclamation tardive de MM. Jollois et Devilliers,
m'ait mis dans l'indispensable obligation de discuter le dessin du zodiaque, fait par ces deux
savans en Égypte avec des soins si dignes d'é-
loges (1). Car, quoiqu'ils aient sans doute fait alors
plus et mieux que tout autre à leur place n'aurait probablement pu faire, il est trop vrai de
dire que leur dessin offre des inexactitudes telles,
que, par leur nature et par leur nombre, elles
devaient inévitablement faire méconnaître à tout
autre, comme à eux-mêmes, le caractère géométrique du monument. En effet, une ressemblance plus ou moins approchée de distribution
et d'espace, qui suffit pour l'interprétation historique ou mythologique d'un monument, ne
suffit plus, et même ne peut plus du tout ser-

(1) Ce dessin est celui que l'on a gravé dans le grand ouvrage sur l'Égypte.

vir pour analyser sa construction par la géométrie. Ce n'est pas même assez alors du dessin le
plus fidèle, si ce n'est pour des vérifications générales. Car, pour la détermination du petit
nombre d'élémens primitifs dont tout le reste
doit se déduire, on ne peut en être parfaitement
sûr qu'en les prenant avec un grand soin sur
le monument. Nous avons cet avantage aujour-
d'hui que nous le possédons; mais MM. Jollois et
Devilliers ne l'avaient point à l'époque où ils ont
composé leur mémoire; et la nécessité de raisonner d'après leur dessin qu'ils croyaient fidèle,
ou sur la gravure qu'ils disent en être la copie
parfaitement rigoureuse, mettait un obstacle in-
vincible à ce qu'ils pussent en déduire aucune
détermination exacte. La même impossibilité a dû
nécessairement s'opposer à tous les essais d'interprétation précise que d'autres personnes auraient
pu faire, et qu'elles ont peut-être tentés sur les
mêmes élémens. Mais l'inutilité de ces essais ne doit
élever aucun préjugé contre ceux que nous pouvons entreprendre aujourd'hui, d'après des élémens plus fidèles. Il faut seulement reconnaître
la nécessité d'y recourir : or, pour cela, comme
pour toute autre recherche scientifique, c'est un
obstacle terrible qu'une opinion anciennement
prise et avancée publiquement. Croirait-on, par

exemple, que, depuis l'arrivée du Zodiaque circulaire en France, on ait vanté encore davantage
l'exactitude de la copie publiée par la Commission
d'Égypte ; qu'on l'ait présentée comme un écla-
tant témoignage d'une fidélité presque inconce-
vable ; que, dans des mémoires publiés depuis,
on ait continué de renvoyer à cette copie comme
à une description exacte et authentique, et qu'enfin, on ait soutenu tout cela en présence du monument même !

A la suite de cette discussion, que j'aurais vivement souhaité pouvoir ne pas entreprendre,
j'ai placé diverses notes, relatives à des points
particuliers de critique ou d'astronomie. On y
trouvera deux fragmens inédits, relatifs aux levers
héliaques de Syrius, l'un de Vettius-Valens, l'autre de Théon d'Alexandrie, qui ont été mis en
avant comme autorités dans presque toutes les discussions relatives à l'astronomie égyptienne, sans
qu'on les ait jamais textuellement cités. Je les
rapporte ici en entier tels que je les dois à la complaisance de M. Hase, l'un des savans distingués
attachés à la bibliothèque Royale. J'y ai joint leur
discussion sous les rapports astronomiques. J'ai
également rejeté dans ces notes les calculs à l'aide
desquels j'ai déterminé, sur la sphère céleste, la
position du pôle du monument, ainsi que sa coïn-

cidence avec le pôle de l'équateur terrestre, 716
ans avant l'ère chrétienne. Dans la route sûre,
mais sévère, que suivent aujourd'hui les recherches d'antiquité, on a souvent besoin des méthodes
et des formules qui servent à calculer l'état du
ciel pour différens siècles, et souvent pour des
époques très-reculées. J'ai pensé que les personnes
qui s'occupent de ce genre de travaux, trouve-
raient quelque avantage à voir ces méthodes ré-
duites à leur expression la plus simple, et éclaircies
par des applications. C'est le motif qui m'a déterminé à les insérer à la fin de mon ouvrage. Mais
peut-être pourront-elles aussi n'être pas tout-à-fait
inutiles aux astronomes mêmes, en donnant plus
d'uniformité aux réductions de ce genre qu'ils
sont dans le cas de faire, et dont les résultats,
ordinairement obtenus par des approximations
différentes, toutes plus ou moins imparfaites, ne
sont pas toujours aussi exactement comparables
entre elles qu'on pourrait le désirer.

Pendant l'impression de l'ouvrage que je soumets
ici au public, deux savans distingués, M. Champollion jeune et M. Letronne, ont, par des découvertes fort diverses, jeté une lumière toute
nouvelle sur l'époque véritable à laquelle ont été
faites les sculptures astronomiques de Denderah
et de Latopolis. En examinant, dans les inscrip-

tions bilingues, les caractères hyérogliphiques qui
correspondent aux noms propres de personnages
étrangers à l'Égypte, M. Champollion a remarqué
que le système d'écriture employé pour les traduire, consistait à remplacer chaque lettre, ou
chaque son du mot étranger, par la représentation
d'un objet naturel, dont le nom égyptien commençait par le son analogue. Cette comparaison
lui a fourni un alphabet hiéroglyphique de sons,
qu'il a pu considérer comme applicable à tous les
noms ainsi traduits. Or, en l'essayant sur un grand
nombre de cartouches sculptés dans les temples
d'Égypte, il a trouvé qu'il reproduisait les titres
et les noms de plusieurs empereurs romains, tels
que César, Tibère, Domitien, Claude, etc. Il a cru
même reconnaître, sur le contour extérieur du
Zodiaque circulaire de Denderah, le mot autocra-
tor, exprimé dans ce genre de caractères; ce qui
établirait que ce monument a été sculpté sous la
domination romaine. Le travail de M. Letronne,
quoique conduisant à des résultats équivalens, est
fondé sur des preuves d'une nature toute différente. Il repose sur la discussion des inscriptions
grecques trouvées en Égypte, et dont quelques-
unes étaient sculptées sur les temples mêmes de
Denderah et de Latopolis. En rapprochant une
foule de circonstances de détail que ces inscriptions

indiquent, M. Letronne prouve que , sous les Pto-
lémées, et sous les empereurs romains mèmes, les
Égyptiens ont continué d'élever des temples consacrés à des Divinités de leur pays, et d'y sculpter
des tableaux hiéroglyphiques, avec le mème mode
d'architecture , le mème système de décorations,
et, autant qu'ils le pouvaient, avec les mêmes formes usitées chez eux dans des temps plus anciens.
Il montre ainsi, par une inscription , que le portique du temple de Denderah , où se trouve le grand
zodiaque rectangulaire, a été bâti du temps de Tibère. Une autre inscription, trouvée par M. Gau
sur un des temples de Latopolis, et relative aux
sculptures astronomiques de ces temples, lui apprend qu'elles ont été faites, ou au moins ache-
vées, du temps des Antonins. Au reste, il faut le
dire, le caractère peu ancien de ces ouvrages avait
frappé les artistes habiles, qui, depuis un certain
nombre d'années, ont visité l'Égypte, et dessiné
avec soin ses monumens. Car M. Gau et M. Huyo,
par exemple, sans s'ètre nullement communiqué
leurs porte-feuilles, y avaient marqué de même les
diverses phases de l'art égyptien; et , avec un tact
également délicat, ils avaient rapporté les sculptures astronomiques à la plus récente. D'après l'accord parfait de preuves si diverses, il paraît désormais bien difficile de douter que ces monumens

astronomiques ne soient en effet beaucoup plus modernes qu'on ne l'avait cru d'abord, d'après une étude moins approfondie. Mais, en faisant évanouir les nuages de l'antiquité fabuleuse dont on les avait couverts, ces diverses recherches ne révèlent jusqu'ici que leur âge, et non l'époque des sujets astronomiques qu'ils représentent. Il se pourrait encore que ces sujets eussent toute l'antiquité qu'on leur avait attribuée, et que les monumens offrissent le souvenir d'une science antérieure remontant bien loin dans la nuit des siècles. Or c'est là, qu'on nous permette de le dire, si non le seul point important de la question, du moins un de ceux qui en font le plus une question importante ; puisque c'est ce point qui intéresse le plus essentiellement l'histoire des sciences et celle de la civilisation humaine : car, sans doute, la seule exécution physique d'entreprises colossales telles que les pyramides et les autres édifices gigantesques qui couvrent l'Égypte, atteste un état social régulièrement ordonné; mais qui pourrait très-bien n'avoir consisté que dans l'esclavage absolu d'une nombreuse population, presque sans aucun développement d'intelligence. Au lieu que des résultats scientifiques, et d'une science aussi abstraite que l'astronomie mathématique, seraient des monumens d'un tout autre ordre.

Et ainsi, il y a le plus grand intérêt pour l'histoire même de l'homme de savoir s'il est vrai.ou non que, trente ou quarante siècles avant l'ère chrétienne, certaines contrées du globe, et particulièrement l'Égypte, se fussent élevées à des connaissances aussi étendues et à des spéculations aussi savantes, que plusieurs écrivains célèbres ont voulu le persuader. Or, ceci ne peut être décidé que par la discussion et l'interprétation des monumens, soit iconographiques, soit littéraires qui nous restent; et c'est ce que j'ai tâché de faire dans l'ouvrage que le public a maintenant sous les yeux.

MÉMOIRE

SUR LE ZODIAQUE CIRCULAIRE

DE DENDERAH.

PREMIÈRE PARTIE,

Lue a l'Académie des Sciences, le 15 juillet 1822.

Dans un moment où les monumens astronomiques de l'ancienne Égypte acquièrent pour nous un intérêt nouveau, par l'entreprise hardie de deux Français qui viennent d'enlever à la destruction une de ces vieilles pages de l'histoire des sciences, pour la mettre sous nos yeux à Paris même ; cet intérêt suffira-t-il pour excuser une témérité non moins grande, peut-être, celle d'essayer aussi de traduire cette page, après que des savans distingués par des travaux et des mérites divers, l'ont déja depuis long-temps étudiée, et en ont donné des explications si éloignées les unes des autres, qu'elles semblent, par leur opposition même , sinon tout-à-fait exclure , du moins rendre bien douteuse la possibilité d'une interprétation rigoureusement démontrée. Si toutefois une circonstance peut me faire trouver grace devant l'Académie, c'est la nature particulière de l'essai que j'ose ici lui soumettre. Ce n'est point, en effet, une conjecture arbitraire sur le monument de Denderah, ni une nouvelle appréciation de son antiquité, fondée sur l'interprétation plus ou moins libre des emblèmes, ou des signes astronomiques mobiles qu'il présente ; c'est la tentative d'une restitution astronomique rigoureuse, conclue de mesures géométriques prises sur le monument même , en vertu de laquelle chaque étoile reparaît à sa place, dans l'emblème qui la renferme; celles du Lion, dans le Lion ; du Taureau, dans le Taureau ; d'Orion , dans Orion ; du Verseau, dans le Verseau, et ainsi des autres ; non-seulement en direction relative, mais en position absolue et en distance , dans les cas assez nombreux où les positions et les distances sont spécialement marquées. Cette restitution s'opère par un procédé géométrique rigoureux, uniforme, qui se conclut aussi du monument même , qui a été suivi dans sa construction , et dont l'application n'a exigé alors aucune géométrie subtile, aucune connaissance de trigonométrie sphérique, seulement l'emploi d'un globe céleste , c'est-à-dire, le plus simple des instrumens astronomiques, le plus facile à construire , celui qu'en effet , d'après les traditions littéraires, l'Égypte et la Grèce ont dû très-anciennement posséder. Ce mode de construction étant établi, permet de convertir les longueurs mesurées sur le monument en coordonnées astronomiques ; desquelles on déduit trigonométriquement la position du centre du monument sur la sphère céleste ; et, par suite, sa longitude et sa latitude relativement à une écliptique et un équinoxe fixes. Alors, en comparant ces élémens aux formules de variations séculaires données dans la mécanique céleste, on reconnaît que le centre du monument a été le pole de l'équateur terrestre à une certaine époque ; pour laquelle construisant l'état du ciel et l'appliquant sur le monument même, on reconnaît une coïncidence générale, dont les erreurs sont du même ordre que celles des catalogues d'Hypparque et de Ptolémée. Cette coïncidence se trouve alors donner leur signification propre et connue à divers emblèmes de phénomènes mobiles que le monument présente, et desquels on n'avait fait aucun usage dans les premiers calculs ; et de là on voit découler ensuite comme autant de conséquences nécessaires, l'objet astronomique du monument, son usage, la raison de la position, de la direction qu'on lui avait donnée dans l'édifice qui le renfermait ; enfin, la déviation même, et la quantité de la déviation donnée à cet édifice relativement à la ligne méridienne ; toutes choses absolues, indépendantes les unes des autres, et qui, soit isolément, soit dans leur ensemble, conviennent à un seul état du ciel, celui que les autres élémens du monument nous indiquent, à une seule latitude, celle sous laquelle il était placé.

Les données desquelles j'ai déduit ces résultats sont d'abord, comme je l'ai dit, des mesures géométriques prises sur le monument, que MM. Saulnier et Le Lorrain m'ont donné, avec une entière complaisance, toute facilité de consulter. Lorsque j'ai eu calculé et construit l'état du ciel, résultant de ces mesures, j'ai pu encore, grace à la même complaisance, le comparer par superposition, dans son ensemble, à une copie réduite, d'une fidélité parfaite, exécutée avec les soins les plus scrupuleux, pour M. Saulnier, par M. Gau, artiste habile, familiarisé par un long usage avec les formes constantes, et, pour ainsi dire, convenues des figures égyptiennes ; ce qui, ainsi qu'on le sentira dans la suite de ce Mémoire, n'était pas une condition sans importance pour l'entière exactitude de cette comparaison. Enfin, après m'avoir laissé jouir de ce précieux dessin, autant que je pouvais le désirer pour mon travail, M. Saulnier m'a permis d'en joindre ici la gravure exécutée avec un soin scrupuleux, et revue par M. Gau lui-même : elle servira, aussi bien que le monument pourrait le faire, de texte, et, j'espère, de preuve à la discussion que je me propose d'établir. Mais, outre ces secours, j'ai eu

encore d'autres données d'une nature bien pré-
cieuse pour moi, et sur lesquelles même j'ai dû
d'abord me laisser conduire : celles-là m'ont été
fournies par les lumières et les entretiens de
deux membres d'une autre académie, tous deux
profondément versés dans la connaissance de
l'antiquité ; dont l'un, M. Rémusat, a bien voulu
me communiquer plusieurs analogies singulières
qu'il a trouvées entre quelques emblèmes de notre
monument, et ceux que présente la sphère chinoise ; le second, M. de St-Martin, qui s'est lui-
même occupé antérieurement de ce même monument sous le rapport historique, m'a donné
l'indication importante du sens, soit certain, soit
vraisemblable, de plusieurs emblèmes auxquels
il fallait nécessairement ou probablement satisfaire. Après m'avoir ainsi fourni les premières
conditions d'une marche assurée, ces deux savans
ont bien voulu encore être pour moi, dans la
suite de ces recherches, des juges éclairés que
j'ai pu consulter sur toutes les particularités d'u-
sages ou d'art qui étaient du ressort de la critique
littéraire ; principalement sur la conformité que
pouvaient avoir avec les habitudes emblématiques
de l'Égypte, les interprétations singulières qui
m'étaient indiquées pour certains signes, par la
comparaison du monument avec le ciel d'alors.
L'amitié que me porte un autre membre également distingué de la même académie, M. Letronne,
m'a offert aussi, pour le même objet, des secours

qui ne m'ont été ni moins utiles ni moins précieux.

Mais cette comparaison avec le ciel est le dernier terme des recherches dont je viens d'exposer la suite. Le premier, au contraire, bien distant de celui-là, doit consister d'abord à reconnaître si ces recherches mêmes sont possibles, c'est-à-dire si l'on peut avec vraisemblance supposer au monument un caractère réellement astronomique, et y chercher une représentation du ciel méthodiquement tracée; ou s'il faut seulement y voir un tableau astrologique et religieux, tracé à vue, sans aucune recherche de proportions géométriques, comme quelques personnes l'ont nouvellement présumé; car, bien que l'alternative ne puisse être complètement résolue que par la restitution astonomique du monument, c'est-à-dire en y retrouvant et y appliquant des astres en position relative rigoureuse, néanmoins il est nécessaire d'établir, dès l'abord, des probabilités dans un sens ou dans l'autre, pour pouvoir diriger la discussion. Or, que la destination du monument fût astronomique, c'est ce que l'on doit inférer, ce me semble, de l'emplacement même qu'il occupait, et des accessoires dont il était environné; d'abord se trouvant dans un temple dédié à Vénus nocturne, ainsi que pense l'avoir prouvé M. Letronne; s'y trouvant dans une salle supérieure, située sur la terrasse même du temple, avec un escalier intérieur pour y conduire, ce

qui montre une destination fréquente et spéciale; ayant à côté, sur la même terrasse, une
autre salle de même forme, également décorée
d'emblèmes astronomiques; mais, par une circonstance unique, découverte, sans toit, et par
conséquent disposée de la manière la plus convenable pour répéter et vérifier sur le ciel les indications sculptées au plafond de la salle voisine.
Peut-on rien imaginer qui ressemble mieux à
un observatoire, avec une carte céleste sculptée
à côté? et, quel qu'ait été le but des observations,
quand même on supposerait qu'elles eussent pour
objet des constructions astrologiques, ou des déterminations d'époques religieuses, plutôt que
l'étude même de l'astronomie comme science,
toutefois ces applications étant fondées sur la
connaissance du lieu actuel des astres, et s'en
déduisant par de certaines règles, il fallait toujours que le tableau sculpté indiquât, avec une
fidélité suffisante, les relations de position simul-
tanée des différens astres, auxquelles on avait pu
joindre, soit à l'aide de figures emblématiques,
soit par l'emploi de caractères que nous ne savons
plus lire, l'explication des conséquences astrologiques, civiles, ou religieuses, qu'il fallait en
inférer. Ces réflexions, en nous confirmant d'une
manière générale la nature astronomique du monument, nous font voir que, pour l'interpréter
dans ce qu'il a de réellement scientifique, il faut
s'attacher d'abord à discerner parmi les figures

qui le couvrent, celles, ou du moins quelques-
unes de celles qui peuvent être vraisemblablement considérées comme placées en situation réelle,
et celles qui ne sont que des signes emblématiques d'usages, ou de phénomènes propres à certaines époques de la période annuelle, à laquelle,
au premier coup d'œil les douze signes du zodiaque
paraissent devoir se rapporter. Or, quoique cette
distinction ne puisse être faite généralement et avec
une entière certitude, qu'après la reconstruction
complète du monument, elle peut néanmoins s'é-
tablir d'une manière immédiate pour certains cas
particuliers, dans lesquels la disposition relative
de figures est compatible, ou incompatible avec le
ciel. Par exemple, la première chose qui frappe les
regards dans ce monument, c'est la suite complète
des douze signes du zodiaque distribués à peu près
continuement sur le contour d'une courbe annu-
laire, à l'exception du Cancer qui se trouve écarté
de la série et rejeté au-dedans de la courbe, au-
dessus du Lion. Il est évident que cette disposition n'a jamais été astronomiquement possible;
de sorte que ce Cancer excentrique est nécessairement un emblème dont il faudra découvrir
la signification par la suite, mais sur lequel il ne
faut point chercher à placer réellement les étoiles
de la constellation du Cancer. Lorsque l'on sait
le secret du monument, on y découvre quelques
autres figures placées ainsi dans une intention purement emblématique; mais je me borne actuel-

lement à la précédente , à cause de son évidence
sensible. Il faudra donc en faire momentanément
abstraction , et s'attendre qu'elle aura été déran-
gée de son lieu vrai pour signaler quelque circonstance importante , qu'indique, peut-être, la
figure emblématique située à la place du Cancer,
dans l'ordre des signes. L'existence d'un pareil
motif est d'autant plus vraisemblable , que la figure dont il s'agit est surmontée d'un symbole
hiéroglyphique particulier, qui la signale d'une
manière spéciale ; et dont la composition comparée à ce qu'offrent les inscriptions bilingues,
est de nature à exprimer un nom propre ou une
phrase dénominative. Par cette transposition que
Visconti avait imaginée, la continuité de l'anneau zodiacal serait rétablie ; et ce serait sur la
figure emblématique du Cancer, non sur le Cancer lui-même, que les étoiles de cette constellation devraient venir se placer.

Outre les figures qui expriment les signes du
zodiaque dans leur ordre, et sous leurs emblèmes
actuels, le monument en offre un grand nombre
d'autres qui, ainsi que les premières, sont renfermées dans un médaillon circulaire dont le
centre est fort éloigné de l'anneau zodiacal. La
signification de ces autres figures est nécessairement moins évidente que celle des douze
signes, consacrés par un emploi si ancien et si
général ; cependant l'étude comparée des monumens égyptiens permet d'en reconnaître quelques

unes avec plus ou moins de vraisemblance. Or,
quoique, en définitif, je me propose d'employer
seulement des démonstrations rigoureusement
géométriques, et que je n'aie réellement pas fait
usage d'autres preuves, cependant il a bien fallu
me laisser guider d'abord par de simples vraisemblances, pour arriver à découvrir des données
auxquelles le calcul mathématique pût s'attacher.
J'aurais pu supprimer ici toutes ces inductions;
et, cachant la série des idées qui m'avaient conduit, en présenter seulement le résultat final,
comme un système de construction hypothétique,
susceptible d'être légitimé par son application
même, c'est-à-dire, par l'accord des positions calculées qui s'en déduisent, avec les figures et les
indices astronomiques sculptés sur le monument.
Une telle forme d'exposition eût sans doute moins
prêté à la critique, surtout à la critique superfi-
cielle qui, s'attachant isolément à quelque détail,
et le séparant de l'ensemble, trouve aisément à
lui donner une interprétation différente de celle
que la considération de cet ensemble rend seule
admissible. Mais cette marche plus couverte eût
aussi moins éclairé le sujet en lui-même, et c'est
pourquoi je n'ai pas voulu la suivre. Il m'a paru
que les esprits philosophiques ne devraient pas
être complètement satisfaits par une sorte d'explication cartesienne dont on ne leur montrerait pas
les bases; qu'ils pourraient toujours craindre que
quelque autre interprétation toute différente ne

pût aussi bien convenir ; qu'au lieu d'être pressés dogmatiquement dans une question essentiellement conjecturale, ils aimeraient d'abord à connaître par eux-mêmes tous les rapports évidens ou probables que l'on peut établir ou seulement soupçonner entre les diverses parties du monument ; et, qu'après les avoir appréciés à leur gré, ils ne me jugeraient en définitif, que sur la restitution plus ou moins complète que je serais parvenu à en déduire. Étant d'ailleurs très-persuadé qu'une pareille restitution ne saurait s'inventer à priori, mais doit être le résultat systématiquement conclu du plus grand nombre d'inductions possibles, j'ai dû accueillir et examiner toutes celles qui pouvaient m'être offertes par les personnes habiles dans les sciences ou dans les lettres, qui s'étaient occupées déja de ce monument. Ainsi, avant tout essai d'interprétation géométrique, M. de St-Martin m'avait fait remarquer, hors de l'anneau zodiacal, sur une direction intermédiaire entre le Taureau et les Gémeaux, une grande figure d'homme dans une attitude très-animée, et qu'il m'avait dit devoir être le symbole d'Orus, fils d'Osiris, auquel, selon Plutarque, la constellation d'Orion était consacrée chez les Égyptiens ; et, en effet, cette interprétation n'avait rien que de très-conforme soit à la place relative d'Orion dans le ciel, soit aux habitudes guerrières attribuées à son type mythologique (1). On s'accorde

____

(1) M. de Rémusat m'a appris que, dans la sphère chinoise

aussi généralement à reconnaître l'emblême de Sirius dans la représentation d'une vache, dont la tête est surmontée d'une étoile, Plutarque nous apprenant encore que l'étoile Sirius était consacrée à Isis ; dont une vache était l'image, comme le bœuf était celle d'Osiris. Ce symbole de Sirius est placé sur le prolongement du rayon, mené du centre du monument à la figure emblématique substituée au Cancer. En examinant ainsi la direction relative de toutes ces figures aussi bien que de celles qui composent le zodiaque, on y reconnaît une tendance marquée à rayonner vers un même point, qui est le centre de tout le médaillon, et par conséquent différent du centre de l'anneau zodiacal. Cette tendance se remarque même dans la direction propre de toutes les figures, dont le corps est toujours allongé vers ce même centre, lorsqu'elles sont debout, ou disposé circulairement autour de lui quand elles sont couchées. Il n'y a qu'un très-petit nombre d'exceptions à cette règle, et l'on découvre plus tard, pour la plupart d'entre elles, les motifs qui les ont déterminées. Une pareille disposition semble évidemment indiquer un système de projection générale, autour de quelque point de la sphère céleste con-

---

même, la constellation d'Orion est désignée par un nom équivalant à *debellator*, le vainqueur ; ce qui s'accorde, d'une manière singulièrement remarquable, avec les fables mythologiques égyptiennes, et avec le caractère de l'emblême que nous examinons. PLUT. Traité d'Isis et d'Osiris.

sidéré comme pôle. Ce soupçon se fortifie quand
on examine sous ce point de vue l'espèce et la
distribution relative de quelques-unes des figures
qui sont placées sur le bord du médaillon circulaire, et dont la signification astronomique est ou
évidente ou très-vraisemblable; car, par exemple,
si l'on mène un rayon à partir du centre vers
l'extrémité du Taureau la plus voisine du Bélier,
on trouve sur le bord du médaillon, dans cet alignement, un groupe de sept étoiles qui, par leur
direction et par leur nombre, semblent figurer
les Pléiades, d'autant que l'une d'entre elles, plus
difficile à voir que les autres, et assez difficile pour
qu'Aratus et Eratosthène n'en aient désigné que
six de visibles (1), semble placée exprès au-dessous
des autres, quoique toujours sur le même alignement à partir du centre; et, à côté de ce groupe
supposé des Pléiades, sur un alignement plus
éloigné du Bélier, quoique passant toujours par
le Taureau, on voit sur le bord du médaillon un
autre groupe plus confus, qui semble désigner la
direction des Hyades; d'autant qu'au-dessous d'elles, et toujours sur le même alignement, on a
sculpté la figure d'un porc. Car M. de St-Martin
m'a fait remarquer que le nom grec des Hyades,
ὑάδες, pouvait aussi bien venir du substantif ὕς,
qui signifie un porc, que du verbe ὕειν, qui signifie
pleuvoir; à quoi une autre personne a ajouté cette

____

(1) Aratus, Phénomènes. Eratosthène, des Pléiad.

remarque non moins curieuse, que, chez les Romains, le nom vulgaire des Hyades était *succulæ*,
qui signifie de petites truies : et cette dénomination
généralement employée par les auteurs latins, l'est
en particulier par Cicéron et par Pline qui, tout
en s'en servant, s'étonnent de la voir en usage,
et la blâment comme improprement tirée du substantif ὕς, le mot ὑάδες leur paraissant devoir dériver plutôt de ὕειν. A côté de ce groupe, en s'éloignant toujours du Bélier, mais en restant néanmoins dans le Taureau, est une étoile isolée que
montre du doigt une figure emblématique, et
qui, par sa direction, pourrait répondre à l'alignement d'Aldebaran. En deçà de cette direction, et au-dessous de l'emblème d'Orion, est
un grand serpent, dont les replis tortueux et ra-
massés presque parallèlement les uns aux autres,
semblent très-propres à former l'emblème de la
constellation du fleuve appelé aujourd'hui l'É-
ridan, d'autant que devant elle, du côté du Bélier, et près du bord du médaillon, est figurée
une grosse étoile toute seule qui, par cette circonstance aussi bien que par sa position près
du bord du tableau, conviendrait très-bien à
l'étoile de la constellation du fleuve, connue aujourd'hui sous le nom d'Acharnar, et que l'on
sait être très-australe. Dans une autre partie du
médaillon, et sur un rayon intermédiaire entre
la Balance et la Vierge, mais non plus sur le bord,

on remarque un homme à tête de bœuf, portant
un emblème hiéroglyphique, formé d'une étoile
surmontée d'un bœuf. La situation de ce signe
entre la Balance et la Vierge, ainsi que la répétition du bœuf dans le symbole qui le désigne,
semblent très-bien convenir à la constellation du
Bouvier, dans laquelle se trouve la belle étoile
d'Arcturus ; et c'est en effet ainsi qu'on l'a généralement interprété. Toutes ces indications de détail paraissent donc s'accorder avec ce que nous
avons remarqué plus haut sur la tendance générale des signes vers le centre du médaillon circulaire, pour nous indiquer que ce centre est le
point du ciel autour duquel non-seulement les
douze signes, mais encore plusieurs autres constellations tant intérieures qu'extérieures au zodiaque, ont été distribuées, chacune sur sa direction propre, et dans l'alignement où elle se
trouvait sur la sphère céleste à partir de ce point.
En outre, ce que nous avons remarqué sur la manière dont les Pléiades et les Hyades, paraissent
avoir été désignées sur le contour du médaillon
circulaire, montre que les emblèmes situés sur ce
bord ne doivent pas, du moins ne doivent pas
tous, être considérés comme représentant des
constellations en position réelle, ce qui en effet
serait astronomiquement impossible, d'après leur
nombre et l'égalité de leurs distances à ce bord ;
mais que ce peuvent être, au moins en partie, des
désignations faites par renvoi sur le rayon où

chaque constellation se trouve, ce qui n'exclut pas la possibilité que, sur ce bord même, quelques emblèmes eussent été placés exactement en direction et en distance, si la chose a été praticable. Ignorant le mode de construction du monument, nous devons nous plier à toutes les indications qu'il présente, sans lui attribuer ni plus, ni moins d'art qu'il n'en a réellement.

Ici s'offrent aussitôt deux questions à résoudre. Quel est, dans le ciel, ce point qui a servi de centre ? et quel est le système de projection suivant lequel les astres ont été distribués autour de lui ? Cette seconde question semble même devoir être abordée la première ; car l'exécution géométrique d'un pareil tableau, d'après les positions astronomiques seules, et sa comparaison avec le monument, sont les seuls moyens positifs de savoir si le monument est réellement tracé d'après un procédé géométrique pareil, et si le choix du point que l'on a pris pour pôle est exact. Or, le monument présente à cet égard une indication capitale ; c'est qu'il contient dans le même tableau, et dans un seul médaillon circulaire, le zodiaque entier, et même un certain nombre de constellations, telles qu'Orion, par exemple, que nous savons être plus australes que ce cercle. Cette considération exclut aussitôt toute idée de projection de la nature de celles que nous employons dans nos cartes célestes et que l'on appelle orthographiques, ou stéréographiques : car,

dans le premier de ces systèmes, la représentation d'un grand cercle de la sphère est toujours
une ellipse concentrique au cercle qui limite la
carte, condition qui n'existe évidemment point
dans notre monument, où l'anneau zodiacal est
très-excentrique ; et, dans le mode stéréographique
de projection, tous les cercles de la sphère, grands
ou petits , sont, il est vrai, représentés par des
cercles excentriques ; mais jamais un grand cercle,
excepté celui qui limite le tableau, ne peut se
voir entier dans son intérieur ; et tous ont nécessairement une portion de leur cours hors du tableau, en vertu de la section sous-contraire des
cônes visuels ; au lieu qu'ici le cercle entier du
zodiaque est compris dans l'intérieur du médaillon circulaire, et se trouve même à une grande
distance de ses bords. En outre, ces deux systèmes
de projection, l'orthographique comme le stéréographique, exigent chacun deux tableaux pour
représenter la sphère entière, et même toute portion de la surface sphérique qui excède un hémisphère ; parce que sans cela, les projections
des hémisphères opposés, ou des portions de ces
hémisphères que le tableau devrait comprendre,
tomberaient dans la carte aux mêmes points, et
conséquemment se confondraient par leur superposition ; au lieu que, dans notre monument,
un seul médaillon a suffi pour représenter, sans
superposition, non-seulement le cercle entier du
zodiaque, mais encore des constellations réparties

hors de ce cercle dans le reste de la sphère céleste. Les systèmes de projection les plus ordinaires se trouvant ainsi exclus par les diverses particularités du monument, il faut en imaginer quelque autre qui puisse mieux y satisfaire : or il en existe un, qui, avec une facilité de construction bien plus grande, et sans supposer aucune connaissance de réductions trigonométriques, remplit complètement toutes ces conditions. Ce système consiste à projeter tous les points de la sphère par développement autour d'un d'entre eux choisi pour pôle, en plaçant chaque point sur le tableau, dans son alignement véritable, et à une distance du pôle égale au développement de l'arc qui mesure sa distance polaire sur la sphère. Un tel mode de projection donne en effet une représentation de toute la sphère distribuée par rayonnement autour du point choisi pour pôle; et il a de plus l'avantage singulier de n'exiger, pour être mis en pratique, que deux instrumens bien simples ; savoir, un globe céleste et un fil. Tout doit donc nous porter à essayer si ce ne serait pas ce mode si simple, que les constructeurs de notre monument auraient employé.

Ce genre de projection offre, dans la représentation des grands cercles, une propriété générale et caractéristique, que l'on peut vérifier d'abord. Si, par le centre de la sphère et par le point choisi pour pôle, on mène un plan coupant quelconque, tout autre plan passant aussi par le

même centre , sera coupé suivant un diamètre de
la sphère ; conséquemment tout grand cercle de
la sphère se trouvera coupé aussi en deux points
diamétralement opposés de sa circonférence ; d'où
il suit que les distances sphériques de ces deux
points au pôle seront supplémentaires l'une de
l'autre ; et, bien qu'en général inégales , feront
une somme constante , égale à un demi grand
cercle de la sphère. Voilà une première propriété
à vérifier sur la représentation égyptienne. Il est
vrai qu'on ne peut pas le faire avec la dernière
rigueur, parce que le grand cercle de l'écliptique
n'est pas mathématiquement tracé sur le monument comme une simple ligne sans largeur sensible, mais est seulement défini par la suite des
douze figures zodiacales. Néanmoins elle se vérifie
d'une manière aussi satisfaisante qu'il est possible,
dans la limite d'incertitude que la longueur de
ces figures comporte. Car si , par exemple , on
prend avec une bande de papier , sur le monument, la distance rectiligne du cœur du Lion à
l'urne du Verseau , deux points qui se trouvent
sur un même diamètre, cette même distance transportée autour du centre du médaillon , dans une
autre direction diamètrale quelconque , aboutit
toujours par ses deux extrémités dans l'intérieur
de deux figures zodiacales de signes opposés.
Mais on y reconnaît encore une autre propriété
géométrique non moins remarquable : c'est que
la distance diamétrale constante, ainsi déterminée.

est précisément égale en longueur au rayon du médaillon circulaire (1). Cela doit avoir lieu en effet dans ce système de projection, car le contour extérieur du médaillon n'est autre chose que la représentation du point de la sphère qui se trouve diamétralement opposé au pôle de projection que l'on a choisi. Or, ce point peut indifféremment être porté sur le tableau dans tous les alignemens, pourvu qu'on le place toujours à une distance du centre égale à sa distance polaire, c'est-à-dire, au développement d'un demi grand cercle. Il doit donc se trouver représenté dans le tableau par une circonférence dont le rayon égale le diamètre constant de l'anneau zodiacal ; et c'est ce qui s'observe ici fort exactement.

Toutefois, ces vérifications ne peuvent encore être considérées que comme approximatives , puisqu'on ne trouve à les appliquer sur le monument qu'à des séries de figures d'une étendue sensible, et non pas à des lignes mathématiques sans largeur. Elles doivent rendre le mode de projection probable, sans être assez précises pour le démontrer. Mais, guidés par cette probabilité, nous pouvons chercher et découvrir d'autres épreuves plus sévères; or, je vais en exposer une qui ne laisse rien à désirer du côté de la rigueur.

(1) Ce résultat et le précédent peuvent se vérifier immédiatement sur la planche 3, où l'on a tracé, sur les figures zodiacales, la courbe à diamètre constant donnée par la construction indiquée dans le texte.

Toutefois, avant d'en expliquer la nature, je crois
nécessaire de faire remarquer encore que cette
sorte d'épreuve, comme toute autre que l'on pourrait proposer, doit être jugée sur sa valeur propre, d'après les résultats qu'elle offrira quand
nous l'appliquerons; et non pas d'après les indices plus ou moins délicats, plus ou moins
légers, qui nous la feront découvrir. Car, peu importe quels soient ces indices en eux-mêmes,
pourvu qu'ils nous conduisent à des données
susceptibles d'être combinées et essayées exactement. Ce sera ensuite le calcul qui, en s'y appliquant, nous donnera la mesure précise de
la probabilité que nous devons y attacher. Ceci
accordé, reprenons l'examen de certains détails
que le monument présente. Nous avons dit plus
haut que, entre la Balance et la Vierge, on voit
une figure humaine à tête de bœuf, portant un
symbole hiéroglyphique dont un bœuf fait partie.
Cette circonstance, jointe à l'analogie des positions, a fait généralement considérer cette figure
comme devant être l'emblème de la constellation
du Bouvier. Or, cette spécialité de désignation
par une enseigne hiéroglyphique, ne s'observe
que quatre fois dans le grand nombre de figures
que l'anneau zodiacal renferme. On doit donc
croire qu'elle avait pour motif quelque intérêt
plus particulier attaché à telle ou telle des constellations comprises dans cet espace ; intérêt qui
aurait déterminé à en donner une indication plus

précise. Aussi trouve-t-on que ces symboles hiéroglyphiques sont composés de manière à exprimer des noms propres; et même ce doivent être
vraisemblablement des noms de constellations,
ou d'étoiles isolées; car chacun d'eux se termine
toujours par une étoile sculptée; et l'on a reconnu, par les inscriptions bilingues, que la plupart des noms propres d'individus qui appartiennent à une même espèce, sont toujours précédés
ou suivis du signe hiéroglyphique par lequel cette
espèce est désignée. D'après cela, le symbole
hiéroglyphique porté par l'homme à tête de bœuf,
exprime très-vraisemblablement le nom de la constellation entière du Bouvier, ou celui de quelque
étoile principale qui en fait partie; et dans ce
dernier cas, il ne pourrait désigner que la belle
étoile Arcturus, seule brillante de ce groupe,
et, d'ailleurs, si fréquemment employée dans les
indications et les pronostics de l'astronomie ancienne. Maintenant si, dans une carte céleste chinoise, arabe, ou de toute autre nation dont la
langue nous serait inconnue, nous venions ainsi
à découvrir un nom propre de constellation ou
d'étoile écrit dans une partie de la carte qui ne
permît pas de le confondre avec d'autres, ni de
le considérer comme un renvoi, n'en conclurions-
nous pas avec raison que ce nom a été placé
dans le lieu céleste de l'astre qu'il désigne; et, si
par la discussion des figures environnantes, de
même que par la nature des caractères qui le

composent , ce nom nous paraissait devoir appartenir, par exemple, à la constellation du Bouvier, ne jugerions-nous pas que l'endroit de la carte où il se trouve, appartient à la partie la plus remarquable de cette constellation ? Nous devons donc suivre les mêmes analogies dans l'interprétation de la carte égyptienne qui nous occupe. Mais le mode connu de composition des légendes hiéroglyphiques, nous donne encore ici un caractère plus particulier de désignation. Car, puisque l'étoile sculptée dans la légende indique très-vraisemblablement l'espèce d'étoile à laquelle appartient l'astre qu'elle dénomme, qu'y a-t-il de plus naturel que d'imaginer qu'elle a été placée au lieu précis d'Arcturus même , servant ainsi en même temps à désigner sa position céleste et sa dénomination ? Cette double application du caractère de spécialité se présente si simplement à l'esprit dans cette circonstance, que l'on devrait être fort surpris si elle n'avait pas été employée par des hommes, dont l'écriture habituelle était toute formée de signes d'idées. Nous l'admettrons donc comme vraisemblable ; et même, nous confiant dans la justesse du principe sur lequel elle repose, nous nous garderons bien d'en limiter l'application au seul symbole hiéroglyphique que nous venons de considérer. Nous la suivrons au contraire avec fidélité, dans l'interprétation des autres symboles de même genre que leur isolement, et leur situa-

tion dans l'intérieur de l'anneau zodiacal , paraîtront affecter à la désignation spéciale d'un lieu
céleste ; nous supposerons toujours que l'étoile
sculptée dans la phrase hiéroglyphique , a la
double signification de spécialité et de localité :
et si ensuite le calcul trigonométrique, appliqué
à tous les lieux ainsi reconnus par la seule discussion critique, confirme leurs relations de position et de distance, l'accord de résultats obtenus par deux genres d'épreuves si indépendantes
l'une de l'autre, nous donnera, ce me semble,
une présomption bien puissante d'avoir trouvé la
vérité.

Ce soupçon nous conduit à examiner ce que
peut signifier une autre figure humaine à queue
recourbée qui se trouve presque dans la série
des signes du zodiaque, sous le plateau oriental de la Balance, un peu avant le Scorpion.
Elle porte dans ses mains un petit astérisme, que
l'on a, dans tous les dessins, représenté comme
une sorte de coupe, mais qui, à l'examen le plus
répété, le plus attentif, m'a semblé offrir plutôt
la forme de l'emblême par lequel nous autres
modernes avons maintenant l'usage de figurer un
cœur ; et, pour que chacun puisse à son gré apprécier cette ressemblance , j'ai fait graver ici,
dans la planche 1re , fig. 1 , un calque exact, et de
grandeur naturelle, de l'emblême dont il s'agit (1).

---

(1) Voyez aussi la note (1) à la fin de l'ouvrage.

Quoi qu'il en puisse être, ce petit astérisme,
soit cœur, soit vase, est une particularité remarquable ; d'autant que le signe de la Balance semble
avoir été un peu relevé et rapproché du centre
pour pouvoir placer la figure à laquelle il appartient. Or, en examinant la position donnée sur
le monument à l'image matérielle du Scorpion,
il est facile de voir que l'espace qu'il occupe
parmi les figures zodiacales, ne peut contenir
astronomiquement la belle étoile appelée Antarès, que Ptolémée, comme nous, place au cœur
du Scorpion céleste ; et l'on ne peut même y
comprendre aucune des étoiles moins brillantes
dont cette constellation est formée. Car, le milieu du Scorpion de notre monument, se trouve
sur un rayon qui forme avec le rayon mené par
le milieu de la Vierge, un angle de plus de
soixante degrés. Or, la différence réelle de longitude entre l'Épi, l'étoile la plus brillante de la
Vierge, et Antarès, n'est pas de $46°$; et ces deux
astres étant tous deux fort près de l'écliptique,
c'est aussi là, à fort peu près, la longueur de l'arc
de grand cercle qui mesure leur distance absolue. Il est donc mathématiquement impossible
qu'aucun système de projection par rayonnement
autour d'un point quelconque de la sphère, donne
entre eux un angle dièdre plus grand que cette
longueur. Ainsi, en admettant que la figure de
femme portant un épi, et placée sur le monument
entre le Lion et le Bouvier, représente la Vierge,

ce que personne jusqu'ici n'a songé à révoquer en doute, Antarès et le système d'étoiles qui l'accompagne, ne sauraient se trouver compris dans la figure du Scorpion sculptée près du Sagittaire ; de sorte qu'il faut, par nécessité, ou que cette constellation tout entière n'ait pas été astronomiquement représentée sur le monument, ce qui est peu probable, puisqu'elle fait partie des signes du zodiaque, ou que les principales étoiles qui la composent, et que nous comprenons aujourd'hui sous l'emblême du Scorpion, aient été rapportées, par les auteurs du monument, à un autre emblême, ce qui n'offre rien d'impossible. Alors, cet emblême devant être plus rapproché de la Vierge, ne pourrait être que la petite figure humaine à queue recourbée, que nous avons signalée tout à l'heure, puisqu'on ne trouve qu'elle seule sur le monument, entre la figure du Scorpion et celle du Bouvier. Or, si l'on considère, dans le ciel ou sur un globe céleste, la configuration formée par Antarès, et par les étoiles dont la queue du Scorpion a toujours été composée, dans Ptolémée comme dans nos cartes, on y reconnaît, en effet, la plus singulière ressemblance avec les contours des bras, du corps, et de la queue, de cette petite figure ; et l'on peut remarquer à l'appui de cette analogie, que la même figure se retrouve encore à côté du Scorpion, sur le zodiaque rectangulaire, avec sa queue recourbée, et composée d'anneaux pré-

cisément pareils. D'après ces rapports de position
et de forme, si Antarès, *le cœur du Scorpion*, se
trouve quelque part, sur le monument, en position astronomique, il faut nécessairement qu'il
coïncide avec le petit astérisme, soit cœur, soit
vase, que cette figure tient dans ses mains; et
il ne saurait être ailleurs. Ce sera au calcul trigonométrique à nous démontrer si cette coïncidence est, ou n'est pas compatible avec les relations de distance de l'astérisme aux autres figures dont la signification est connue, ou pourra
être déterminée; nous nous occuperons tout à
l'heure de cette recherche numérique ; ici nous
ne voulions que fixer un nouvel élément, auquel
le calcul pût s'appliquer. Je ne crois pas inutile
de rappeler à l'attention du lecteur que cette
portion du zodiaque comprise entre le Sagittaire
et la Vierge , portion que nous partageons aujourd'hui entre les deux signes du Scorpion et
de la Balance, a successivement éprouvé , dans
son mode de subdivision , des changemens considérables ; puisque l'on connaît même des pays
et des époques où tout cet espace entier paraît
avoir été attribué au signe du Scorpion seul. De
sorte qu'on devrait être peu surpris qu'un certain
nombre des étoiles qui y sont situées , et que nous
attribuons à l'un ou à l'autre de ces astérismes,
se trouvassent reparties sur un ancien monument
d'une manière différente de notre usage actuel,
ou même de tout autre mode connu. Quand

nous aurons expliqué l'ensemble du monument, on verra que cette division particulière de quelques constellations, et cette introduction accidentelle d'emblêmes inusités, dont nous verrons encore quelques autres exemples, a pu être ici déterminée par la nature même de la projection, qui, dilatant davantage les parties du ciel les plus éloignées du point choisi pour pôle, aurait dans plusieurs cas, et particulièrement dans celui-ci, défiguré les emblêmes ordinaires des constellations d'une manière tout-à-fait intolérable pour l'art de la sculpture, si l'on n'avait alors subdivisé entre plusieurs figures emblématiques l'espace céleste qu'elles occupaient.

Le signe du Verseau va nous fournir encore un autre indice de position qui mérite qu'on l'éprouve aussi d'une manière précise. Ce signe est représenté sur le monument par la figure d'un homme portant deux urnes, desquelles s'échappent deux lignes ondulées, qui tombent sur un poisson placé au pied de la figure. A ces traits on reconnaît le Poisson austral, ou le grand Poisson céleste, qui, dans les descriptions des anciens, et même encore aujourd'hui, dans nos cartes, est représenté buvant l'eau qui tombe des urnes du Verseau : à côté de lui, et sous les pieds de la figure qui porte l'urne, on voit un amas de douze étoiles sculptées, qui semblent ainsi indiquer l'importance de ce groupe céleste ; il est par conséquent naturel d'y chercher

Fomalhaut qui en fait partie , et qui est une belle
étoile de première grandeur, fort célèbre dans les
indications de l'astronomie ancienne. Mais il est
facile de reconnaître qu'on ne doit pas trouver cet
astre dans la partie du groupe d'étoiles la plus voisine de l'image du Poisson ; car toutes les parties
du monument s'accordent à montrer que les figures des constellations y ont été systématiquement tracées de manière à les faire toutes marcher
dans un même sens pour un motif que nous devrons découvrir plus tard , mais qui n'a besoin
ici que d'être établi comme un fait. De là il résulte que plusieurs d'entre elles , le Taureau
et le Verseau, par exemple, ont été retournées
dans cette intention , de sorte que leur aspect
dans le monument, est inverse de celui qu'elles
ont dans nos globes célestes, quoique leur position absolue soit la même. C'est donc du côté du
groupe d'étoiles où Fomalhaut se trouve réellement en position astronomique, qu'il faut chercher s'il existe dans le monument. Or, en effet,
à l'extrémité occidentale de ce groupe, et à la
hauteur de l'emblême du Poisson, on voit une
dernière étoile qui se détache des autres, d'une
manière très-marquée ; et, tout à côté d'elle, se
trouve une légende hiéroglyphique, placée exactement sur le même parallèle, comme si l'on avait
voulu par ces circonstances montrer qu'elle se
rapporte à la constellation figurée par le groupe
des étoiles sculptées. Si donc nous pouvions être

assez heureux pour que les constructeurs du monument eussent voulu indiquer spécialement quelques positions absolues d'étoiles, il ne serait pas invraisemblable de croire qu'ici celle qui se détache des autres et à laquelle semble se rapporter
la légende, serait Fomalhaut lui-même. Mais,
pour nous astreindre plus fidèlement au mode de
désignation que la légende d'Arcturus nous a
suggéré, nous admettrons suivant le même principe, qu'ici, l'étoile qui marque le caractère espèce, doit marquer en même temps le lieu vrai
de Fomalhaut.

Je sais que, depuis la lecture de mon travail,
on a attaqué cette désignation du lieu de Fomalhaut, en supposant un autre objet à la légende
hiéroglyphique que nous venons de lui attribuer.
Cette légende, a-t-on dit, est absolument analogue pour la position à un grand nombre d'autres, situées comme elle à une distance commune
du bord du médaillon circulaire, et au-dessus
des figures qui s'y trouvent distribuées ; et comme
ces autres légendes, d'après leur disposition générale et le mode de leur composition, paraissent
évidemment de nature à exprimer les noms ou
les qualifications des figures placées au-dessous
d'elles ; de même, celle que nous voulons rapporter
ici au groupe du Verseau, se rapporte réellement
à la figure placée au-dessous, sur le même rayon
mené du centre, figure qui est ici un bélier,
portant sur ses cornes un disque arrondi.

Je ne crois pas avoir affaibli l'objection : voici maintenant ce que je pense que l'on y peut répondre. D'abord, quand même on la reconnaîtrait comme vraie et certaine, cela ne nous ôterait pas la donnée astronomique, l'unique donnée qui nous soit nécessaire pour la suite de nos calculs, et qui consiste dans la détermination, au moins très-approchée, du lieu que l'on doit supposer à Fomalhaut, sur le monument, s'il s'y trouve marqué en position réelle. En effet, cette détermination repose uniquement sur ce que Fomalhaut, d'après sa position céleste, doit être absolument la dernière étoile à l'occident des groupes réunis du Verseau et du Poisson austral, ce qui n'est pas susceptible de contestation; or, ce caractère le place nécessairement soit sur la dernière étoile du groupe, soit sur la légende, si l'on suppose qu'elle lui soit relative, par conséquent, dans tous les cas, très-près du lieu où nous l'avons mis.

Mais maintenant, à considérer la légende elle-même, elle doit, à ce qu'il me semble, se rapporter plutôt au groupe formé du Verseau et du Poisson austral, qu'à la figure du Bélier placée au-dessous. En effet, dans tout le reste du monument on ne voit pas un seul groupe d'étoiles sculptées, qui ne soit accompagné d'une légende hiérogliphyque : ici il n'était pas possible de mettre la légende au-dessus du grouppe, comme on l'avait fait dans tous les autres cas; les pieds du Verseau s'y opposaient : il était donc tout naturel de la mettre à côté, sur le même parallèle, où se trouvait une grande place vide, d'autant mieux que la légende se rapprochait ainsi de la partie la plus remarquable de la constellation ; et, pour marquer plus évidemment cette relation, la plus occidentale des étoiles se détache du grouppe en se rapprochant de la légende, située précisément à la même hauteur. Supprimez ces rapports, en attribuant la légende dont il s'agit à la figure du Bélier placée au-dessous d'elle, alors le groupe d'étoiles sculptées, appartenant au Verseau, restera sans aucune légende et formera ainsi une exception unique avec tous les autres groupes pareils exprimés sur le monument. A la vérité, si l'on attribue la légende au groupe, comme cette analogie l'exige, la figure du Bélier, située près du bord du médaillon au-dessous de la légende, n'aura plus de phrase dénominative qui s'y rapporte ; mais, cette absence n'a rien qui soit improbable ; car sous le Scorpion l'on voit aussi une tête d'animal à cornes de bélier, et surmontée pareillement d'un disque, laquelle n'est accompagnée d'aucune légende. Il n'y a pas non plus de légende à une autre tête de bélier surmontée d'un disque, qui se trouve à côté des Pléiades, sur le prolongement du rayon mené par les cornes du Taureau ; cette tête est seulement accompagnée d'une étoile isolée. On ne doit non plus, ce me semble, attribuer aucune étoile au

petit bélier surmonté d'un disque, qui se trouve
sur le rayon mené par la tête du Capricorne; car
la petite flèche qui se voit au-dessus de ce bélier
entre deux étoiles, est si exactement dirigée sui·
vant la ligne solsticiale, comme le montre la
planche III, que l'on peut, avec au moins autant
de vraisemblance, la supposer un attribut de cette
ligne, qui, ainsi qu'on le verra plus tard, avait
en outre, la propriété remarquable de marquer
la direction du nord et du sud du monument.
D'ailleurs la petite figure de bélier, dont nous
parlons ici, est identiquement semblable à celle
que l'on voit sous le Verseau, sauf la grandeur,
qui n'aurait pu être la même par le seul défaut
de place; cependant, malgré une telle simili-
tude, les phrases dénominatives de ces deux figures n'auraient absolument aucun rapport de
caractère entre elles, si elles étaient exprimées
par les deux symboles situés au-dessus. Ainsi, en
résumé, si l'on considère ces figures de bélier
surmontées d'un disque, comme n'ayant pas de
légende hiéroglyphique, ce qui, d'ailleurs les as-
simile à beaucoup d'autres que le monument renferme; aucune analogie n'est violée. Au contraire,
toutes le sont si l'on veut que la légende située
près du Verseau, se rapporte au bélier figuré
au-dessus de cette constellation, et non pas au
groupe d'étoiles sculptées qui en fait partie. Entre
ces deux suppositions il faut évidemment choisir
la première. C'est ce que j'ai fait ; et le calcul de

la projection l'a confirmé, en montrant, comme on le verra tout à l'heure, qu'elle était d'accord avec le ciel.

On trouve encore dans l'intérieur de l'anneau zodiacal une autre étoile dont la position absolue semble être indiquée par des analogies plus frappantes. C'est Sheat ou β de Pégase de nos cartes modernes. On sait que cette belle étoile est une des quatre qui forment le carré de Pégase, groupe remarquable, situé dans la partie du ciel qui contient le signe zodiacal des Poissons. Notre monument offre en effet, entre les deux Poissons, un rectangle que cette place, ainsi que sa configuration, ont fait généralement présumer être l'emblême du carré de Pégase. Malheureusement ce rectangle n'offre point d'étoile sculptée ; mais, près de lui, sur le même parallèle, et un peu à l'orient en longitude, on voit une figure humaine portant sur sa tête un symbole hiéroglyphique , dont une étoile fait partie. Or, cette étoile se trouve presque exactement sur le prolongement, du côté supérieur du rectangle que les Poissons comprennent, et la figure humaine qui la porte est alignée dans une direction précisément parallèle à l'autre côté du même rectangle, ce qui semble bien indiquer une idée de relation. Cet indice est même d'autant plus marqué, qu'il forme une exception à la tendance générale des autres figures, dont le médaillon est couvert ; car celles-là, comme je l'ai dit plus haut, sont presque toutes

placées en rayonnement autour du cercle du médaillon circulaire ; au lieu que celle-ci, de même
que le côté du rectangle auquel elle est parallèle,
forme avec le rayon mené au centre, un angle
de près de 30°; d'où l'on doit évidemment conclure qu'elle a été ainsi déviée à dessein, et pour
l'assujettir à quelque relation de direction ou de
position astronomique. Mais, ce qui achève de le
prouver, et de montrer nettement que cette figure est destinée à compléter le carré du Pégase,
c'est que l'hiéroglyphe écrit au-dessus de sa tête
offre un grand carré dont il manque un côté qui
est celui que formerait le prolongement de la figure
même ; et, pour que l'on ne puisse s'y méprendre,
on a inscrit au centre de ce caractère un autre
carré plus petit, qui est entièrement terminé (1).

(1) On a objecté contre ces remarques que le carré plein
et le carré incomplet sont des signes fréquemment usités dans
l'écriture hiéroglyphique ; et qu'ainsi leur emploi, dans le
cas actuel, n'a pas le sens que je leur ai attribué. C'est là , à
ce qu'il me semble, une conclusion beaucoup trop absolue.
Car, le sens de ces caractères dans l'écriture hiéroglyphique
comme signe de paroles ou de pensée , n'est pas connu ; on
ne sait ni quel il était habituellement, ni quelle extension il
pouvait accidentellement recevoir. Mais quel qu'il pût être ,
il n'exclut nullement la possibilité de l'emploi des mêmes caractères dans la circonstance présente, comme signe de forme
et de relation géométrique ; surtout cette même idée se trouvant déja rappelée par la figure du rectangle insérée entre les
Poissons ; et au contraire, l'application accidentelle donnée
ici au carré brisé, serait une élégance d'expression, pour une

Tous ces détails sont beaucoup plus sensibles, et beaucoup mieux en proportion dans le monument que dans les copies qu'on en a faites, le dessinateur n'ayant jamais pu avoir de motif pour leur donner une attention si minutieusement exacte; mais ils m'ont paru être tels que je viens de les décrire. Toutes ces circonstances semblent donc se réunir pour nous indiquer que la figure dont il s'agit ici exprime le complément du carré de Pégase, formé par les deux étoiles Sheat et Markab, en sorte que, si les constructeurs du monument ont réellement attaché une idée de position à l'étoile sculptée au-dessous de ce symbole hiéroglyphique, cette étoile ne peut être que Sheat ou β de Pégase, comme je l'ai annoncé plus haut. Je puis ajouter à ce sujet un rapprochement que M. Remusat m'a fait connaître, et qui paraîtra, sans doute remarquable; c'est que cette même subdivsion du carré de Pégase en deux parties distinctes, l'une orientale formée par α d'Andromède et Algenib, l'autre occidentale par Sheat et Markab, se trouve aussi exister dans la sphère chinoise, par des motifs que nous ignorons. Ici on demandera peut-être pourquoi les auteurs du monument auraient choisi l'étoile Sheat par préférence à toute autre, pour en faire ainsi l'objet d'une désignation particulière. C'est à quoi la dis-

langue idéographique, telle que l'était la langue hiéroglyphique des Égyptiens.

cussion ultérieure du monument nous mettra en
état de répondre, en montrant que la position de
Sheat était un élément astronomique de la plus
grande importance, à l'époque céleste que le monument représente, et sous la latitude où il était
placé.

Je pourrais joindre à l'énumération précédente
l'indication de deux autres étoiles sculptées qui
se trouvent également comprises dans l'intérieur
de l'anneau zodiacal, et dont l'une, portée par
une figure emblématique placée au-dessus du Capricorne en rayonnant vers le centre, répond,
comme on le verra plus tard, au milieu du quadrilatère du Dauphin, tandis que l'autre, située
plus près du pôle, mais portée sur une figure dirigée obliquement aux rayons menés du centre,
répond au milieu du carré de la Grande-Ourse.
Mais ces positions n'étant pas aussi faciles à démontrer par induction que les précédentes, et n'é-
tant pas, d'ailleurs, susceptibles d'une précision
aussi grande puisqu'elles ne répondent pas à une
étoile unique, mais au système de plusieurs étoiles
voisines les unes des autres, je préfère ne les indiquer ici que comme des points de vérification
importans, auxquels la construction théorique
du monument devra satisfaire quand elle sera
découverte ; et je n'établirai cette construction
que sur les positions relatives des quatre étoiles
sculptées que j'ai considérées d'abord.

Pour cela, je commencerai par faire remarquer

qu'il existe dans le ciel un élément indépendant des déplacemens de l'équateur et de l'écliptique, lequel se conserve dans tous les siècles avec une valeur rigoureusement constante, ou du moins extrêmement peu altérée. Cet élément, c'est la distance réciproque des étoiles entre elles, laquelle n'éprouve de changemens qu'en vertu des mouvemens propres auxquels la plupart sont sujettes, mouvemens que l'on sait être, pour toutes les étoiles, d'une extrême lenteur. Ainsi, en faisant abstraction de ces petits déplacemens, comme nous sommes réduits à le faire, puisque l'on n'est pas encore parvenu à les mesurer à cause de leur petitesse même, nous pouvons, d'après les positions actuelles de nos quatre étoiles, Arcturus, Antarès, Fomalhaut et Sheat, calculer les arcs de grand cercle qui ont dû mesurer dans tous les temps leurs distances respectives sur la sphère céleste, et les comparer aux valeurs données par le monument. En effet, si l'on mesure sur le monument les distances de ces diverses étoiles au centre du médaillon circulaire, et que l'on compare ces longueurs au rayon du médaillon qui, dans notre système supposé de projection, est le développement d'une demi-circonférence, on aura aussitôt en degrés, minutes et secondes, les distances sphériques de nos quatre étoiles au point du ciel qui a servi de pôle de projection ; en outre, si l'on mesure sur le contour du médaillon les cordes des arcs com-

pris entre ces quatre rayons, on en déduira les
angles dièdres que leurs plans projetants inter-
ceptent autour du même pôle. Ainsi, en considérant sur la sphère céleste le triangle sphérique
formé au pôle du monument par deux quelconques de ces rayons et par l'arc de distance considéré comme inconnu, on connaîtra dans ce
triangle sphérique, deux côtés qui seront les
deux distances polaires, et l'angle compris, qui
sera l'angle dièdre mesuré sur le monument entre
les deux rayons. On pourra donc calculer le troisième côté, c'est-à-dire, l'arc sphérique de distance
des deux étoiles que l'on aura considérées; cet
arc, comparé à celui que les positions astronomiques actuelles assignent aux mêmes étoiles,
fera connaître, par son accord ou sa discordance,
si les deux étoiles sculptées répondent bien réellement aux deux étoiles auxquelles on les avait
rapportées, d'après les considérations prélimi-
naires; et l'on verra ainsi la limite d'erreur qu'il
faut admettre, tant dans les observations primitives,
que dans les opérations graphiques de sculpture
et de mesure, pour que cette identité supposée
puisse être adoptée. Nos quatre étoiles, combinées
ainsi deux à deux, formeront six triangles polaires
entièrement indépendans les uns des autres; ils
offriront donc autant d'épreuves distinctes qui
devront se vérifier séparément. Et, pour apprécier avec justesse la force de ces épreuves com-

binées, il ne faudra pas les considérer comme s'appliquant à autant de suppositions différentes qu'il y a d'étoiles, mais à cette supposition unique : les constructeurs du monument ont-ils réellement employé, dans l'intérieur du planisphère, les étoiles sculptées pour désigner des positions absolues de certaines étoiles remarquables? car, si l'on était assuré qu'ils eussent eu cette intention, la seule considération de l'ordre et de la situation relative des figures environnantes suffirait pour établir que chacune de nos quatre étoiles est réellement représentée à la place où nous l'avons supposée. Par conséquent les six arcs de distance déduits de nos quatre étoiles combinées deux à deux, doivent être considérés individuellement comme autant d'épreuves isolées de cette intention primitive qui, une fois admise, suffirait, en s'appuyant sur les circonstances accessoires, pour compléter la reconnaissance d'identité.

Pour faire ce calcul, j'ai pris dans le catalogue de La Caille les positions de ces quatre étoiles pour 1750, parce que l'époque de 1750 sert, comme on sait, de point de départ aux formules de variations séculaires de l'équateur et de l'écliptique que M. Laplace a données dans la mécanique céleste. J'ai pris aussi avec beaucoup de soin, sur le monument, les distances polaires et les angles dièdres que, d'après la discussion précédente, je supposais leur appartenir ; et, avec ces données que l'on trouvera textuellement rapportées à la fin de ce Mémoire, j'ai obtenu les résultats contenus dans le tableau ci-joint.

Les différences que nous trouvons ici, entre les six distances calculées d'après le monument, et les six distances calculées d'après les positions astronomiques, sont du même ordre que celles que M. Delambre a trouvées en calculant les observations d'Hipparque, rapportées dans son commentaire sur Aratus. Quant aux erreurs d'Aratus même, elles sont beaucoup plus considérables. Ce seul rapprochement devrait suffire pour faire excuser de pareils écarts, comme tombant dans les limites d'incertitudes auxquelles les observations étaient sujettes dans ces temps reculés; incertitudes qui s'aggrandissent encore pour nous par l'effet accumulé des mouvemens propres que nous sommes obligés de négliger, quoiqu'ils puissent certainement devenir fort sensibles à de si longs intervalles. Mais, combien cette excuse ne paraîtra-t-elle pas plus légitime encore, si l'on considère que les observations d'Hipparque et les résultats rapportés par Aratus, nous sont parvenus écrits, et par conséquent, avec les seules erreurs qui leur étaient inhérentes; au lieu que les observations retracées par notre monument ne se présentent à nous que sous une forme graphique, par conséquent, affectées des erreurs inévitables que l'on a dû commettre en les sculptant sur la pierre, erreurs auxquelles il faut ajou-

TABLEAU COMPARÉ DES ARCS DE DISTANCE DES ÉTOILES ENTRE ELLES

CONCLU TANT DU MONUMENT QUE DES POSITIONS ASTRONOMIQUES.

NOMS des ASTRES.	DISTANCE au pôle du monument mesurée.	DIFFÉRENCE d'Azimuth sur le monument mesurée.	ARC de distance conclu du monument.	LONGITUDE en 1750.	LATITUDE en 1750.	ARC de distance conclu des positions astronomiques.	EXCÈS de la distance donnée par le monument.
Arcturus...	55° 20' 56"	23° 42' 32"	57° 31' 43"	200° 44' 46"	30° 54' 31" B	56° 2' 39"	+ 1° 29'
Antarès...	108 16 45			246 16 28	4 32 12 A		
Arcturus..	55 20 56	124 20 50	136 13 18	200 44 46	30 54 31 B	134 2 16	+ 2 41
Fomalhaut.	133 29 18			330 20 33	21 6 13 A		
Arcturus..	55 20 56	129 33 8	111 52 44	200 44 46	30 54 31 B	113 37 20	-- 1 44 3
β Pégase..	76 9 45			355 52 58	31 8 12 B		
Antarès...	108 16 45	100 38 18	84 54 44	246 16 28	4 32 12 A	82 50 34	+ 2 4
Fomalhaut.	133 29 18			330 20 33	21 6 13 A		
Antarès...	108 16 45	105 50 36	109 4 12	246 16 28	4 32 12 A	109 6 6	— 0 1 5
β Pégase..	76 9 45			355 52 58	31 8 12 B		
Fomalhaut.	133 29 18	5 12 18	57 31 25	330 20 33	21 6 13 A	57 42 8	-- 0 10 4
β Pégase..	76 9 45			355 52 58	31 8 12 B		

ter celles des mesures par lesquelles j'ai essayé de les en déduire pour les rendre à leur primitive abstraction. Car, bien que j'aie apporté à ces mesures tout le soin dont je suis capable, et que chacune d'elles ait été prise et répétée plusieurs fois avant d'être soumise à aucun calcul, cependant elles n'en ont pas moins été obtenues par de simples opérations graphiques, faites au cordeau, sur des figures sculptées dans un grès tendre, et dont les arêtes et les bords rongés par le temps ont nécessairement perdu de leur vivacité. Or, si l'on veut bien avoir égard à toutes ces circonstances, loin d'être blessé des erreurs que présentent les arcs sphériques de distance déduits de notre monument, on sera peut-être surpris autant que je l'ai été moi-même de les trouver si exacts ; car j'avouerai avec sincérité que je ne m'y attendais point ; et je n'aurais jamais osé les présenter comme tels avec assurance, si, ainsi que je l'ai dit, toutes mes mesures n'eussent été prises et arrêtées définitivement avant d'avoir été essayées par aucun calcul.

Pour fixer avec précision le degré de confiance que doivent inspirer les inductions critiques qui nous ont conduit définitivement à un accord pareil, calculons la probabilité qu'il y aurait eu de l'obtenir par le seul hasard. A cet effet, rappelons les transformations que nous faisons subir aux mesures immédiates pour les réduire en distances célestes. Nous prenons d'abord sur le monument l'angle compris entre les deux rayons menés du centre aux deux étoiles supposées; et nous considérons cet angle comme l'angle dièdre compris sur la sphère céleste entre les plans des grands cercles menés par chaque étoile, et par le pôle inconnu de projection. Puis, nous mesurons sur le monument les distances rectilignes des mêmes étoiles à ce pôle; et, prenant le rayon du médaillon qui est de 774 millimètres, pour le développement d'une demi-circonférence ou de 180° juste, nous convertissons proportionnellement nos deux rayons rectilignes en arcs sphériques de distance polaire. Conséquemment, quelle que soit la position donnée sur le monument aux astérismes que nous considérons, par cela seul qu'ils se trouvent compris dans le médaillon circulaire, leur transport sur la sphère céleste est toujours possible; mais ils peuvent s'y trouver, et ils s'y trouveront en effet à toutes les distances possibles les uns des autres, puisque la sphère est complétement recouverte par le dessin du monument ainsi transformé. Maintenant, imaginons que, sans connaître ce que signifie un pareil dessin, sans avoir deviné le secret de ses parties, on y désigne à volonté, sur le monument, deux points que l'on supposera, si l'on veut, être deux étoiles; et, concevons que les ayant ainsi choisis arbitrairement on se hasarde à prédire qu'après leur transport géométrique sur la sphère, ils se trouveront à une certaine distance l'un de l'autre dans une li-

mite d'erreur assignée, qui sera de deux degrés,
par exemple : quelle probabilité y a-t-il que cette
prédiction se réalisera? Pour le savoir, prenez à
volonté un point quelconque de la sphère pour
représenter la place de l'une des deux étoiles,
après qu'elle y aura été transportée par le calcul;
puis, autour de ce point, à une distance sphérique égale à la distance sphérique assignée, qui
sera ici la vraie distance céleste des deux étoiles,
décrivez une circonférence de cercle : ce serait
le lieu géométrique où devrait tomber la seconde
étoile, si la prédiction devait être rigidement
vérifiée; mais, puisque l'on y tolère une erreur de
deux degrés, en plus ou en moins, sur la distance, décrivez sur la sphère, autour de la
première étoile, deux autres cercles, dont les
distances sphériques soient, pour l'un, la vraie
distance plus deux degrés ; pour l'autre, la vraie
distance moins deux degrés. La zone sphérique
interceptée entre ces deux cercles comprendra
tous les points de la sphère où la distance des
deux étoiles tirée du monument peut aller aboutir pour différer de la vraie distance céleste dans
les limites de deux degrés d'erreur en plus ou en
moins. Conséquemment, si la seconde étoile a
été choisie au hasard autour de la première sur
le dessin plan, ce qui est la même chose que si
on la jettait au hasard autour de la première sur
la sphère, le nombre des chances qui pourront
la faire tomber dans cette zone d'erreur sera, au

nombre total des chances possibles, comme la surface sphérique de la zone est à la surface entière de la sphère. Le rapport de ces deux quantités exprimera donc la probabilité que la seconde étoile, projetée ainsi au hasard, tombera dans les limites de distance supposées. Or, ce rapport se trouve égal au produit du sinus de la vraie distance par le sinus de l'écart que l'on suppose possible. Telle est donc l'expression très-simple de la probabilité dont il s'agit

J'en ai fait l'application aux six distances rapportées dans le tableau précédent, en limitant les zones de possibilité relatives à chacune d'elles, conformément aux écarts donnés par la comparaison avec la vraie distance. J'ai obtenu ainsi les résultats suivans pour leurs probabilités individuelles en les supposant dues au hasard :

$$\text{Arcturus Antarès} \dots \dots \dots \ \frac{1}{60}$$
$$\text{Arcturus Fomalhaut} \dots \dots \ \frac{1}{30}$$
$$\text{Arcturus Sheat} \dots \dots \dots \ \frac{1}{37}$$
$$\text{Antarès Fomalhaut} \dots \dots \ \frac{1}{30}$$
$$\text{Antarès Sheat} \dots \dots \dots \ \frac{1}{1925}$$
$$\text{Fomalhaut Sheat} \dots \dots \ \frac{1}{380} ;$$

maintenant on sait que la probabilité des résultats composés est le produit des probabilités partielles des évènements dont ils se composent, lorsque ceux-ci sont absolument indépendans les uns des autres. D'après cela, au lieu de considérer isolément deux points du tableau plan que nous voulons interpréter, considérons-en simul-

tanément trois, par exemple, ceux que la discussion critique des positions relatives nous a fait
nommer Antarès , Fomalhaut et Arcturus; puis,
supposons que nous eussions entrepris de prédire le triangle sphérique formé par ces trois
points après leur transport sur la sphère , sans
être guidés autrement que par le hasard. Pour
avoir la probabilité que cette prédiction se réalisera dans les limites d'erreur trouvées pour les
trois distances, il faudra multiplier entre elles
les trois fractions $\frac{1}{60}$; $\frac{1}{30}$; $\frac{1}{30}$; et le produit $\frac{1}{54000}$
sera la probabilité cherchée, c'est-à dire qu'il y
aurait seulement une chance sur 54000 pour amener par hasard une pareille configuration. Il est
donc déja bien peu vraisemblable que le hasard
nous ait fait tomber précisément sur cette chance
unique, quand nous avons choisi les trois astérismes que nous avons nommés Arcturus, Antarès
et Fomalhaut. Mais l'invraisemblance devient bien
plus forte encore quand nous lions au même système notre quatrième astérisme. Car la position de
celui-ci pour être fixée exige le concours de deux
distances : par exemple les deux distances à Fomalhaut et à Arcturus, ou à Fomalhaut et Antarès, ou
enfin à Arcturus et Antarès. Prenons la première
combinaison, qui est la moins favorable; le produit des probabilités de nos deux distances sera
$\frac{1}{37}$; $\frac{1}{380}$ ou $\frac{1}{14060}$. Ainsi la probabilité du résultat composé, qui les rattache au premier triangle sphé-
rique, sera le produit de cette fraction par $\frac{1}{54000}$

c'est-à-dire $\frac{1}{759240000}$. Et même elle ne sera réellement que la moitié de cette quantité déja si faible ;
car la détermination d'un point par deux distances
à un autre point, soit sur un plan, soit sur la
sphère, est susceptible de deux solutions qui placent le point cherché d'un côté ou de l'autre de
la distance prise pour base. Mais ici, des deux solutions, il n'y en a qu'une seule qui soit astronomiquement admissible, et c'est celle qui place
Sheat dans la partie du ciel où il se trouve réellement. Or, c'est celle-là précisément que le monument réalise ; conséquemment la probabililé
que nous y aurions été conduits par le hasard
sera $\frac{1}{2}$ de $\frac{1}{759240000}$ ou $\frac{1}{1518480000}$; c'est-à-dire que
sur plus de 1518 millions de chances également
possibles, il n'y en a qu'une seule qui puisse amener
un tel hasard. On peut donc, avec toute la vraisemblance désirable, penser que l'accord des résultats auxquels nous sommes parvenus n'est pas
dû à cette chance unique, mais bien à la réalité
d'intention que nous avions soupçonnée dans la
construction de notre monument. Et cette vraisemblance serait très-grande encore quand nous
supposerions des limites d'erreurs beaucoup plus
grandes que celles que nous avons réellement
trouvées entre les vraies distances célestes et les
distances calculées. Car en portant, par exemple,
toutes ces limites jusqu'à 3° en plus ou en moins,
ce qui est sans doute beaucoup les exagérer, puisque tous les écarts que nous avons trouvés sont

réellement beaucoup moindres, il y aurait encore plus de dix millions à parier contre un, que la configuration déduite de nos quatre astérismes est due à un dessein raisonné. Et combien cette probabilité s'accroîtrait-elle encore si nous voulions joindre à cette configuration, comme nous aurions toute facilité de le faire, le quadrilatère du Dauphin et celui de la Grande-Ourse, qui sont aussi marqués en positions par des astérismes propres, comme on le verra plus tard, et comme les seules relations de position avec les figures zodiacales environnantes suffiraient pour l'indiquer.

Ces épreuves géométriques achèvent donc d'établir avec une probabilité presque équivalente à la certitude, le mode de projection qui a été suivi dans la construction de notre monument; et, d'accord avec les premières inductions que nous avons réunies, elles prouvent qu'il offre en effet la représentation de la sphère céleste formée par développement autour d'un point du ciel choisi pour pôle. Mais quel est ce point, et comment pouvons-nous reconnaître sa position sur la sphère céleste? voilà le problème qu'il nous faut maintenant aborder.

Les indications géométriques tirées du monument nous suffiront encore pour le résoudre directement et sans recourir à aucune hypothèse. En effet, considérons deux quelconques des étoiles dont nous venons de calculer les distances respectives, et par conséquent de constater la posi-

tion sur le monument. Choisissons, par exemple,
Fomalhaut et Arcturus. En rapportant ces deux
étoiles, par longitude et latitude, à l'écliptique
et à l'équinoxe fixes de l'année 1750, elles déterminent sur la sphère céleste un triangle sphérique
dont les trois côtés sont les distances des deux
étoiles au pôle de l'écliptique, et leur distance
entre elles. Tous les élémens de ce triangle, c'est-
à-dire, ses côtés et ses angles, sont connus ou
peuvent être calculés d'après les positions astronomiques de Fomalhaut et d'Arcturus. Or ces
deux mêmes étoiles, considérées relativement au
pôle inconnu du monument forment avec lui un
second triangle sphérique dont un des côtés est
encore leur distance mutuelle entre elles, et les
deux autres leurs distances sphériques au pôle
inconnu, lesquelles distances peuvent se mesurer
sur le monument même. On peut donc calculer
encore les angles de ce second triangle puisque
ses trois côtés sont connus. Mais nous avons vu
qu'il est lié au premier par un côté commun, qui
est la distance mutuelle des deux étoiles. La position du second triangle formé au pôle du monument se trouve donc géométriquement fixée
par cette connexion relativement au premier triangle qui a son sommet au pôle de l'écliptique de
1750. Ainsi l'on doit pouvoir, et l'on peut en effet
conclure par le calcul la direction absolue des
côtés de ce second triangle relativement à la même
écliptique ; d'où l'on déduit ensuite les coordon-

nées de son sommet, c'est-à-dire, la longitude et la latitude du pôle du monument. On voit par là que deux étoiles suffisent pour déterminer mathématiquement ce pôle. Mais ici, comme dans toutes les autres recherches trigonométriques, il faut prendre des bases assez larges pour que les positions des sommets des triangles ne soient pas trop fortement influencées par les erreurs que l'on doit toujours supposer dans les observations. C'est pourquoi, je n'ai point essayé d'appliquer ce calcul à la combinaison d'Arcturus avec Antarès, non plus qu'à celle de Sheat avec Fomalhaut ; parce que ces couples d'étoiles embrassent un trop petit arc de la sphère céleste; mais j'ai combiné séparément Fomalhaut avec Arcturus, Sheat avec Antarès; et, par ces combinaisons isolées, indépendantes l'une de l'autre, j'ai obtenu les résultats suivans.

Coordonnées du pôle du monument relativement à l'écliptique et à l'équinoxe fixes de 1750 (1).

	LONGITUDES.	LATITUDES.
Par Antarès et Sheat.....	122° 39′ 33″	63° 55′ 18″
Par Arcturus et Fomalhaut.	127 15 18	65 4 25
Moyennes...........	124° 57′ 25″	64° 29′ 52″

(1) On trouvera le détail de ce calcul à la fin de l'ouvrage dans la note 3.

La différence de ces deux évaluations est de 4° 35′ 45″ sur la longitude, et de 1° 9′ 7″ sur la latitude. Les deux positions du pôle de projection qui en résultent sont distantes l'une de l'autre de 2° 17′ 18″ sur la sphère céleste. Ces erreurs sont de même ordre que celles que nous ont présentées les distances des étoiles entre elles. Il est tout simple qu'elles soient moins sensibles sur la latitude dont la détermination dépend surtout des distances méridiennes, qu'elles ne le sont sur la longitude beaucoup plus dépendante de l'ascension droite et par conséquent de la mesure du temps. On trouve, comme je l'ai dit, de pareilles erreurs, en réduisant les observations d'Hipparque ou de Ptolémée. N'ayant dès lors aucun motif pour préférer une de ces évaluations à l'autre, nous prendrons une moyenne entre elles ; et nous la regarderons comme exprimant la position de notre pôle de projection aussi approximativement que l'on peut la déduire du monument même.

Maintenant si l'on cherche, dans le catalogue de Lacaille, à quelles étoiles voisines de l'écliptique de 1750 répond la longitude 124° 57′ 25″ que nous trouvons être la longitude moyenne de ce pôle, nous voyons qu'elle tombe entre γ et δ du Cancer, mais beaucoup plus près de δ que de γ. Telle est donc, sur l'écliptique de 1750, la position du cercle de latitude qui contient le pôle de projection du monument.

Si l'on prend sur ce cercle un arc de latitude

égal à 64° 29′ 52″, qui est la latitude moyenne que nous obtenons pour ce pôle, on ne trouve au point ainsi déterminé, ni même autour de ce point à quatre ou cinq degrés de distance, aucune étoile remarquable : les plus voisines sont β de la Petite-Ourse, qui est plus élevée en latitude, et × du Dragon, qui est plus basse ; la première éloignée d'environ 6° ; la seconde de 5° ; mais celle-ci différant beaucoup en latitude. Il paraît donc qu'aucune de ces deux étoiles ne peut avoir été le pôle de notre monument ; mais, en admettant seulement une erreur de 2° dans la latitude que nous trouvons pour ce pôle, supposition que le seul effet des mouvemens propres suffirait presque pour rendre exacte, sa position intermédiaire entre les deux étoiles que nous venons de désigner tout à l'heure, devient celle qu'occupait le pôle de l'équateur terrestre, 716 ans avant l'ère chrétienne ; car si l'on calcule, pour cette époque, la longitude et la latitude de ce pôle sur l'écliptique fixe de 1750, par les formules de la mécanique céleste, on trouve la première égale à 124° 57′ 25″, c'est-à-dire, précisément égale à la longitude que le monument nous donne ; la seconde égale à 66° 28′ 38″ seulement de 1° 59′ 26″ plus forte que le résultat moyen obtenu par le monument (1).

____

(1) Cette position du pôle de l'équateur tombe dans l'intérieur du petit cercle qui aurait pour diamètre la distance sphérique comprise entre les deux déterminations du pôle du

Nous admettrons cette combinaison, ne pouvant nous flatter d'atteindre, par des mesures graphiques, une exactitude plus grande. Alors l'état du ciel représenté par le monument sera celui qui avait lieu 716 ans avant l'ère chrétienne, la projection étant faite par développement autour du pôle de l'équateur de cette époque; et si l'on veut savoir combien ce résultat moyen, auquel nous nous arrêtons, diffère de l'un ou de l'autre des résultats partiels donnés par chacun des couples d'étoiles que nous avons employées, il n'y aura qu'à prendre la moitié de la différence des longitudes trouvées par l'un ou par l'autre de ces couples, moitié qui sera de 2° 17′ 53″ après quoi calculant le temps de la précession correspondant à cet intervalle, à raison de 52″ par année, on trouvera qu'il répond à 165 ans. Telle est donc la limite de variation que les données géométriques tirées de nos deux couples d'étoiles présentent, soit avant, soit après l'époque de 716.

Arrivés à cette détermination, il ne nous reste plus qu'une dernière épreuve à faire. C'est de calculer les positions de toutes les étoiles les plus remarquables, pour l'époque ainsi obtenue à l'aide des seules données précédentes; de construire, d'après ces calculs, un état du ciel avec le même mode de projection que nous avons reconnu dans le

monument. Ce qui rend sensible comment elle est comprise dans les limites d'écart que ces déterminations comportent.

monument, et sur la même échelle adoptée dans la copie réduite dont nous pouvons disposer; puis de calquer celle-ci sur un papier transparent, et enfin de l'appliquer sur notre ciel construit par le calcul. Car, si toutes les parties du monument sont faites avec autant d'exactitude que celles que nous avons déja éprouvées, et dont nous avons déduit la position de son pôle, nous devons obtenir par cette supposition une coïncidence générale, qui, pour les emblèmes astronomiques que nous connaissons, fasse tomber dans l'espace que chacun d'eux embrasse les principales étoiles que nous savons lui appartenir; et qui, dans le cas très-vraisemblable où plusieurs de nos constellations actuelles auraient été décomposées d'une autre manière, assigne à ces divers groupes, un mode de subdivision rationnel, les place sur les emblèmes inconnus d'une manière concordante avec leur forme, et nous enseigne ainsi la signification la plus vraisemblable que l'on puisse leur attribuer. J'ai effectué cette comparaison, et les résultats m'en ont paru aussi complets qu'il était possible de l'espérer; mais, pour ne pas abuser trop long-temps des momens de l'Académie, j'en remettrai l'exposition à la séance prochaine, si elle veut bien encore m'accorder son attention.

MÉMOIRE

SUR LE ZODIAQUE CIRCULAIRE

DE DENDERAH.

DEUXIÈME PARTIE.

Dans le mémoire que j'ai eu dernièrement l'honneur de soumettre à l'Académie, j'ai cherché d'abord à établir par des mesures exactes les caractères géométriques généraux que présente le zodiaque circulaire de Denderah. De là nous avons déja pu conclure avec beaucoup de vraisemblance que ce monument offre une projection de la sphère céleste, opérée par développement autour d'un point du ciel choisi pour pôle. En discutant, d'après cette indication, les détails qu'on y observe, la position relative des figures nous a conduits à soupçonner que certains astérismes, compris dans l'intérieur ou sur le contour de l'anneau zodiacal, marquaient les positions absolues et précises de certaines étoiles, situées dans les parties correspondantes du ciel. Le calcul a confirmé ce soupçon en montrant que les distances et les positions respectives de ces divers points entre eux, sur la sphère céleste, étant déduites du monument en vertu du mode de projection qui lui est propre, s'accordaient avec les distances et les positions réelles déduites des coordonnées astronomiques, d'une manière singulièrement exacte, même beaucoup plus exacte qu'on n'aurait sans doute osé l'espérer d'observations anciennes, tranportées graphiquement sur un tableau sculpté. L'évaluation rigoureuse de la probabilité d'une pareille coïncidence, en la supposant due au hasard, s'est trouvée si excessivement faible, que le résultat contraire, c'est-à-dire, la justesse de l'hypothèse géométrique qui l'avait donnée, a acquis un degré de vraisemblance presque équivalent à la certitude. Alors les triangles sphériques formés au pôle inconnu du monument, et les triangles sphériques formés par les mêmes étoiles au pôle de l'écliptique d'une époque fixe, se sont trouvés avoir une base commune qui était la distance céleste des étoiles entre elles. Ces deux systêmes de triangles étant ainsi liés l'un à l'autre et étant d'ailleurs complètement déterminés par les seules longueurs de leurs côtés, nous avons pu en déduire la position céleste du pôle inconnu, relativement à l'écliptique et à l'équinoxe fixes, que nous avions prises pour origine des coordonnées astronomiques. Nous avons ainsi connu la longitude de ce pôle et sa latitude,

lesquelles, conclues de deux combinaisons d'observations entièrement indépendantes ont conduit à
des positions presque coïncidentes sur la sphère
céleste ; ce qui tenait sans doute à l'avantage que
nous avions eu de pouvoir employer comme élémens de nos calculs les seules distances polaires,
et de n'y faire entrer pour rien les différences
d'ascensions droites dans lesquelles la nécessité de
la mesure du temps jette toujours beaucoup d'incertitude. En prenant la moyenne de ces résultats,
entre lesquels nous n'aurions pu choisir, nous
avons reconnu que le point du ciel ainsi déterminé, et indiqué comme pôle de projection par
le monument même, était à peine à deux degrés
de distance de la position qu'avait réellement le
pôle de l'équateur terrestre 716 ans avant l'ère
chrétienne. Et comme d'ailleurs il n'y avait autour de ce point aucune étoile remarquable, que,
même les plus voisines, parmi celles qui peuvent
être aperçues à la vue simple, en étaient beaucoup plus éloignées que nos deux évaluations isolées ne l'étaient entre elles, nous avons dû conclure
que le dessein primitif des auteurs du monument
avaient été effectivemnt de prendre pour pôle
de projection, le pôle même de l'équateur de
cette époque. L'excessive probabilité de cette induction ne nous a plus laissé qu'une dernière
épreuve à faire, c'est de construire pour l'époque
qu'elle nous indique, une projection developpée
de la sphère céleste, de la construire sur la même

échelle de grandeur qu'une copie très-fidèle du monument, et enfin de l'appliquer sur cette copie. Car, si le monument est aussi exactement exécuté dans toutes ses parties qu'il l'est dans celles qui ont servi d'élémens pour la détermination de son pôle, il est clair que l'on doit nécessairement trouver ainsi entre lui et le ciel calculé, une correspondance générale ; laquelle aura le double avantage, de donner une démonstration irrésistible d'identité par la coïncidence des figures connues avec les étoiles qui leur appartiennent, et de fournir une interprétation certaine des emblêmes astronomiques inconnus que le monument renferme, en nous montrant les étoiles que l'on a voulu y placer.

J'ai effectué cette comparaison et j'en mets ici le résultat sous le yeux de l'Académie. Mais, ne croyant pas pouvoir répondre de 16 ans sur une époque pour laquelle les données primitives nous ont laissé une incertitude dix fois plus grande, j'ai adopté, pour le calcul, l'époque séculaire de 700 ans avant l'ère chrétienne, au lieu de 716, et j'y ai rapporté les positions de l'équateur et de l'écliptique que j'ai comparées au monument.

A cet effet j'emploie la méthode que j'ai exposée dans mon astronomie pour le calcul des observations anciennes(1). Je prends, dans le catalogue de Lacaille, les longitudes et les latitudes des as-

___

(1) On trouvera cette méthode exposée à la fin de l'ouvrage dans la note 4.

tres relativement à l'écliptique et à l'équinoxe vrai
de 1750 que je considère comme fixes dans le ciel.
Je calcule ensuite, d'après les formules de la mécanique céleste, le déplacement du point équinoxial sur cette écliptique entre les années 1750 et
—716, ainsi que l'angle formé avec le même plan, à
cette ancienne époque, par l'équateur de la terre.
La théorie de l'attraction montre que les variations séculaires de cet angle sont excessivement
petites, même pour les observations les plus anciennes; cependant il est nécessaire d'y avoir
égard. L'arc de précession étant ajouté aux longitudes de Lacaille, donne les longitudes pour —716,
comptées à partir de l'intersection de l'équateur
mobile, sur l'écliptique fixe de 1750. Avec ces longitudes et les latitudes demeurées constantes, on
peut calculer l'ascension droite et la déclinaison
des astres relativement l'équateur de —716 dont
l'inclinaison sur l'écliptique fixe a été déterminée.
Les déclinaisons seront celles de cette ancienne
époque sans aucune correction; mais il n'en sera
pas de même des ascensions droites, parce qu'elles
se trouveront comptées à partir de l'intersection
de l'équateur mobile, sur l'écliptique fixe, au lieu
que, dans l'observation réelle, elles se comptent
à partir de l'intersection de cet équateur sur l'é-
cliptique vraie, c'est-à-dire, sur le plan variable
de l'orbite de la terre, que l'action des planètes
déplace continuellement dans le ciel. Pour les ramener à cette origine, on ajoutera aux ascensions

droites obtenues par le premier calcul, la petite
quantité qui mesure la distance du point équinoxial vrai au point équinoxial pris sur l'écliptique
fixe, quantité facile à calculer et dont la valeur
est ici 33′ 14″. Avec l'addition de cette constante
les déclinaisons et les ascensions droites seront rigoureusement celles qui avaient lieu en —716, du
moins sauf les effets inconnus des mouvemens
propres, et en faisant abstraction des petites erreurs que les formules des variations séculaires
peuvent donner, étant tranportées à de si grandes
distances de nous. Les ascensions droites et les
déclinaisons étant ainsi connues, on peut aisément construire la projection complète de la
sphère céleste, d'après le mode employé dans
notre monument. On peut y tracer l'équateur, et
les parallèles qui seront des cercles concentriques,
d'un rayon égal au développement de leurs distances polaires. Enfin, on y peut aussi figurer
l'écliptique. Il ne faut pour cela que convertir en
déclinaisons et en ascensions droites les longitudes et les latitudes des divers points de ce
cercle comptés à partir de l'équinoxe vrai, comme
on le ferait pour un astre quelconque. Seulement
la latitude devient alors constante et égale à 90°;
mais, comme la représentation que l'on veut obtenir est celle de l'écliptique vraie, il faut, pour
effectuer cette dernière transformation, déterminer l'obliquité de cette écliptique variable sur
l'équateur pour l'époque que l'on considère, ce

qui se fait encore par les formules de variations
séculaires données dans la mécanique céleste.
Alors la courbe que le calcul assigne, et qui doit
comprendre les signes du zodiaque, offre cette
propriété géométrique que nous avons dit plus
haut appartenir à tous les développemens de
grands cercles; deux quelconques de ses rayons
diamétralement opposés forment toujours une
somme constante, quoique tous ces rayons soient
individuellement inégaux. Les cercles principaux
de la carte céleste étant ainsi tracés d'après leurs
élémens numériques, on y place les principales
étoiles de la même manière, conformément à leurs
positions calculées; après quoi, pour les étoiles
secondaires qui les avoisinent, on peut se borner
à les prendre par différence de déclinaison et
d'ascension droite sur un globe à pôles mobiles
bien exécuté.

Dans le tableau du ciel ainsi construit, le solstice d'été, sur l'écliptique vraie, se trouve répondre à une longitude intermédiaire entre β et γ du
Cancer beaucoup plus près de γ que de β. L'équinoxe du printemps répond presqu'exactement à
la longitude d'α du Bélier qui n'est que de 19′ 10″.
Sur la projection, le colure des solstices passe
très-près des mêmes étoiles du Cancer, surtout
de γ dont l'ascension droite le dépasse seulement
de 53′ 27″; de l'autre côté du ciel, ce colure se
trouve environ à 3° à l'orient d'α et β du Capricorne. Le colure des équinoxes passe environ à

4° à l'orient d'α du Bélier, presque sur la direction d'o de la Baleine et d'Arcturus. J'énonce ici ces résultats d'après le calcul. Ils ne pourraient évidemment être fixés ainsi avec une suffisante exactitude par une projection graphique, quelque soignée qu'elle fût; et j'ajoute même que le calque de ce ciel doit être comparé immédiatement au monument, ou à l'original d'un dessin très-exact. Car, ici, comme pour les cartes géographiques, les dimensions absolues sont toujours sensiblement altérées, dans les copies gravées, par l'effet hygrométrique que le papier éprouve quand il est soumis à la presse; ce qui dérange toute l'exactitude des coïncidences. Aussi ai-je eu soin de comparer mon ciel immédiatement au dessin de M. Gau, sans autre intermédiaire qu'un calque; et même, pour tous les points dont la coïncidence ou l'écart pouvait être de quelque importance, je ne m'en suis plus rapporté à ce dessin quoique si fidèle, et j'ai comparé les résultats du calcul à des mesures absolues prises sur le monument.

Lorsqu'après avoir pris toutes ces précautions, on place la projection calculée sous le calque de la copie figurée, on reconnaît aussitôt entre elles une correspondance générale dont il est difficile de n'être pas surpris, quoiqu'elle fût prévue. Sans doute, cette coïncidence n'opère pas des réunions astronomiquement impossibles. Ainsi elle ne rassemble pas, elle ne doit pas rassembler dans la figure droite, mince, allongée vers le centre, qui désigne la Vierge sur le monument, les mêmes étoiles que comprend la Vierge de nos globes, qui est représentée couchée le long de l'écliptique sur une étendue de plus de quarante degrés. Toutefois, on voit paraître dans ce signe les étoiles qui le caractérisent particulièrement. Ainsi, la belle étoile de la Vierge tombe en projection aux pieds de la figure de la Vierge. Le groupe ovoïde dont Callimaque fit plus tard la chevelure de Bérénice forme la tête de l'épi que cette figure tient à la main. A côté d'elle, et dans la partie du ciel où les étoiles du Lion se joignent et se mêlent en ascension droite aux étoiles de la Vierge, on voit une autre figure de femme plus petite, debout comme la première, et dans une direction parallèle, mais qui est portée sur la queue du Lion. Les étoiles principales du Lion se trouvent de même dans l'emblème qui le représente. Régulus au cœur, γ sur sa crinière, β à l'origine de sa queue, ainsi qu'on la place encore aujourd'hui dans nos globes; δ, la quatrième du quadrilatère, tombe un peu au-dessus, dans une petite figure couchée sur le dos du Lion, et dont la forme usée par le temps est devenue assez incertaine, mais qui par sa place répond à ce que l'on nomme aujourd'hui le Petit-Lion. Plus loin, en remontant contre l'ordre des signes, les étoiles γ, δ, β du Cancer, qui sont ici solsticiales, viennent exactement se poser dans les étroites limites d'ascension droite que leur offre la figure emblèmatique substituée au signe du Cancer. Puis, en suivant le zodiaque, on voit l'étoile Pollux se placer dans Pollux le second des Gémeaux; l'étoile Castor est dans la main de Castor, le gémeau précédent; l'étoile que nous plaçons à son pied de devant et qui est nommée par cette raison Propus, tombe devant son pied occidental; tandis qu'au-dessous, mais plus à l'occident, les belles étoiles d'Orion viennent se placer dans son emblême, α près de son fouet; Rigel à sa ceinture; les trois étoiles dont nous faisons le baudrier suivent la direction d'un de ses bras; et, sous ses pieds, on voit l'emblême d'un petit animal idéal sur lequel tombent plusieurs des étoiles que l'on met aujourd'hui dans le Lièvre. Au-dessous encore, est placé un grand serpent dont le corps est ramassé et serré en replis dirigés vers le centre du tableau, comme si l'on eût voulu ainsi indiquer une constellation trop étendue dans le sens des parallèles, pour pouvoir être figurée entièrement en place, mais dont on aurait, par cette raison, resserré et contracté l'emblême. Ces caractères, ainsi que la position même de l'emblême dont il s'agit sous les pieds d'Orion, nous désignent clairement la constellation de l'Éridan ou du fleuve appelé chez les anciens le Fleuve d'Orion; et ils s'y appliquent d'autant plus exactement, que, devant l'emblême qui l'exprime, on voit sur le monument une grosse étoile placée fort près du bord du médaillon circulaire, par conséquent très-australe, laquelle se trouve à la distance juste de ce bord où se trouvait la belle étoile Acharnar, la brillante du fleuve, 700 ans avant l'ère chrétienne. En effet, cette distance est de 80^{mm}qui réduits en degrés à raison de 774^{mm}, rayon du médaillon, pour une demi-circonférence, font 18° 36′ 17″; or la distance réelle d'Acharnar au pôle austral, calculée pour 700 ans avant l'ère chrétienne, est 18° 5′ 10″, de sorte que la différence n'est que de 31′ 7″. On ne saurait désirer un accord plus fidèle. Mais, précisément, cette grande latitude australe d'Acharnar et des dernières sinuosités du fleuve qui l'avoisinent, était une circonstance qui imposait la nécessité de le contracter dans le monument, et de l'y désigner seulement par un emblême d'une signification évidente; car, selon le mode de projection employé, sa représentation aurait dû occuper, près du bord du médaillon circulaire, un arc de 70° en ascension droite, ce qui n'aurait plus laissé aucune place pour les nombreuses indications que l'on voulait y consigner. Remarquons d'ailleurs, comme une circonstance curieuse, qu'Acharnar était alors trop australe pour être visible sur l'horizon de Denderah, la latitude du temple étant, d'après les observations de Nouet de 26° 8′ 36″: de sorte que, si ce n'est pas un heureux hasard, qui a fait placer l'étoile que nous examinons, si exactement à sa distance polaire véritable, il faudra en conclure que les auteurs du monument avaient sur l'état du ciel austral des renseignements assez fidèles, qui ne pouvaient leur venir que de pays aussi avancés vers le sud que la Nubie, puisque c'était seulement à une latitude aussi méridionale qu'Acharnar pouvait être aperçu alors.

Au delà des Gémeaux et d'Orion, en remontant toujours contre l'ordre des signes, notre monument nous offre le Taureau, sur lequel viennent se placer toutes ses étoiles les plus remarquables, Nath ou β du Taureau, Aldebaran α, les Hyades, les Pléiades; ces deux derniers groupes sur chacun des rayons qui, prolongés jusqu'au bord du médaillon, vont aboutir à leurs emblêmes; et, pour juger de la justesse de cette rencontre, il n'y a qu'à prendre sur le monument l'angle compris entre ces rayons, et le comparer avec la différence d'ascension droite que le calcul leur assigne 700 ans avant l'ère chrétienne. L'ascension droite d'Aldebaran, calculée pour cette époque, est 32°10′26″; celle de η, la claire des Pléiades, est 19°25′56″; la différence est donc 12° 44′ 30″. Or le monument la donne de 12° 21′ 18″, de sorte que l'erreur est seulement 0° 23′ 12″ en arc. Cet accord est d'autant plus utile à remarquer, qu'il a lieu dans une portion du monument où nous ne trouvons pas de distances polaires spécialement fixées, de sorte que cette partie est demeurée totalement étrangère aux élémens dont nous avons fait usage pour déterminer notre époque et notre pôle de projection. Ici je crois devoir rappeler encore que toutes les mesures de cordes et de distances polaires prises sur le monument et, qui ont servi d'élémens aux calculs que je viens d'exposer, comme à ceux que j'aurai à exposer encore, ont été définitivement déterminées et arrêtées avant d'avoir été soumises à aucune épreuve théorique; de sorte que j'en rapporte les résultats tels qu'ils sont venus d'eux-mêmes, exacts ou non exacts, sans y rien changer.

Au-dessus du Taureau, dans l'intérieur de l'anneau zodiacal, le monument présente une figure d'homme tenant une tête de chèvre dans sa main gauche. A ces traits, on reconnaît le Cocher de nos cartes modernes. En, effet, la belle étoile que nous nommons la Chèvre, tombe dans la projection au bas de la tête de chèvre, tandis que les étoiles du Cocher, particulièrement β la plus belle d'entre elles, viennent se placer sur la figure de l'homme qui tient cette tête à la main. Comme on a contesté que l'emblême dont il s'agit fût réellement une tête de chèvre, j'en ai fait graver ici un calque exact et de la même grandeur que l'original, dans la fig. 2. pl. 1; on verra s'il y a le moindre sujet de doute. L'application de l'étoile de la chèvre sur cet emblème, doit paraître d'autant plus frappante, qu'elle se trouve être une conséquence matérielle de la projection, quoiqu'elle ne soit entrée absolument pour rien dans les élémens qui ont servi à l'établir.

A l'occident du Taureau, sur le contour du zodiaque, on trouve le Bélier, un peu remonté vers l'intérieur du médaillon relativement à nos cartes modernes; au-dessous, sont deux figures humaines parallèles l'une à l'autre et dirigées vers lui, de sorte qu'elles semblent se rapporter à ce signe. Quand nous essaierons plus loin de discuter les emblêmes qui ne sont pas astronomiquement reconnaissables par les étoiles qui les couvrent, nous verrons que ces deux figures entre lesquelles passe géométriquement dans la projection le colure des équinoxes, désignent vraisemblablement cette époque de la période annuelle, de même que la figure emblêmatique substituée au Cancer désigne le solstice. Mais ici l'image du Bélier n'est pas rejetée hors de sa position astronomique. A la vérité, si on la comparait à nos cartes actuelles, on la supposerait un peu trop rapprochée du centre du tableau. Mais cette disposition, loin d'être une anomalie du monument, offre au contraire une concordance avec l'époque à laquelle nous le rapportons; car on sait que les étoiles de la constellation du Bélier étaient distribuées par les anciens sur cet emblême autrement que nous ne le faisons aujourd'hui : α la plus brillante du groupe que nous plaçons à la tête, est indiquée par Hipparque comme étant placée au pied de devant; et c'est aussi, dans le monument, à l'un des pieds qu'elle se trouve répondre

Au sud du Belier, la constellation australe du Monstre Marin ou de la Baleine, dilatée par la pro-

jection, distribue ses étoiles sur une étendue de
45° en ascension droite. N'est-ce pas elle que veulent désigner quatre figures à têtes humaines et
à queue de poisson, placées à la suite les unes des
autres au bord du médaillon circulaire, précisément dans l'azimuth auquel les plus nombreuses
étoiles de la Baleine répondent? Plus loin à l'occident, sont les Poissons, placés au lieu qui convient à leurs petites étoiles. Entre eux, comme
dans nos globes, et sur les bords du rectangle
figuré qu'ils comprennent, on voit α d'Androméde
et Algenib ou γ de Pégase, qui s'alignent presque
sur un même rayon mené du centre, tandis que
les deux autres étoiles qui complettent le carré
de Pégase, Sheat et Markab, s'alignent exactement sur la figure emblèmatique qui porte la première sculptée sur sa tête, conformément à ce
que la discussion générale du monument nous avait
fait primitivement découvrir. La distance polaire
de Sheat, mesurée sur le monument, est $327\frac{1}{2}$ millimètres, qui convertis en arc valent 76° 9′ 45″.
Le calcul effectué pour 700 ans avant l'ère chrétienne donne 74° 50′ 57″, de sorte qu'il y a seulement 1° 18′ 48″ d'erreur. En outre, l'ascension
droite de Sheat, calculée pour la même époque à
partir de l'équinoxe vrai, est 314° 29′ 5″; nous
avons vu plus haut que celle de la Pléiade était
19° 25′ 56″; la différence 295° 3′ 9″ doit donc exprimer l'angle compris sur le monument entre les
rayons menés à Sheat et à la pléiade. Or, cet an-

gle, effectivement déduit de la mesure des cordes, se trouve de 295° 16′ 28″, par conséquent en excès de 0° 13′ 19″ sur la valeur calculée. La petitesse de cette différence nous confirme encore l'exactitude de la partie du monument comprise entre les deux astres que nous venons de comparer. L'alignement précis de Sheat et de Markab sur la jonction de la figure emblêmatique qui porte Sheat sur sa tête, est aussi une confirmation complète du motif auquel nous avions attribué la déviation de près de 30°, donnée à cette figure relativement au cercle horaire sur lequel elle se trouve ; et la quantité de cette déviation est elle-même un élément caractéristique de l'époque céleste représenteé par le monument.

Un peu avant le carré de Pégase, vers l'orient, sur un rayon intermédiaire entre le Bélier et les Poissons, on voit dans l'intérieur de l'anneau zodiacal une figure monstrueuse assise, dont la forme semble n'offrir aucun rapport avec les emblêmes astronomiques que nous connaissons. Mais en posant le dessin du monument sur la projection calculée du ciel, on voit toutes les parties de cette figure, son corps, ses bras et ses jambes suivies et couvertes par les plus belles étoiles de de Cassiopée. Et, comme pour indiquer encore d'une manière plus évidente l'intention de désigner spécialement cette constellation, on a placé sur le même rayon, au bord du médaillon, une figure assise sur un siége, ainsi que Cassiopée est

représentée de toute antiquité : et cette figure est
sans tête, comme si l'on avait voulu marquer que
les étoiles qui la composent sont représentées au-
dessus d'elle dans le tableau. Cette même image
monstrueuse fait partie d'un groupe où se trouvent deux autres animaux, savoir, au-dessus un
oiseau ; au-dessous une gazelle avec les jambes
pendantes, figurant à ce qu'il semble un animal
mort. On a cru que ce groupe composé de trois
corps devait désigner la constellation du Triangle
boréal. Mais la chose paraîtra peu probable si, l'on
considère que le Triangle n'a que des étoiles peu
brillantes et occupe peu de place dans le ciel,
tandis que le groupe dont nous parlons s'étend
presque depuis le centre du médaillon où le
bec de l'oiseau se réunit à α de la Petite-Ourse,
jusqu'au bord de l'anneau zodiacal où la queue
de la figure monstrueuse assise descend tout
près de β d'Andromède. Aussi, outre les étoiles de Cassiopée que nous avons vu appartenir à
ce système, on trouve que la gazelle, à jambes
étendues, pose, dans la projection, ses pieds de devant sur α de Persée, ses pieds de derrière sur γ
d'Andromède, deux étoiles de seconde grandeur ;
de sorte que ses contours semblent évidemment
appropriés à cette intention. Quant à l'oiseau qui
couronne ce groupe, on ne trouve dans le ciel rien
qui puisse lui donner une signification astronomique ; mais il ne serait pas invraisemblable de
le supposer un emblème astrologique ou mitho-

logique, lié à la fable du phénix. En continuant toujours à suivre le zodiaque, on trouve à l'occident des Poissons le signe du Verseau, sur lequel viennent se placer les plus belles étoiles de ce signe; et au-dessous on voit Fomalhaut, dont la distance polaire boréale mesurée sur le monument est 574^{mm} qui valent 133°29′18″; tandis que le calcul donne pour 700 ans avant l'ère chrétienne 131°40′48″, d'où résulte une différence de 1°48′30″, un peu plus forte que celle de β de Pégase et dans le même sens : ce que l'on peut attribuer peut-être en partie, à une évaluation trop forte de l'obliquité de l'équateur sur l'écliptique, genre d'erreur que les plus anciens astronomes paraissent avoir généralement commis; et qui se trouve également indiqué ici par les valeurs trop faibles d'environ deux degrés, que nous avons obtenues pour la latitude boréale du pôle de projection du monument, qui était alors le pôle de l'équateur terrestre.

On peut voir aussi, sur le dessin même, que l'ascension droite de Fomalhaut est celle de toutes, sur laquelle le monument est le plus en erreur, ce qui doit peu surprendre d'une étoile aussi australe. A cette époque, son ascension droite calculée était 303° 40′ 21″, à partir de l'équinoxe vrai. Nous venons de voir que celle de β de Pégase ou Sheat relativement au même équinoxe, était de 314° 29′ 5″; la différence, 10° 48′ 44″ exprime donc l'angle qui doit être compris sur le

monument entre les rayons menés aux emblêmes
de ces deux étoiles. Or, cet angle conclu de la
mesure des cordes interceptées est seulement de
5° 12′ 18″; ce qui fait une erreur de 5° 36′ 26″
en arc. M. Delambre a trouvé quelques erreurs
de cet ordre dans le catalogue d'Hipparque. On
devrait donc être peu surpris d'en trouver de pareilles sur un tableau sculpté, surtout à cause de
la petitesse de la distance polaire. Mais il se pourrait aussi que l'erreur fût en très-grande partie
graphique, et occasionée par la grande extension
donnée sur le monument dans le sens des parallèles, à l'hiéroglyphe même qui nous a paru désigner Fomalhaut, et qui exprime vraisemblablement son nom. Car nos cinq degrés d'erreur ne
font que transporter Fomalhaut sur l'extrémité
occidentale de cet hiéroglyphe, au lieu que nous
l'avons supposé répondre à l'extrémité orientale
où se trouve l'étoile sculptée qui en fait partie,
suivant en cela la règle que nous avions adoptée
pour les autres symboles analogues. Nous n'aurions cependant pas manqué de motifs puissans
pour y déroger dans cette circonstance, surtout en
considérant que l'une des étoiles du groupe du
Verseau, qui est la plus orientale, se trouve évidemment détachée des autres, comme pour la rap-
procher de ce symbole ; et c'était en effet sur elle
que nous avions d'abord placé Fomalhaut. Mais,
quoique le calcul des positions astronomiques se
fût montré depuis tout à fait d'accord avec cette

interprétation, j'ai pensé qu'il était plus conforme à la saine critique de n'en pas faire usage, afin d'employer, pour toutes les étoiles, le même caractère de désignation que nous avions une fois adopté ; sauf à laisser subsister l'apparence d'une erreur qui, dans les limites où elle est comprise, n'aurait d'ailleurs rien de surprenant.

Entre le Capricorne et le Verseau, dans l'intérieur de l'anneau zodiacal, la projection calculée place les étoiles qui composent la constellation du Cygne, appelée par les anciens l'Oiseau ; et, sur le bord du médaillon, presque sur l'alignement de α, la plus brillante de ces étoiles, on voit un cygne sculpté. Si cette figure a été réellement destinée à désigner par renvoi la constellation du Cygne, ce qui semble confirmé par sa répétition à la place analogue dans le zodiaque circulaire, on pourrait présumer, avec vraisemblance, qu'elle a été reculée de quelques degrés à l'orient de son cercle horaire véritable, pour pouvoir placer au bord du médaillon, sur ce rayon même, un symbole circulaire d'une grande dimension, qui, probablement, n'a rien d'astronomique. Il représente huit individus rangés sur trois lignes ; ils sont à genoux, les mains derrière le dos, dans l'attitude de personnages que l'on va sacrifier. M. Rémusat m'a fait voir qu'un emblème analogue paraissait exister dans la sphère chinoise, où il semble être désigné par le système de huit points, également rangés sur trois lignes.

et désignés par la dénomination des *huit génies*. D'après les copies des cartes japonaises qu'il a bien voulu me communiquer, il m'a été facile de reconnaître avec lui la partie du ciel où les Chinois ont placé cet emblème. C'est dans la queue de la baleine, au sud de β, entre cette étoile et les premières qui composent l'atelier du sculpteur. Mais on ne trouve absolument rien de remarquable en cet endroit du ciel qui ne contient que de très-petites étoiles. D'ailleurs, transporté sur le monument égyptien, il se trouve tomber en ascension droite entre les deux divisions du carré de Pégase, par conséquent à l'orient de Sheat et de Markab, au lieu que l'emblème des sacrifices est placé sur ce monument fort à l'occident des mêmes étoiles, et de Fomalhaut lui-même, de sorte qu'il y a une différence de plus de 30° en ascension droite entre ces deux directions. Ainsi, ce point de rapprochement que l'on avait cru apercevoir, ne paraît pas être aussi intime qu'on pouvait l'espérer, avant la comparaison exacte des positions relatives.

La grandeur du médaillon des sacrifices dans le zodiaque circulaire montre que l'on y attachait une importance soit religieuse, soit astronomique; d'autant qu'on le trouve reproduit sous des formes pareilles ou analogues dans les trois zodiaques rectangulaires, de Denderah et d'Esné; cependant on ne voit rien dans le ciel sur le même cercle horaire, qui mérite une mention aussi spéciale. Il est donc présumable que cet emblème était moins astronomique que religieux. Cette opinion, que nous n'émettons ici qu'avec une extrême réserve, semble fortifiée pas un passage de Plutarque, qui, en parlant du sceau dont les prêtres marquaient les bœufs destinés en sacrifices à Typhon, dit que ce sceau offrait l'image d'un homme à genoux, ayant les mains liées derrière le dos, et l'épée à la gorge (1). Et, en effet, dans les trois zodiaques rectangulaires, les individus agenouillés qui composent l'emblême que nous examinons, sont environnés de couteaux.

A l'occident du Capricorne nous rencontrons le Sagittaire. Les étoiles peu brillantes qui, dans nos cartes forment son corps et ses ailes, tombent également ici en projection dans les parties analogues de l'image qui le représente. Les deux que nous nommons α et β viennent, comme dans nos cartes, se placer à ses pieds de devant. Au-dessus de sa croupe, et sur le cercle horaire des belles étoiles de l'aigle, on voit un oiseau qui, sans aucun doute, est destiné à figurer cette constellation; car, dans le zodiaque rectangulaire, que l'on peut considérer comme une sorte d'interprétation de celui-ci, on voit également sur le bout des ailes du Sagittaire, un oiseau dont la tête est ornée d'une couronne. Toutefois on doit remarquer que, dans le zodiaque circulaire, cet emblême a été un peu trop éloigné du pôle de projection.

(1) PLUT. *Traité d'Isis et d'Osiris*, XXVIII.

Peut-être est-ce pour faire place à cette figure emblématique qui porte à la main une sorte de thyrse dont elle semble montrer les étoiles de la lyre. Mais cette figure même, si sa destination était telle, aurait pu être placée ici plus exactement. Peut-être aussi les étoiles dont nous composons aujourd'hui les constellations de la lyre et de l'aigle ne se rattachaient-elles pas alors, autant que d'autres, aux idées astrologiques et religieuses, ce qui aurait pu leur donner moins d'importance aux yeux des auteurs du monument. On oserait à peine ajouter quelles peuvent aussi avoir été alors moins brillantes qu'aujourd'hui. Cependant, comment expliquer autrement qu'Aratus ait mentionné la lyre comme renfermant seulement de petites étoiles, et qu'Hipparque, en le commentant, n'ait pas corrigé cette assertion ?

Tout auprès du Sagittaire, à l'occident, se présente l'emblème du Scorpion, qui, ainsi que nous l'avons remarqué dans la discussion générale, est rapproché du Sagittaire de manière à rendre géométriquement impossible que, dans aucun système de projection quelconque, applicable aux autres signes, il puisse comprendre les étoiles dont nous formons aujourd'hui le groupe que nous appelons le Scorpion. Mais ces étoiles se retrouvent, ainsi que nous l'avons annoncé, et se retrouvent avec une fidélité d'imitation très-parfaite, sur les contours d'une petite

figure humaine , qui porte dans ses mains l'astérisme d'Antarès, et dont les bras , le corps, la
queue recourbée, forment des inflexions tout-à-
fait pareilles à celle qu'offre la série d'étoiles dont
nous composons aujourd'hui le corps et la queue
sinueuse du Scorpion. Or, ce que nous devons
nous proposer dans une restitution astronomique
du monument, ce n'est pas de faire tomber ces
mêmes étoiles dans le scorpion emblêmatique, ce
qui serait aussi impossible que d'amener les étoiles de la constellation du Cancer dans l'image du
cancer excentrique placé au dessus du Lion ; mais
c'est uniquement d'examiner si les étoiles de notre Scorpion actuel, projetées géométriquement
suivant les mêmes principes que les autres étoiles,
viennent se placer sur le monument dans un emblême dont la situation absolue et la forme soient
évidemment disposées pour les recevoir. Car, si
cela a lieu, il sera prouvé que les auteurs du monument ont représenté notre Scorpion hors de
sa place actuelle, volontairement, non par ignorance ; et qu'ainsi on ne saurait tirer de là aucune
induction contre la construction géométrique du
monument ; or, la seule convenance des contours
de la petite figure avec les étoiles qui s'y appliquent, ne peut laisser un instant cette volonté
douteuse. La position absolue de l'étoile principale est particulièrement déterminée avec autant
d'exactitude qu'on peut l'espérer. En effet, la
distance d'Antarès au pôle du monument est de

465^{mm} qui réduits en arc valent 108° 16′ 45″; cette distance calculée pour l'an —700 est 106° 24′ 56″; l'erreur du monument est donc 1° 51′ 49″, dans le même sens que pour les autres étoiles situées de ce côté du ciel. Quant à l'ascension droite, le calcul la donne de 208° 36′ 15″ : nous avons eu tout à l'heure pour β de Pégase 314° 29′ 5″; la différence , ou l'angle des rayons menés du centre du monument aux deux étoiles est donc de 105° 52′ 50″; ce même angle conclu du monument par la mesure des cordes, a été trouvé de 105° 50′ 36″; l'erreur du monument est donc ici seulement de 0° 2′ 14″, et l'on peut la regarder comme nulle dans de pareilles déterminations. Ici, la position des deux étoiles près de l'équateur de cette épo-que favorisait la mesure de leur différence d'as-cension droite. Mais la précision du résultat n'en est pas moins digne d'être remarquée. Au-dessus de l'image du Scorpion, les deux belles étoiles α d'Ophiucus et α d'Hercule, tombent précisément dans l'une et l'autre main d'une figure assise, por-tée dans un bateau ; et cette singulière coïnci-dence paraît trop exacte pour n'avoir pas été calculée. Au-dessus de la même image, sur le bord du médaillon, est un autel qui se trouve également indiqué à la place analogue, quoique sous une désignation différente, dans le zodiaque rectangulaire. Et en effet, dans le ciel, 700 ans avant l'ère chrétienne, la constellation appelée l'Autel, se trouvait sur cet alignement.

A l'occident de la figure emblématique qui porte les étoiles du Scorpion, nous trouvons la balance surmontée d'une couronne sur le contour de laquelle α de la couronne boréale vient se poser. Ce signe, comme celui du Bélier, a été rapproché du centre du médaillon, sur son cercle horaire, pour faire place à la figure qui porte Antarès; et l'espace qui restait alors vide entre cette figure et le Bouvier, a été employé à sculpter l'image d'un grand animal analogue au Lion, lequel figure évidemment la bête féroce des anciens et le Loup de nos cartes modernes. Aussi se trouve-t-elle comprendre toutes les étoiles les plus visibles de la constellation du Loup. Les deux principales α et β que l'on met aux pieds de devant dans nos cartes, tombent aussi en projection aux pieds de devant. Immédiatement à côté et à l'occident de cet animal, on voit un homme à tête de bœuf armé d'une faux, qui, d'après le cercle horaire où il est figuré, et par sa proximité de l'emblême précédent, remplace évidemment le Centaure de nos cartes modernes; aussi les étoiles de notre Centaure actuel s'y trouvent-elles comprises, et les deux plus belles α et β, beaucoup plus australes que les autres, et que nos cartes placent à l'un de ses pieds, se trouvent tomber exactement, soit pour la direction azimuthale, soit pour la distance polaire, sur une expression hiéroglyphique sculptée sous un des pieds de la figure. Au-dessus de ce centaure, en revenant vers

l'anneau zodiacal, on voit le Bouvier, portant une
enseigne hiéroglyphique dans laquelle se trouve
aussi une étoile sculptée, que la discussion générale du monument, et le calcul des distances relatives, nous a montré être Arcturus. Maintenant,
comme on devait s'y attendre, le calcul amène
Arcturus à cette même place. La distance absolue
de l'étoile au pôle du monument est 238^{mm} qui, réduits en arc valent 55° 20′ 56″. La distance polaire
d'Arcturus calculée pour 700 ans avant l'ère chrétienne se trouve être 56° 30′ 25″; ce qui donne
pour l'erreur du monument 1° 9′ 29″, en sens
contraire des erreurs précédentes. Quant à l'ascension droite, le calcul la donne de 181° 52′ 40″.
Nous venons de voir que celle d'Antarès est de
208° 36′ 15″. La différence 26° 43′ 35″ est donc
l'angle qui, d'après les positions astronomiques,
doit être compris sur le monument entre les deux
rayons menés aux astérismes d'Arcturus et d'Antarès. Cet angle conclu de la mesure des cordes
se trouve être 23° 42′ 32″, par conséquent moindre de 3° 1′ 3″. Mais cet écart, et celui que nous
avons tout à l'heure trouvé pour Fomalhaut, sont
des erreurs excusables à cause de la petitesse des
distances polaires. Et, elles le paraîtront bien davantage encore, si l'on songe à l'antiquité de
l'époque où le monument fut construit; si l'on
considère la forme graphique sous laquelle les
résultats qu'il exprime se présentent à nous, et
enfin si l'on fait une juste part aux erreurs des

opérations par lesquelles nous sommes obligés de les en déduire.

A présent que nous avons parcouru en entier l'anneau zodiacal, et que nous y avons rattaché plusieurs des constellations principales qui l'avoisinent dans tout le contour du ciel, quelle idée générale cet examen nous donne-t-il du monument dans son ensemble? Nous voyons d'abord, à un petit nombre d'exceptions près, chaque signe zodiacal se couvrir des mêmes étoiles que nous lui attribuons aujourd'hui; et, ce qu'il importe beaucoup de remarquer, ces exceptions, lorsqu'elles se présentent, ne sont pas des inexactitudes résultantes d'une approximation accidentellement plus imparfaite : ce sont des différences de distribution connues pour avoir été usitées autrefois ; ou bien ce sont des impossibilités géométriques complètes, absolues, déterminées par une volonté raisonnée, qui a enlevé évidemment, à dessein, l'emblème astronomique du rang que l'usage général lui donne dans l'anneau des signes, pour lui substituer une figure hiéroglyphique ; ou qui, en conservant le signe dans son rang, ne lui a point donné sa place actuelle, et a assigné un autre emblème aux étoiles que nous avons coutume de lui attribuer. Ce sont là des différences relatives à nos cartes modernes, et non pas des inexactitudes dans la représentation réelle du ciel. Si nous passons aux constellations situées hors du zodiaque , nous en retrouvons plusieurs dont

les formes emblématiques, comme celle d'Orion,
par exemple, nous étaient indiquées d'avance
d'une manière positive par les documens littéraires, et auxquelles nous savons positivement que
les anciens attachaient les mêmes étoiles que nous
leur attribuons encore ; nous avons vu ces étoiles
venir se placer sur ces emblèmes avec une parfaite
fidélité. Dans d'autres cas, tels que ceux que nous
ont offert les Pléiades, les Hyades, Markab et
Sheat, le monument nous indiquait des directions
précises à partir du centre ; les astres désignés
étant amenés par le calcul astronomique, sont
venus se poser sur ces alignemens. Enfin, certains
astérismes particuliers, tels que ceux de la Chèvre,
du Cocher, de Cassiopée, d'Antarès, formaient
dans l'intérieur de l'anneau zodiacal quelques indices très-rares de positions plus précises ; des
étoiles remarquables par leur éclat ou par leur
position relativement à l'état du ciel de cette époque, sont venues tomber sur ces emblèmes précis.
Maintenant, considérons le nombre et la nature
des données que nous avons empruntées au monument, pour établir entre lui et nos calculs une
si complète correspondance. Nous y avons seulement pris le lieu absolu de *deux astérismes*, dont
le sens nous avait été indiqué par la discussion
comparative des figures environnantes, et dont
nous avons converti la position en coordonnées
célestes par le système de projection que nous
avions adopté. Car, bien que, pour plus d'exacti-

tude, nous ayons pris la moyenne des résultats
fournis par deux combinaisons de ce genre, cela
ne change rien au nombre absolu de données géométriques indépendantes sur lequel nos calculs se
fondent. Ainsi, c'est *de deux points seulement* que
nous avons déduit tout l'accord général que nous
venons de retrouver. Or si, comme nous l'avons
montré par le calcul dans la première partie de
ce Mémoire, la coïncidence avec le ciel d'une configuration formée seulement par quatre points,
dans les limites d'erreurs trouvées sur le monument, donne plus de quinze cents millions à parier
contre un que cet accord a été trouvé par une induction méthodiquement fidèle, à combien de millions de milliards ne devra pas s'élever la probabilité composée de cette probabilité première et
de toutes celles que fournissent toutes les coïncidences nouvelles dont nous venons de donner la
preuve numérique par la comparaison du monument avec le calcul! Il semble que, pour se refuser à cet argument, il faudrait nier l'évidence
même. Mais ce n'est pas là encore le dernier terme
des épreuves que nous pouvons faire. Puisque
nous avons le secret de la construction du monument, nous devons pouvoir nous en servir pour
trouver les emblêmes que les auteurs auront donnés aux constellations que leur importance religieuse, ou la place remarquable qu'elles occupaient dans le ciel, les auront vraisemblablement
portés à désigner d'une manière spéciale. Dans

ce nombre, il en est deux que nous devons presque infailliblement trouver, et trouver dans l'intérieur du zodiaque : ce sont les deux Ourses : or, puisque nous connaissons le pôle du monument et son époque, nous n'avons pour cela aucun tatonnement à faire. Nous n'avons qu'à déterminer par le calcul, pour cette époque, les distances polaires et l'ascension droite de quelques-unes des principales étoiles de ces deux constellations; et, les portant sur le monument, nous devrons infailliblement tomber sur les emblèmes qui les représentent, emblèmes qui, par plusieurs motifs que nous avons déja fait sentir, pourront ne pas être les mêmes que ceux dont nous nous servons aujourd'hui, mais qui néanmoins devront probablement être remarquables, comme les constellations auxquelles ils appartiennent. Or, en effet, cette méthode réussit à merveille. Soit que l'on porte l'ascension droite calculée des étoiles des deux Ourses, à partir du colure des équinoxes, soit que l'on prenne leur différence d'ascension droite avec quelqu'une des étoiles que nous avons préalablement déterminées, on est toujours conduit à deux positions désignées dans le monument d'une manière également spéciale. L'une est celle que signale une étoile sculptée placée à peu de distance du pôle du monument, et portée par une figure emblèmatique non tournée vers le centre. Cette étoile sculptée tombe, dans la projection, précisément au milieu

du carré de la Grande-Ourse ; et la figure excentrique qui la porte, est dirigée exactement suivant l'une des diagonales de ce carré. Pour l'autre,
la Petite-Ourse, les étoiles qui la composent viennent se poser avec une précision singulière sur
l'emblême du petit Chacal placé tout près du
centre du monument. Les quatre étoiles du carré,
alors les plus rapprochées du pôle, sont distribuées
sur la partie postérieure de son corps, qui est
juste de la largeur nécessaire pour les recevoir ;
et celles dont nous formons aujourd'hui la queue
dans nos cartes suivent précisément les inflexions
de son col ; la dernière, aujourd'hui la polaire,
venant aboutir au bout de son museau, au point
précis où il se rejoint avec le bec de l'oiseau placé
au-dessus de la figure emblématique de Cassiopée.
Or, quiconque, après avoir calculé les ascensions
droites et les distances polaires de ces sept étoiles
pour l'époque du monument, ou même les prenant
sur un globe à pôles mobiles, aura essayé de les
placer géométriquement sur le calque du zodiaque,
et les aura vues venir les unes après les autres occuper sur ce petit Chacal, le lieu juste et presque
unique que leur configuration mutuelle leur laisse
la liberté d'y prendre, quiconque, dis-je, aura
vu cela, ne pourra croire qu'une pareille coïncidence, soit l'effet d'une rencontre accidentelle, et
résulte d'un simple hasard qui aurait jeté la
figure du petit Chacal dans cette place précise,
en donnant ainsi à toutes ses parties la forme

exacte qui pouvait presque seule convenir si juste aux étoiles qui viennent s'y appliquer.

Ceci nous conduit naturellement à considérer la grande figure placée près du centre du monument à côté du petit Chacal dont nous venons de parler. A juger de l'importance de cette figure par l'étendue qu'elle occupe, on est naturellement porté à croire qu'elle doit offrir l'emblème de quelque constellation remarquable. Cependant la projection calculée ne fait tomber sur elle aucun groupe pareil. Elle y place, il est vrai, une partie des étoiles du Dragon ; mais cette coïncidence est seulement un phénomène d'espace, sans aucun rapport avec la forme ni les contours de la figure, rapports que nous voyons observés avec tant de soin dans les autres emblèmes où l'on a voulu réellement définir le lieu absolu et la configuration de certains groupes, comme nous venons de le voir dans les contours du petit Chacal placé près du pôle, et comme nous l'avons déja remarqué précédemment dans les deux figures qui contiennent les étoiles du Scorpion et celles de Cassiopée. Ici rien de pareil ne s'observe. Les étoiles du Dragon, qui viennent se placer sur l'espace que la figure occupe, tombent indifféremment sur les diverses parties de son corps ; et, ce qui semble achever d'exclure l'intention de les réunir, comme constellation, sur cette figure, c'est que la plus belle d'entre elles, α du Dragon, en est nécessairement séparée par la nature de la projection, et ne peut y être comprise, non plus que celles qui l'avoisinent; car elle tombe dans le crochet de l'axe sur lequel le petit Chacal est appuyé. Mais, si cette grande figure ne marque pas un lieu absolu, elle peut encore avoir été placée là comme l'emblême de quelque constellation peu distante, ainsi que le sont déja les figures du Scorpion et du Cancer excentrique. Alors, les données positives nous manquant, il faut recourir à d'autres indices, et chercher, par exemple, dans les convenances d'art, d'usage, ainsi que dans les indications de la critique littéraire, l'application la plus vraisemblable que nous puissions assigner à cette figure. Or, nous voyons d'abord qu'elle est tournée de manière à regarder la constellation de la Grande-Ourse; et même, l'arme qu'elle tient à la main a sa pointe posée sur les dernières étoiles dont nous composons aujourd'hui la queue de cette constellation. Il serait donc possible qu'elle en fût l'emblème. En effet, Plutarque, dans le traité d'Isis et d'Osiris, dit textuellement que la Grande-Ourse est appelée l'astre de Typhon, comme Orion est appelé l'astre d'Orus, et Syrius l'étoile d'Isis (1). Ailleurs il ajoute que Typhon est représenté emblématiquement par un hippopotame (2); et que le fer lui est consacré,

____

(1) PLUT. *Traité d'Isis et d'Osiris*, XXI.
(2) *Ibid.*, XLVIII.

ou plutôt est considéré comme la substance même de ses os (1). Or, la figure que nous examinons est en effet celle d'un gros animal d'une forme analogue à l'hippopotame, et elle tient dans ses mains un coutelas à pointe affilée qui semble devoir être une arme en fer. Tous ces accessoires conviennent donc très-bien à une représentation emblêmatique de Typhon, qui serait placée ici près de la constellation de la Grande-Ourse, à laquelle il préside, comme le cancer emblêmatique est placé près du lieu astronomique du Cancer, et la Vache couchée ou Isis l'est près de Syrius, ainsi qu'on le verra dans un instant. Nous croyons donc pouvoir présenter cette interprétation comme très-vraisemblable. Mais, pour les personnes auxquelles la grande autorité de Plutarque paraîtrait établir démonstrativement la nécessité d'un rapport plus intime, entre cette figure monstrueuse et l'astre de Typhon, je crois utile de faire observer que ce rapport ne saurait jamais être celui de superposition et de coïncidence. Car, non-seulement notre projection confirmée dans toutes les parties du ciel, place les étoiles de la constellation de la Grande-Ourse ailleurs, et dans un point du tableau où l'on remarque en effet une intention de désignation très-spéciale; mais, pour les ramener astronomiquement sur l'espace qu'embrasse la grande figure

1) PLUT. *Traité d'Isis et d'Osiris*, LX.

d'hippopotame, c'est-à-dire, entre le pôle de projection du monument et le Sagitaire, il faudrait ôter ce pôle du point du ciel où les mesures géométriques nous l'ont fixé, et le porter à plus de trente degrés de là. D'où il est facile de conclure que tout l'accord que nous avons reconnu entre le monument et la carte céleste théoriquement construite, se trouverait alors entièrement détruit.

Je saisirai cette occasion pour dire quelques mots sur le singulier emblème d'une longue patte d'animal qui se trouve figurée près du centre du monument à l'opposé de la grande figure d'hippopotame, et au haut de laquelle on a ajouté une sorte de renflement latéral, formé par un animal semblable à un mouton couché. Si cette figure est astronomique, elle ne répond qu'à de petites étoiles dont nous composons aujourd'hui la Giraffe ; le renflement formé à sa partie supérieure répond aux étoiles de la tête de Lynx. Mais, bien qu'il n'y ait, comme on le sait, rien de remarquable dans cette partie du ciel, ou plutôt par cette raison même qu'il n'y a rien de remarquable, il a pu, assez naturellement arriver que la fantaisie des auteurs du monument se donnât carrière pour composer des figures propres seulement à remplir cette place, en produisant un effet plus pittoresque dans l'ensemble général du monument. Car, les personnes versées dans les arts du dessin trouvent beaucoup d'habileté dans l'ensemble de toutes ses parties ; et, en ayant égard aux élémens obligés dont il se forme, elles le considèrent comme un tableau très-bien composé. Il serait assez naturel que cette intention eût principalement déterminé la grandeur démesurée de cette patte, et celle de l'énorme figure d'hippopotame placée près du pôle, dans une partie du ciel où rien n'attire les regards, excepté la Petite-Ourse, dont la place est si exactement occupée par le petit Chacal. Si par hasard il en était ainsi, ceux qui chercheraient aujourd'hui à expliquer astronomiquement ces figures, se proposeraient une énigme sans mot. Je me hâte donc de les abandonner, ainsi que quelques autres dont la signification ne paraît pas susceptible d'être géométriquement établie par une superposition évidente; et je reviens à la recherche des résultats réellement astronomiques que l'on peut tirer du monument.

Par exemple, puisque nous y voyons les Hyades, les Pléiades, le cygne, et très-probablement Cassiopée, indiquées comme par renvoi, sur le bord du médaillon, dans les azimuths propres que leur assigne leur position céleste, ne serait-il pas possible que le même mode d'indication eût été employé pour d'autres groupes; et ne serait-ce pas là un moyen d'expliquer, au moins en partie, les assemblages multipliés d'étoiles sculptées que l'on trouve répartis sur tout le contour du médaillon circulaire, mais principalement du côté où l'anneau zodiacal s'approchant davantage de ce contour n'a pas laissé de place pour sculpter de nouveaux emblèmes au-delà de la partie du ciel qu'il embrassait? En essayant cette épreuve, j'ai constamment trouvé que, dans tous les cas où un groupe d'étoiles plus ou moins nombreux était sculpté sur le bord du médaillon, il existait sur ce même alignement, c'est-a-dire, sur le même cercle horaire dans la sphère céleste, un ou plusieurs groupes d'étoiles remarquables. J'ai indiqué ces coïncidences sur le bord du tableau qui est devant les yeux de l'Académie. Mais, malgré l'accord qu'elles paraissent offrir, je n'attache pas à ce genre d'épreuve une certitude qui n'est point dans sa nature. Car, s'appliquant uniquement à la direction, sans tenir compte du second élément des positions absolues, qui est la distance polaire, l'indication qu'il donne est nécessairement indéterminée ; surtout, lorsque plusieurs constellations, ou même plusieurs étoiles brillantes appartenant à des constellations diverses, se trouvent exactement, ou à très-peu de chose près, sur le même alignement. Cette indécision n'existait pas pour les Égyptiens qui, pouvaient lire, au-dessus de chaque étoile sculptée, l'expression hiéroglyphique qui la caractèrise : mais pour nous, à qui ce secours manque, elle est tout-à-fait inévitable.

On va voir toutefois, par plusieurs exemples , que, malgré sa limitation, ce genre d'indice peut avoir de l'utilité. En examinant la partie du contour du médaillon circulaire qui est située sur

le même rayon que le Cancer, on y remarque
deux groupes d'étoiles sculptées, accompagnées
par des figures emblématiques presque semblables, coiffées de même, et d'une manière qui ne
se retrouve nulle part ailleurs sur le contour du
médaillon. Les expressions hiéroglyphiques attachées à ces deux groupes sont aussi les mêmes,
sauf l'addition d'un seul caractère qui existe dans
une des deux seulement et qui est placé au-dessus
de la partie commune. Ces analogies semblent
propres à désigner deux parties d'une même constellation, subdivisée ainsi pour remédier à la dilatation que la nature de la projection lui donnait
dans le sens des parallèles. Alors cette constellation serait donc australe. Or, il existe en effet aux
mêmes degrés d'ascension droite une grande constellation australe qui est celle du Navire. Cette
constellation célèbre dans toute l'antiquité, était
particulièrement révérée des Égyptiens; comme
nous l'apprend Plutarque dans son traité d'Isis et
d'Osiris (1):« Ils appellent, dit-il, Osiris capitaine
« et gouverneur Canobus, duquel nom ils ont
« aussi appelé une étoile; et la Navire que les
« Grecs appellent Argo, ils tiennent que c'est la
« figure de la navire d'Osiris, que l'on a référée au
« nombre des astres pour l'honneur de lui : et si
« n'est pas située au mouvement du ciel guère
« loin de celle d'Orion et de celle de la Caniculaire

____

(1) PLUT. *Traité d'Isis et d'Osiris*, XXI. Trad. d'Amyot.

« dont ils estiment l'une sacrée à Orus, et l'autre
« à Isis. » Cette révérence particulière, attestée
par un auteur aussi grave que Plutarque, fortifie
donc beaucoup l'analogie que l'identité des ascensions droites, ainsi que le rapport des expressions
hiéroglyphiques nous avait indiquée. On peut
même remarquer que le caractère particulier
ajouté à l'une de ces expressions, offre un rapport de forme avec les parties de la constellation
du Navire où seraient situées les étoiles qu'elles
désignent. Or, s'il en est ainsi, il est bien probable
qu'ils auront spécialement marqué Canopus, cette
étoile de première grandeur, la plus belle de
cette constellation, et qu'ils regardaient comme
l'emblème d'Osiris. Toutefois ce ne serait pas dans
les deux groupes mêmes qu'il faudrait la chercher;
la nature de la projection ne le permet point :
car, dilatant, dans des proportions excessives, les
constellations situées près du pôle austral de cette
époque, elle doit rejeter l'étoile Canopus, ou α du
Navire, sur une direction plus occidentale que les
deux groupes précédens. Mais, puisque tout le
ciel d'alors nous est connu, nous pouvons facile-
ment déterminer cette direction par le calcul, et
même fixer la distance du bord à laquelle Canopus doit se trouver, s'il est spécialement désigné
sur le monument. Or, ceci nous conduit précisément à une étoile sculptée, accompagnée d'une
figure emblématique qui précède immédiatement
les deux groupes que nous venons de désigner.

Car cette étoile se trouve à une distance du bord du médaillon égale à 152^{mm} $\frac{1}{2}$ qui font 35° 27 54″, par conséquent 144° 32′ 6″ de distance polaire; et, en outre, le rayon sur lequel elle se trouve forme avec le rayon mené à l'astérisme d'Antarès un angle de 129° 28′ 10″ : maintenant, la distance polaire de Canopus, calculée pour 700 avant l'ère chrétienne est 143° 3′ 26″, plus faible que l'indication précédente de 1° 28′ 40″; et sa différence d'ascension droite avec Antarès, calculée pour la même époque, était 127° 9′ 1″, par conséquent de 2° 19′ 9″ moindre que l'angle observé sur le monument entre les deux astérismes. D'ailleurs les indices les plus voisins d'étoiles sculptées, à l'orient ou à l'occident de celle que nous considérons, se trouvent à 10° et, à 18° de distance en ascension droite. Cette circonstance jointe aux analogies rapportées plus haut, rend donc très-vraisemblable que l'étoile dont il sagit représente Canopus.

Or ceci nous conduit aussitôt à une autre analogie fort singulière. Si l'on se transporte à la partie du médaillon que le Sagittaire occupe, on voit sous ses pieds de devant une barque, et, sous ses pieds de derrière, une légende hiéroglyphique précisément et en tout point identique avec celle que nous supposions tout à l'heure devoir désigner la constellation du Navire. Cette légende se rapporte évidemment au Sagittaire, car elle tient matériellement à ses pieds par le premier des caractères qui la composent; et, en cela, aucune analogie n'est violée, parce que la figure placée au-dessous est de celles qui sont surmontées d'un disque arrondi, et qui, en vertu de cette particularité, paraissent n'avoir pas exigé une légende explicative. Mais, pour déterminer une pareille indication, il fallait donc, qu'à l'époque représentée par le monument, il existât, entre la constellation du Sagittaire et celle du Navire, quelque relation astronomique qui pût faire rappeler ici cette dernière, et la faire rappeler comme étant sous les pieds de l'autre. Or, c'est en effet ce que le calcul atteste, et ce que l'on peut même vérifier par le seul secours d'un globe à pôles mobiles. Car, sous la latitude de Denderah, 700 ans avant l'ère chrétienne, lorsque les dernières parties de la constellation du Sagittaire passaient au méridien supérieur, Canopus, ou le gouvernail du Navire passait au méridien inférieur; et l'une et l'autre constellation se trouvaient alors à des distances presqu'égales de l'horizon du côté du Sud; de sorte que, à ce moment, le Sagittaire, comme le monument le représente, avait le Navire littéralement sous ses pieds. Si cette nouvelle concordance est l'effet du hasard, il faut convenir que ce hasard est assez suivi.

Voici une autre analogie qui, bien qu'elle ne soit pas aussi évidente, mérite d'être astronomiquement remarquée. Au-dessous de la queue du Lion, sur le cercle horaire intermédiaire entre lui et la Vierge, le bord du médaillon présente un

groupe nombreux d'étoiles, accompagné comme
tous les autres d'une figure emblèmatique , et
d'un symbole hiéroglyphique dans lequel entre
une étoile sculptée. Si l'on examine les étoiles
qui se trouvaient sous ce même cercle horaire
700 ans avant l'ère chrétienne, on ne voit, dans
l'hémisphère boréal du ciel, aucune constellation
assez remarquable pour mériter d'être ainsi spécialement mentionnée ; mais, dans l'hémisphère
austral, on trouve la belle constellation de la
Croix du sud. Or α de la Croix avait alors
155° 40' 21" d'ascension droite, et 138° 23' 30" de
distance polaire. Sa différence d'ascension droite
avec Antarès était donc alors 52° 55' 54". Sur le
monument, ce même angle se trouve de 51° 57' 18",
c'est-à-dire seulement de 0° 58' 36" plus faible ;
et la distance au centre convertie en distance polaire est 137° 26' 31"; moindre de 0° 56' 59" que
par le calcul. Les quatre autres étoiles de la
croix tombent de même en projection autour de
l'indice hiéroglyphique qui accompagne l'étoile
sculptée. Cette coïncidence paraît donc rendre
probable que la belle constellation de la Croix
du sud, dont on attribuait la découverte aux
Portugais, avait été remarquée par les Égyptiens
et placée sur leur monument. On sait que M. Delambre l'a également retrouvée dans le catalogue
d'Hipparque. Je n'ose toutefois présenter ceci
qu'avec une grande réserve ; car, tout auprès du
groupe que nous supposerions ici être la Croix du

sud, le contour du médaillon en offre un autre,
plus occidental et composé de trois étoiles auxquelles on ne peut donner de signification suffisamment motivée, du moins par les seules considérations astronomiques, ne trouvant à les
rapporter dans le ciel qu'à des étoiles peu visibles
de l'Hydre ou du Corbeau. Or, si des motifs particuliers, indépendans de l'éclat de ce groupe,
ont pu en déterminer ici l'indication spéciale, on
peut toujours craindre qu'il n'en ait été ainsi dans
quelques autres cas, même lorsque l'existence
d'une constellation remarquable, telle que la
Croix du sud, semblerait, pour nous, mériter
seule d'être spécialement signalée. Cette circonstance ne nous permet donc pas d'atteindre, dans
de pareilles interprétations, plus que de simples
vraisemblances ; mais des vraisemblances qui se
fortifient les unes par les autres, et se soutiennent mutuellement par leur accord.

On s'étonnera peut-être de voir qu'en rapportant un si grand nombre de particularités astronomiques, je n'aie pas jusqu'ici parlé de Syrius.
Il serait en effet comme impossible qu'un monument des Égyptiens n'offrit rien de relatif à cette
étoile dont on sait que l'apparition avait pour eux
une si grande importance par ses rapports avec
l'époque de l'inondation des terres, et par le
grand nombre de cérémonies religieuses qui s'y
rattachaient. Aussi Syrius se trouve-t-il indiqué
sur le monument ; et même il s'y trouve indiqué

deux fois, l'une dans sa position astronomique,
l'autre comme l'emblème d'un phénomène avec
lequel il se trouvait lié alors. La position astronomique est facile à découvrir pour nous, et ne peut
même nous offrir aucun sujet d'hésitation. Car
nous n'avons qu'à déterminer par le calcul l'ascension droite et la déclinaison de Syrius pour l'é-
poque de 700 ans avant l'ère chrétienne; et, en
portant ces coordonnées sur notre projection, à
partir de l'équinoxe vrai dont la situation nous est
connue, cette opération nous donnera directement,
infailliblement la position précise à laquelle Syrius,
doit répondre. Seulement ici, comme nous l'a-
vions prévu en cherchant les emblèmes des deux
Ourses, nous devrons être conduits par le calcul
à quelque emblème remarquable à cause de l'importance de l'astre qui s'y rapportera. Et cette
condition que nous devons admettre comme presque indispensablement nécessaire, deviendra
aussi, étant satisfaite, une confirmation décisive,
éclatante, de la vérité, de la précision de nos
calculs. Or, elle se trouve en effet remplie, et de
la manière la plus complète; car, l'ascension droite
calculée de Syrius, amène cet astre dans un emblème isolé, inoccupé, dont la forme, la situation,
les rapports avec tout le reste du monument, sont
également remarquables. Elle l'amène dans l'axe
étroit d'une longue tige de lotus surmontée d'un
épervier, symbole connu de la divinité, de l'éclat,
de la puissance. Et ce lotus n'a pas une position

vulgaire : il est situé sur l'un des axes principaux du monument, précisément sur celui de ces axes qui était parallèle au grand axe du temple et dirigé suivant sa longueur ; toutes circonstances spéciales, singulières, qui, ainsi qu'on le verra tout à l'heure, étaient liées aux relations qui existaient alors entre l'orientation de cet édifice, sa latitude, et la position absolue de Syrius dans le ciel.

Ce résultat est trop saillant par lui-même, il est trop fécond dans les conséquences qui en dérivent, surtout il offre une dissemblance trop tranchée avec toutes les opinions jusqu'à présent émises ou annoncées relativement au zodiaque circulaire, pour que je n'aie pas cru devoir l'établir avec une recherche particulière de certitude. Pour cela ayant calculé, comme je l'ai dit, l'ascension droite de Syrius, et sa distance polaire, pour l'an 700 avant l'ère chrétienne, je n'ai plus porté directement sur la projection la première de ces coordonnés ; mais j'ai pris séparément ses différences avec les ascensions droites calculées de toutes les étoiles que notre monument indiquait d'une manière spéciale, en exceptant toutefois Fomalhaut que nous avons vu donner un écart propre d'un ordre sensiblement plus élevé que les autres ; et j'ai appliqué ces différences à chaque étoile, à partir de la position particulière qu'elle avait sur le monument. J'ai obtenu ainsi autant de déterminations particu-

lières du lieu qu'il fallait donner à Syrius; et,
comme elles s'écartaient toutes fort peu de l'axe
du lotus indiqué par son ascension droite absolue,
j'ai formé seulement le tableau de ces écarts partiels, où les quantités prises positivement doivent
être considérées comme additives à l'ascension
droite de cet axe désigné par L.

$$
\begin{array}{lrrrr}
\text{Par Arcturus} & L + & 1° 52' & 27'' \\
\text{Antarès} & - & 1 & 18 & 46 \\
\beta \text{ Pégase} & + & 1 & 11 & 0 \\
\eta \text{ Pléiade} & - & 1 & 34 & 17 \\
\text{Aldebaran} & - & 1 & 47 & 22 \\
\hline
\text{Moyenne} \ldots \ldots \ldots & L - & 0° & 19' & 26''
\end{array}
$$

L'accord de ces évaluations est trop frappant
pour qu'il soit besoin de le faire remarquer. On
voit que la moyenne entre elles toutes, place Syrius presque exactement dans l'axe du lotus dont
nous avons parlé; mais cependant à une ascension droite moindre de $0°\ 19'\ 26''$; ce qui le met
un peu à côté de cet axe, à peu près comme il est
figuré dans la projection qui est sous les yeux de
l'Académie. Ce petit écart peut être dû en partie
aux mouvemens propres; il peut dépendre aussi,
et vraisemblablement bien davantage, des erreurs
de tout genre, tant d'observation, que de mesure,
qui entrent dans nos déterminations.

Tel est donc le lieu réel, le lieu astronomique
de Syrius sur notre monument. Mais cet astre
s'y trouve encore indiqué d'une autre manière

purement emblêmatique. On s'accorde générale-
lement à le reconnaître dans une grosse étoile
sculptée, placée au dessus de la tête d'une vache
couchée dans un bateau, sur le prolongement du
rayon mené du centre à la figure emblématique
qui remplace le Cancer. Cette interprétation a
pour elle toutes les vraisemblances : car, la vache, selon le témoignage de Plutarque, est l'emblême ordinaire d'Isis, à laquelle Syrius était consacré. De plus, cette vache est ici figurée couchée
dans un bateau, ce qui, au rapport du même
historien, était un mode fréquemment usité chez
les Égyptiens, pour la représentation des divinités. Elle se trouve donc ici comme déesse caractéristique de l'étoile qu'elle accompagne, et
qui, par conséquent, doit être Syrius. Mais, d'a-
près ce qui vient d'être démontré tout à l'heure,
Syrius ne pouvait se trouver astronomiquement
à cette place, puisque les lois de la projection,
et même le plus simple examen de ses rapports
réels de position avec les autres astres, forcent de
le placer ailleurs. Il ne peut donc avoir été marqué ici que comme un emblème; c'est-à-dire,
comme l'indice sensible de quelque usage ou de
quelque phénomène astronomique que l'on avait
l'intention de désigner. Or, le mode de construction du monument, et même son simple aspect,
nous montrent que tout y est rapporté par rayonnement au centre du médaillon circulaire. C'est
donc sur le rayon mené au centre, par conséquent

dans l'alignement de la figure emblématique substituée au Cancer, qu'il faut chercher le rapport
dont il s'agit. La projection, ou plutôt le calcul
plus exact qu'elle, limite encore cette recherche
d'une manière plus précise. Car, tous deux s'accordent à montrer que le rayon qui contient la
grosse étoile sculptée contient aussi β du Cancer.
Conséquemment, si le motif qui a fait rappeler
Syrius sur la direction de ce rayon est astronomique, il fallait qu'il existât quelque relation
singulière entre cet astre et β du Cancer. Or, il
en existait en effet une très remarquable. C'est
que, 700 ans avant l'ère chrétienne, et sous la
latitude précise de 26° 8′ 36″ boréale, qui, selon
les observations de Nouet, est celle du temple de
Denderah, Syrius se levait avec les étoiles du
Cancer, où se trouvait alors le solstice d'été; et
même il se levait précisément avec cette même
étoile β du Cancer, que la projection vient mettre
ici juste devant son emblème. La coïncidence est
si parfaite qu'on ne trouve pas 4′ de différence
sur la longitude des points orient de l'écliptique
correspondants aux deux astres, en tenant compte
de la réfraction horizontale qu'ils subissent, car
cette longitude est 92° 2′ 52″ pour Syrius et 91°
58′ 59″ pour β du cancer. La représentation emblématique de Syrius sur l'alignement de β du Cancer, était donc un moyen très-simple de rappeler,
à l'esprit et au yeux, la partie de l'écliptique où
le solstice d'été se trouvait alors, et avec laquelle

se levait Syrius. On sait, par une foule de documens littéraires, que les anciens astronomes faisaient un fréquent usage des levers simultanés, pour indi-quer les points de l'écliptique qu'ils voulaient désigner spécialement à l'attention ; et cette indi-cation, toute imparfaite qu'elle doit nous pa-raître, était encore un des meilleurs moyens qu'ils pussent prendre pour suppléer à l'ignorance du calcul trigonométrique, et au manque de procé-dés exacts pour mesurer le temps. D'après la pré-cision singulière avec laquelle nous trouvons ici l'emblème de Syrius placé sur notre monument près du solstice, il paraîtrait que les astronomes qui ont tracé ce tableau céleste ont su, avec une habileté peu commune, faire usage de ce procédé.

On trouve aussi, dans le ciel d'alors, un autre phénomène de position qui pouvait leur être fort utile, et qui suffisait bien sans doute pour motiver la spécialité de désignation qu'ils avaient donnée au quadrilatère du Dauphin, en le faisant porter par une figure montée sur le dos du Capricorne. Sous la latitude de Denderah, 700 ans avant l'ère chrétienne, le quadrilatère du Dauphin montait sur l'horizon un peu avant les premières étoiles de la tête du Capricorne; et, à cet instant les points équinoxiaux étaient dans le méridien, au milieu du ciel, les points solsticiaux de l'équateur étant dans l'horizon. La différence est seulement de 3° $9'\,8''$ en ascension droite, pour α du Dauphin, en ayant égard à la réfraction horizontale. Or on sait que la connaissance du cercle horaire actuel sur lequel les points solsticiaux ou équinoxiaux se trouvent, est un élément indispensable pour déterminer la situation de l'écliptique sur l'horizon, à une époque quelconque de la révolution diurne, et pour connaître les astres qui se lèvent et se couchent alors. L'indication du quadrilatère du Dauphin était donc parfaitement convenable pour faciliter ces déterminations qui servaient de base à toutes les applications scientifiques, religieuses ou astrologiques de l'astronomie ancienne.

Un autre élément non moins essentiel chez les anciens, pour les usages astronomiques, c'était la connaissance de l'instant où les points équinoxiaux étaient dans l'horizon, et les points solsticiaux dans le méridien. On trouve sur le monument de Denderah, un signe placé précisément de manière à donner aussi cette indication importante. J'ai dit que, dans la partie du médaillon où l'équinoxe du printemps se trouve placé en ascension droite, on voyait deux figures symboliques qui, n'ayant point ailleurs d'analogues, semblaient devoir se rapporter à ce phénomène. Le colure des équinoxes passe précisément au milieu de ces deux figures ; et l'on ne trouve d'ailleurs, sur sa direction au bord du médaillon, aucun indice ou emblème remarquable : mais, tout auprès, à cinq degrés plus à l'occident en ascension droite, le bord du médaillon présente un petit Harpocrate sortant d'une fleur de lotus, et ayant, au-dessus de sa tête, une étoile sculptée accompagnée d'une expression hiéroglyphique. Or, sur le même rayon mené de ce symbole au centre, et dans l'intérieur d'une des denx figures, la projection calculée place α du lien des Poissons, que les anciens mentionnent souvent dans leurs pronostics. Maintenant, Plutarque, dans le traité d'Isis et d'Osiris, nous apprend que les Égyptiens avaient coutume de représenter le soleil levant et naissant par l'emblème d'un enfant sortant d'une fleur de lotus, et il répète la même indication dans le traité des oracles de la Pythie (1). Ceci nous conduit donc à chercher s'il n'aurait pas existé alors quelque relation entre α du lien et le lever du soleil, à l'époque de l'équinoxe du printemps. En effet, le calcul montre que, sous la latitude de Denderah, 700 ans avant l'ère chrétienne, α du lien, affecté de la réfraction, se levait avec le point de l'écliptique qui avait $2°\,14'\,29''$ de longitude ; de sorte que son apparition sur l'horizon donnait une indication fort approchée de la position du point équinoxial où le soleil semblait renaître. Et, quant à ce que j'ai dit plus haut,

(1) Plutarque, Traité d'Isis et d'Osiris, xi. Traité des oracles de la Pythie. Plut. Reiske, tom. vii, p. 574. L'application emblématique du lotus dont il est question ici, était probablement fondée sur ce que les Égyptiens croyaient que la fleur de cette plante s'élève au-dessus de la surface des eaux au lever du soleil, et s'y plonge à son coucher. Plin., lib. xiii, par. xxxii.

que les anciens employaient *a* du lien pour des
désignations de ce genre, Geminus va y répondre
pour moi; car, dans son calendrier, que l'on sait
être un recueil de toutes sortes de traditions astronomiques plus anciennes, on trouve au signe du
Bélier ces paroles : « Le soleil parcourt le Bélier
« en 31 jours. Le premier, suivant Calippe, lever
« du nœud des Poissons; équinoxe du printemps.»
A la vérité Geminus ne dit pas à quelle latitude
et à quelle époque se rapportait cette indication
de Calippe, qui vivait encore 300 ans avant l'ère
chrétienne. Mais, quoi qu'il en soit, cette citation
suffit pour attester l'emploi que j'ai supposé.

Après avoir tiré du monument, sous le rapport
astronomique, tout ce qui paraissait s'offrir avec
le plus d'évidence, il nous reste à considérer la
position qu'on lui avait donnée dans le temple où
il était placé, et à chercher quelles relations elle
pouvait avoir avec sa construction. Or, on en
découvre de très-frappantes. En effet, d'après les
plans publiés dans le grand ouvrage sur l'Égypte,
l'axe longitudinal de cet édifice différait de la méridienne exacte, et son extrémité boréale s'en
écartait, vers l'est, d'environ 17°. Le zodiaque
circulaire était sculpté au plafond d'une salle
rectangulaire, dont les parois étaient parallèles
aux murs extérieurs du temple. Il était dirigé de
manière que la longueur de la tige du lotus où
Syrius se trouve en position astronomique, était
parallèle à la longueur de cet édifice, la base

de la tige étant tournée vers la paroi boréale. Dans cette situation, qu'il faut se représenter en renversant le dessin, ou comme on le verrait en le regardant à l'envers à travers l'épaisseur du papier, les têtes de toutes les figures se trouvaient tournées dans le sens du mouvement diurne. De plus, le point solsticial vrai se trouvait ainsi dirigé au vrai nord. Car, l'ascension droite de Syrius, relativement à l'équinoxe vrai, 700 ans avant l'ère chrétienne, était $71° 31' 49''$, ce qui donne $18° 28' 11''$ pour sa distance au colure des solstices. Or, dans la situation assignée au tableau, la tige de lotus, ou plutôt le rayon sur lequel se trouvait Syrius, déviait à l'est du point boréal de l'horizon, comme en déviait l'axe du temple, c'est-à-dire, de $17°$. Mais, en vertu de la distance angulaire de Syrius au solstice, le rayon solsticial se trouvait ramené vers l'ouest d'une quantité égale à cette même distance, c'est-à-dire, de $18°28'11''$. Il s'écartait donc du vrai nord de $18° 28' 11'' — 17°$, ou de $1°28'31''$ vers l'ouest; en supposant toutefois la déviation du temple exactement de $17°$, telle que les planches gravées la donnent. Mais, si ce relévement a été fait à la boussole, comme semble l'indiquer la double désignation qu'on y trouve du nord vrai et du nord magnétique (1), il se pourrait que la valeur de la déviation, ainsi déterminée, com-

(1) On m'a depuis assuré qu'en effet c'était ainsi que ce relèvement avait été exécuté.

portât quelque incertitude, et que l'erreur se partageât entre elle et le monument. Au reste, même
en l'attribuant tout entière à celui-ci, elle paraîtra, sans doute, bien petite pour des déterminations graphiques aussi compliquées, et dépendantes de tant d'élémens d'une observation
difficile. Le point solsticial d'été étant ainsi tourné
au vrai nord, l'équinoxe du printemps se trouvait
à l'est, ainsi que le petit Harpocrate sortant d'une
fleur de lotus, lequel, au rapport de Plutarque,
désignait le soleil levant ; et, par une conséquence
nécessaire, le point solsticial d'hiver répondait au
sud, l'équinoxe d'automne à l'ouest. Le monument offrait ainsi l'image et la position de la
sphère céleste à l'instant où les quatre grandes
divisions de l'écliptique étaient dirigées vers les
quatre points cardinaux. Et le sens dans lequel
toutes les figures étaient circulairement tournées
marquait la direction du mouvement général, du
mouvement diurne, par lequel elles allaient se
suivre et se succéder à l'horizon.

La construction du monument, sa situation,
la direction qu'on lui avait donnée, se trouvaient
ainsi industrieusement appropriées à la déviation
du temple, relativement à là ligne méridienne.
Mais cette déviation même offre, avec la position
astronomique de Syrius à cette époque, une relation bien remarquable. Car, sous la latitude de
26° 8′ 36″, 700 ans avant l'ère chrétienne, le
calcul montre que Syrius, affecté de la réfraction,

avait une amplitude ortive égale à 109° 23′ 28″ comptée du point du nord, ce qui placerait le point de son lever à 19° 23′ 28″, au sud du point orient véritable, par conséquent exactement ou presque exactement, dans la direction horizontale, suivant laquelle les parois sud et nord du temple étaient tournées. On pouvait donc, avec la plus grande facilité, trouver Syrius à son lever et l'observer à cet instant, en s'alignant sur la direction horizontale de ces parois transversales, comme M. Delambre a supposé que les Égyptiens avaient pu s'aligner sur la direction horizontale des bases des pyramides, pour observer les amplitudes soit ortives, soit occases du soleil au solstice et en conclure la longueur de l'année (1). Et même, ce n'était pas seulement Syrius qui pouvait, à Denderah, s'observer de cette manière : on avait le même avantage pour Antarès qui ayant une distance polaire de 106° 24′ 56″, par conséquent presque égale à celle de Syrius, se levait aussi dans une amplitude presque égale, savoir à 18° 4′ 12″ au sud du vrai point est ; et, par une rencontre qui serait bien extraordinaire si elle était fortuite, Sheat, cette autre étoile spéciale-

(1) On a objecté, contre ce mode d'observation, que les parois extérieures des temples égyptiens ne sont pas verticales. Mais il est évident que leur inclinaison n'altère point le sens horizontal suivant lequel elles se dirigent ; par conséquent n'empêche pas de s'aligner sur elles pour observer le point de l'horizon situé sur leur prolongement.

ment désignée sur le monument, dans l'intérieur de l'anneau zodiacal, se trouvait à son coucher, dans la direction exacte de ces mêmes murailles ; puisqu'ayant 74° 50′ 57″ de distance polaire, elle avait une amplitude occase de 72° 47′ 40″ ; de sorte qu'elle se couchait à 17° 12′ 20″ au nord du vrai point ouest. Ce qui appuie encore l'idée que ce n'était pas sans intention que la direction du temple de Denderah avait été ainsi tracée, c'est qu'elle a été répétée en un sens précisément inverse, dans un autre temple situé au nord d'Esné, à une si petite distance de Denderah, en latitude, que l'aspect de la sphère céleste y devait paraître tout-à-fait le même, aux observateurs de cette époque. Car, ce temple, dont le portique se trouvait, comme celui de Denderah, orné d'un zodiaque rectangulaire, avait aussi sa façade déviée vers l'est, mais d'une quantité beaucoup plus considérable, puisqu'elle allait à 71°. Or, 71° étant le complément de 19°, on voit que les parois longitudinales de ce second temple étaient exactement alignées sur le lever de Sheat, et sur le coucher d'Antarès et de Syrius. Si donc on était assuré que les deux temples eussent réellement existé à l'époque reculée que représente le zodiaque circulaire ; si de plus on supposait que les prêtres égyptiens eussent été alors assez instruits pour profiter des avantages que leur offraient les directions de ces édifices ; on concevrait qu'ils auraient pu, même en assez peu d'années, reconnaître que les points du lever et du coucher des diverses étoiles, changeaient de place sur l'horizon, et ne répondaient plus, après un certain temps, au même alignement terrestre. Ils auraient donc pu constater ainsi le déplacement général et progressif de la sphère céleste, relativement à la ligne méridienne ; c'est-à-dire, l'effet le plus apparent de la précession des équinoxes. Mais ces résultats qui leur étaient immédiatement offerts par l'aspect du ciel, étaient les seuls qu'ils pussent ainsi reconnaître. Car, pour la loi même, la loi abstraite et trigonométrique de la précession, consistant en un mouvement général de toute la sphère céleste autour de l'axe de l'écliptique, sa découverte était d'un tout autre ordre. Elle exigeait des connaissances de calcul, et de trigonométrie sphérique, auxquelles des siècles d'observations pareilles ne pouvaient suppléer, et dont on ne voit alors aucune trace ; elle exigeait des déterminations numériques excessivement précises ; et, par-dessus tout, un effort intellectuel, qui ne pouvait être fait que par un de ces rares génies, dont l'apparition fortuite ne se règle pas sur la longueur du temps écoulé. Ainsi une telle découverte est réellement elle-même un phénomène scientifique dont l'histoire littéraire peut seule nous apprendre la date, et que la contemplation du ciel, si long-temps prolongée qu'on la suppose, ne suffit nullement pour faire conjecturer. Ceci est une distinction qui n'a peut-être pas été assez considérée par les personnes qui ont voulu attribuer aux prêtres égyptiens une astronomie très-avancée comme science, parce que l'aspect des astres était, depuis une très-haute antiquité, un des objets constans de leur attention. Voir et connaître sont deux opérations qui se succèdent, mais qui n'ont entre elles aucune relation fixe de temps.

Après avoir tiré du monument les indications astronomiques qui semblent les plus susceptibles d'évaluation précise, il peut encore être utile de signaler certains rapports, soit de position, soit de direction qui s'observent dans les sculptures, ainsi que dans les légendes hiéroglyphiques qui l'environnent. Car ces rapports se trouvent précisément appartenir aux points du monument que nous avons reconnus comme indiquant des époques remarquables de la période annuelle.

Pour les saisir il faut d'abord faire attention que les douze figures placées autour du médaillon circulaire, et qui semblent soutenir le développement de la sphère céleste, sont évidemment disposées d'une manière symétrique. Les huit hommes sont distribués par couples aux extrémités des quatre rayons qui forment les axes principaux du monument. Les quatre femmes sont intermédiaires, et leur corps est dirigé suivant les diagonales du carré circonscrit au médaillon.

A côté de chacune de ces quatre femmes, dans la portion du carré comprise entre leur corps et l'axe du médaillon vers lequel leur visage est tourné, on voit quatre légendes hiéroglyphiques sculptées, chacune composée de plusieurs compartimens, séparés les uns des autres par des lignes sculptées sensiblement parallèles entre elles. Une seule de ces légendes a trois compartimens, toutes les autres en ont quatre. Les légendes opposées diagonalement n'ont aucune de leurs lignes dirigée suivant un même diamètre. Seulement ces lignes sont toutes parallèles à l'une des deux diagonales menées par les angles du carré circonscrit, d'où il suit qu'elles forment toutes, avec les axes du monument, des angles égaux entre eux, dont la valeur est 45°. Toutefois, comme aucune d'elles ne coïncide avec les diagonales, il s'ensuit que lorsqu'on les prolonge, celles qui sont du même rang ne se coupent pas au centre du médaillon. Par exemple, si l'on prolonge toutes celles qui sont les plus longues, dans chaque légende, elles isoleront, autour du centre, un carré parfait qui contiendra justement et précisément les deux Ourses.

D'après ces rapports de position, les légendes situées entre les figures de femme qui se regardent, doivent, très-probablement, être envisagées comme correspondantes aux mêmes objets, ou au moins à des objets situés du même côté du diamètre transversal, mené de la Vierge à Cassiopée.

Nous ne parlons jusqu'ici que des quatre légendes extérieures. Mais, au-dessus des deux lé-

gendes parallèles à la diagonale voisine des solstices, il y a deux légendes d'une dimension
moindre, situées dans une zône circulaire plus intérieure que les grandes. Chacune de ces petites
légendes est composée d'une seule bande, comprise entre deux lignes sculptées qui, dans chaque
légende, sont parallèles l'une à l'autre, mais dont
la direction absolue, dans les deux légendes, est
fort diverse.

Dans la légende située du côté du solstice d'été,
ces deux lignes sont presque parallèles à celles de
la grande légende, et leur prolongement embrasse,
d'une part, la tête de la vache Isis; de l'autre,
l'épervier placé sur la tige de lotus où Syrius se
projette. Leur direction semble donc indiquer que
la petite légende se rapporte à cette partie du
tableau où Syrius, ainsi que le solstice d'été, se
trouvent compris.

Dans la légende située du côté du solstice d'hiver, les lignes font un angle de 12 ou 13° avec
la direction générale des lignes de la grande légende. Leur prolongement va couper le colure des
solstices dans le corps du Capricorne, dont elles
embrassent toute la partie solsticiale. Elles semblent ainsi indiquer que c'est à ce signe que se
rapporte la petite légende que nous considérons.

Ainsi donc par les simples considérations de
direction et de forme, auxquelles nous sommes
contraints de nous borner en examinant des signes que nous ne pouvons plus interpréter, des

légendes que nous ne savons point lire, nous sommes encore nécessairement ramenés à reconnaître l'importance des points auxquels ils se rapportent, et que le calcul nous avait indiqués comme signalant les époques les plus remarquables de l'année solaire.

Il nous reste enfin à signaler deux caractères particuliers qui se trouvent hors du médaillon, mais près de son bord, dans la zone circulaire qui l'environne. Ces caractères sont tous les deux placés à l'occident des solstices, précisément à une distance angulaire de 45° de ces points et des équinoxes. Ils se trouvent ainsi aux deux extrémités d'un même diamètre du médaillon circulaire; l'un, sous les pieds d'Orion, devant la portion du bord où l'on voit la grosse étoile sculptée que nous présumons représenter Acharnar, la brillante du fleuve; l'autre, devant la portion de ce même bord, où l'on voit une espèce d'autel surmonté d'une tête de porc. La forme de ces deux caractères, sans être tout-à-fait pareille, offre de l'analogie. Tous deux sont allongés vers le médaillon, comme pourraient être des indices en forme de flèche dans nos dessins modernes. Toutefois il est essentiel de remarquer qu'ils ne sont, ni l'un ni l'autre, dirigés exactement vers le centre du médaillon circulaire, comme les représente la gravure publiée par la Commission d'Égypte. Leurs axes de figure prolongés vont, autant qu'on en peut juger, aboutir aux deux Ourses, l'un à l'extrémité du timon de la petite, au bout du museau du petit Chacal; l'autre, au carré de la grande, sur le signe hiéroglyphique qui s'y trouve placé; précisément comme il le faudrait pour les pousser, suivant le sens de leur rotation diurne. Rien ne serait en effet plus naturel que d'avoir indiqué ce sens par de pareils emblèmes, puisque c'est ainsi que nous-mêmes nous employons les flèches sur nos cartes; et cela serait surtout conforme aux idées que les anciens se faisaient, au rapport de Plutarque, sur l'existence des tourbillons circulaires, par lesquels ils supposaient que la sphère céleste était entraînée. Quelque plausible que cette interprétation puisse nous paraître, nous ne la donnons ici que comme une conjecture; car les signes dont il s'agit se trouvant, par leur position, hors de la sphère céleste, semblent échapper à toute épreuve astronomique rigoureuse. Mais, par cela même, les détails que nous avons donnés sur leur position et leur direction réelles, deviennent plus nécessaires à remarquer, et à conserver, dans les significations qu'on peut vouloir leur attribuer, puisque ce sont là les seules conditions certaines qu'ils présentent.

Par l'ensemble de tous les caractères que nous venons de reconnaître, le zodiaque circulaire de Denderah, nous paraît être un monument sur lequel des positions astronomiques précises sont exprimées conformément aux règles d'une géométrie exacte, avec l'intention formelle de dési-

gner spécialement certains phénomènes remarquables de l'année solaire et de la révolution
diurne du ciel, tels qu'ils s'opéraient environ
700 ans avant l'ère chrétienne dans le lieu où ce
monument était placé. Mais quel était son but!
était-il purement astronomique et servait-il à diriger les observations des prêtres? ou était-il astrologique et servait-il à tirer les horoscopes en
quoi ces prêtres avaient la réputation d'être fort
habiles? ou enfin exprimait-il seulement l'état du
ciel à l'époque de quelque circonstance mémorable? voilà ce que la seule étude astronomique
et géométrique du monument ne permet pas de
décider, du moins quand on ne peut y retrouver
que des positions d'étoiles. On irait évidemment
beaucoup plus loin si l'on parvenait à y reconnaître des positions de la lune ou des planètes,
parce que les mouvemens de ces astres, incomparablement plus rapides que les changemens
de longitude relatifs, produits par la précession,
donneraient nécessairement une date beaucoup
plus précise. C'est maintenant aux archéologes à
nous découvrir ces caractères. Nous nous bornerons ici à faire remarquer que, si le monument
est seulement relatif à une circonstance astronomique ou historique mémorable, il en est deux
correspondantes à l'époque qu'il désigne, et qui
auraient bien pu, même long-temps après cette
époque, sembler dignes d'être ainsi retracées:
l'une est la fondation de Rome, 754 ans avant

l'ère chrétienne, l'autre, l'origine des années de Nabonassar, 747 ans avant cette même ère. Car, pourquoi l'une ou l'autre de ces époques n'aurait-elle pas pu devenir le sujet d'un tableau astronomique, même au temps des empereurs?

Si l'on considère que tous les résultats auxquels nous venons de parvenir successivement, ont été numériquement déduits de deux mesures de distances; qu'aucune autre donnée tirée du monument n'est entrée dans nos calculs; et que, néanmoins, ces deux distances astronomiquement combinées, ont suffi pour reconstruire tout le monument que nous examinons; pour le faire coïncider avec le ciel, dans son ensemble comme dans ses détails; pour donner des applications astronomiques importantes à tous les points qui s'y trouvent signalés par des marques d'indication spéciale; pour assigner un but rationnel à ceux des emblèmes inconnus qu'il renferme, dont la signification peut se lier à des phénomènes astronomiques; pour rendre raison de sa situation, de sa direction dans l'édifice où il était placé; enfin pour expliquer ses rapports avec la déviation même de cet édifice, relativement à la ligne méridienne; tout cela en nombres, et avec un degré de précision que l'on n'aurait vraisemblablement guère supposé possible; sans cependant avoir besoin d'attribuer aux inventeurs autre chose que les procédés d'observation les plus simples, et les seules notions d'une science pratique qui pouvait être encore théoriquement très-bornée ; on jugera, peut-être, qu'un pareil ensemble d'inductions, de preuves et de vérifications numériques, qui se suivent et s'appuient les unes les autres, suffit pour établir que nous ne nous sommes pas égaré en interprétant ce vieux monument. Et si, comme tout devait le faire présumer, cette interprétation ne peut ajouter rien aux procédés incomparablement plus parfaits des sciences modernes, elle pourra du moins faire mieux connaître l'état de l'astronomie dans les temps les plus reculés où elle nous apparaisse ; elle nous indiquera quelques-uns de ces premiers essais par lesquels l'esprit humain a dû passer et s'arrêter long-temps, avant d'avoir atteint les notions sublimes auxquelles la science du calcul lui a donné le moyen de s'élever ; et, sous ce rapport, elle pourra encore nous être utile à nous mêmes, en nous montrant, d'une manière plus positive, ce qu'il faut raisonnablement accorder, ce qu'il faut refuser aux anciens.

DISCUSSION

DES

ZODIAQUES RECTANGULAIRES

TROUVÉS A DENDERAH ET A LATOPOLIS,

AVEC DES RECHERCHES SUR L'ANTIQUITÉ DU CYCLE CANICULAIRE.

L E zodiaque circulaire que nous venons d'interpréter, n'était pas le seul monument astronomique qui décorât le temple de Denderah. Toutes les salles qui composent l'espèce d'observatoire où il était placé sont ornées de bas-reliefs dont les sujets avaient évidemment rapport à l'astronomie. On ne sait rien de l'intérieur du temple qui est encombré par le sable, et par des ruines à travers lesquelles on n'a pas pénétré. Mais, au plafond du portique, on trouve encore les douze signes du zodiaque sculptés, et distribués des deux côtés de l'entre-colonnement, sur deux lignes parallèles

composées chacune de six signes, avec un grand
nombre d'autres figures placées entre eux, comme
le représente la fig. 1, pl. IV. Les ingénieurs français, MM. Jollois et Devilliers, auxquels on doit
la découverte de ce monument remarquable, ont
trouvé deux autres tableaux analogues, au plafond des portiques de deux autres temples, situés
à Esné, l'ancienne Latopolis, lieu très-peu distant
de Denderah. Notre but, dans la dissertation présente, est principalement d'exposer les rapports
de ces trois zodiaques avec le zodiaque circulaire,
et de montrer qu'ils représentent la même époque
céleste, ou du moins des époques peu éloignées
les unes des autres.

Avant tout il faut prendre une idée bien précise de la disposition de ces monumens dans les
édifices où ils se trouvent, et de la distribution
relative des figures qui les composent. Pour cela
il suffit de jeter les yeux sur la planche IV qui en
offre le plan général, dans la même situation où ils
seraient vus par un observateur qui serait placé
au-dessus du plafond du portique, et qui pourrait
les voir à travers son épaisseur. Par exemple, à
Denderah, si l'observateur est supposé en A,
fig. 1, à l'entrée intérieure du temple, et qu'il se
tourne vers la façade extérieure, il verra à sa droite
ou à l'orient, une file de six signes disposés comme
pour entrer dans le temple; et à sa gauche, ou à
l'occident, une autre file de six autres signes disposés comme pour en sortir. La première, allant

du nord vers le sud, comprendra le Cancer, les Gémeaux, le Taureau, le Belier, les Poissons, le Verseau ; la seconde, allant du sud vers le nord, contiendra le Capricorne, le Sagittaire, le Scorpion, la Balance, la Vierge et le Lion ; de sorte que, si l'on veut considérer le mouvement des deux séries comme continué circulairement, tant dans l'intérieur du temple qu'au dehors, leur direction commune sera la même que dans le zodiaque circulaire ; et ce sera encore celle du mouvement diurne du ciel.

La même marche s'observe dans le zodiaque sculpté au plafond du portique du petit temple au nord d'Esné ; fig. 2. Mais la bissection des douze signes est autrement déterminée. A Denderah le premier signe de la série sortante était le Lion ; ici le lion est passé dans la série entrante, et la Vierge se présente la première pour sortir.

Le zodiaque sculpté au portique du grand temple d'Esné, fig. 3, offre, comme les précédens, la bissection des douze signes en deux séries, qui se suivent par une marche continue, l'une pour entrer dans le temple, l'autre pour en sortir. Mais, s'il n'y a pas d'erreur dans l'orientation des plans publiés par la commission d'Égypte, le sens absolu du mouvement est opposé à celui que suivent les sculptures des autres temples ; c'est-à-dire qu'il est contraire au mouvement diurne du ciel. Le mode de bissection est d'ailleurs analogue à celui du petit temple au nord

d'Esné ; le premier signe de la série sortante est
la Vierge, le dernier de la série entrante est le
Lion. Mais il y a toutefois, entre ces deux monumens, une différence remarquable. C'est que, dans
le portique du petit temple d'Esné, fig. 2, la bissection dont il s'agit est tout-à-fait tranchée; la
Vierge paraissant y être absolument la première
figure de la série sortante, et le Lion, absolument
la dernière de l'autre : au lieu que, dans le zodiaque
du grand temple que nous considérons main-
tenat, fig. 3, la Vierge ne commence pas tout-à-
fait la série sortante, comme si elle n'était pas
tout-à-fait prête à sortir; elle est précédée par un
sphinx à tète de femme et à corps de lion, emblème de jonction dont l'analogue se retrouve
dans le zodiaque circulaire, et qui semble par là
devoir se rapporter à la fin du Lion. De même,
le Lion n'est pas absolument la dernière figure de
la série entrante, il a derrière lui deux hommes à
figures de lion, qui se donnent la main. Cet emblème semblerait donc s'accorder avec celui qui
précède la Vierge, pour indiquer que, dans ce
zodiaque, le point de partage de la série des signes
n'est pas exactement intermédiaire entre le Lion
et la Vierge, mais plutôt vers la dernière partie
du Lion ; et c'est, en effet, la conclusion que plusieurs savants en ont tirée.

La disposition générale de ces zodiaques étant
ainsi conçue, entrons dans l'examen de leurs
détails, en commençant par celui du temple de

Denderah, sur lequel nous devons naturellement espérer que la connaissance du zodiaque circulaire pourra nous donner plus de lumière. Le simple aspect de ces deux monumens y fait d'abord apercevoir les mêmes figures distribuées consécutivement dans un ordre analogue ; celles qui se suivent circulairement dans l'un, se suivent longitudinalement dans l'autre. On peut donc considérer le zodiaque du portique, comme une sorte de développement du zodiaque circulaire, et c'est ainsi que les membres de la commission d'Égypte l'ont envisagé. Mais il ne faut pas chercher dans cette analogie l'exactitude d'une relation géométrique. En effet, si l'on voulait effectuer un pareil développement avec exactitude, on devrait d'abord prendre pour axe rectiligne le développement longitudinal d'un grand cercle, par exemple, celui de l'écliptique ou de l'équateur. Supposant que l'on choisît l'écliptique, il faudrait diviser cette longueur en un nombre quelconque de parties égales, par exemple, en 360, qui représenteraient autant de degrés de longitude; puis on menerait par chacune de ces divisions des droites perpendiculaires qui figureraient les développemens des cercles de latitude; et, enfin, prenant le lieu de chaque étoile ou de chaque signe sur le zodiaque circulaire, on le transporterait sur la nouvelle projection au degré de longitude et de latitude qui lui convient. L'opération serait la même si l'on effectuait le développement sur l'équateur, considéré comme axe longitudinal. Alors les divisions égales de ce cercle représenteraient des degrés d'ascension droite, et les déclinaisons se compteraient sur les lignes perpendiculaires, menées à chacune de ces divisions. On voit quelque idée d'une pareille réduction dans le zodiaque du portique de Denderah; les deux bandes qui contiennent les douze signes renferment généralement, entre deux signes consécutifs, les figures du planisphère circulaire, qui sont comprises entre leurs cercles horaires; surtout celles qui font partie de la bande zodiacale ou qui l'avoisinent. Mais on n'y a généralement inséré que les emblèmes des constellations boréales. Ceux qui appartiennent aux constellations australes paraissent avoir été rejetés dans les deux bandes extérieures, sans égard à leur déclinaison plus ou moins considérable. C'est ce que l'on peut aisément constater en comparant les figures comprises dans ces bandes et dans les bandes extérieures, avec celles que nous avons reconnues dans le zodiaque circulaire, comme représentant des constellations situées au sud ou au nord de l'écliptique. Mais il n'est pas sans intérêt de remarquer que ce mode de partage n'a été ainsi appliqué qu'aux seules figures qui désignaient les positions astronomiques réelles des constellations; car, pour celles que nous avons trouvé être des emblêmes d'usages ou de phénomènes, comme le médaillon des sacrifices, la femme qui

tient un porc, et la vache Isis portée sur une
barque, elles sont comprises dans les bandes intérieures, quoiqu'elles aient une position australe
sur le zodiaque circulaire ; or, en effet, l'objet
purement symbolique de ces indices permettait,
et même semblait demander, qu'on les ramenât
ici entre les douze signes de la période annuelle,
puisque leur distance polaire n'était point un
élément astronomique, et qu'il fallait seulement
spécifier le cercle horaire sur lequel ils se trouvaient. De sorte que cette exception, qui serait
inexplicable si l'on voulait considérer ces figures
comme désignant des positions absolues de constellations, se trouve être naturelle et simple, d'a-
près la signification emblématique que nous avons
été conduit à leur attribuer. L'insertion de ces
emblèmes dans la bande zodiacale semble exclure toute idée de rapports géométriques, dans
la distribution des parties qui la composent. Et,
en effet, pour les douze signes mêmes, il n'y a
d'exact que l'ordre dans lequel ils se suivent.
Car les intervalles qui les séparent ne sont nullement proportionnels à leurs différences réelles
d'ascension droite, telles qu'elles sont observées
sur le zodiaque circulaire. Par exemple, sur celui-ci, la distance angulaire entre Pollux, le premier des Gémeaux, et le milieu du Taureau, est
de 5o° ; delà, jusqu'au milieu du Bélier, marqué
par le petit Harpocrate commun aux deux zodiaques, la distance est de 3o°. Ces deux intervalles,

si différens entre eux sur ce monument, comme
dans le ciel, sont égaux dans le zodiaque rectangulaire. En outre, ils y sont deux fois aussi grands
que l'intervalle compris entre le milieu du Verseau
et le milieu des Poissons; au lieu que, dans le
zodiaque circulaire, et dans le ciel, la différence
de ces deux points, en ascension droite, est égale
à celle qui sépare le milieu du Taureau et le
milieu du Bélier. On ne trouverait pas plus d'accord, en supposant le développement du zodiaque
rectangulaire effectué sur l'écliptique comme axe.
Car, alors, les intervalles des différens signes,
devant représenter des différences de longitude,
ils ne pourraient pas davantage, à cause du peu
d'obliquité de l'équateur et de l'écliptique, avoir
entre eux les rapports que le zodiaque rectangulaire vient de nous offrir. Mais même, indépendamment de ces mesures, on y remarque, dans la
succession relative des figures intermédiaires, de
nombreuses inversions d'ordre que rien ne mo-
tive, et qui ne peuvent s'accorder avec aucun sys-
tême rigoureux de projection autour d'un point
quelconque de la sphère céleste, considéré comme
pôle. Par exemple, le groupe des trois animaux
réunis, sur lequel nous avons projeté les étoiles de
Cassiopée, est placé, dans le planisphère circulaire,
sur un cercle horaire intermédiaire entre le Bélier
et les Poissons; ainsi, dans la projection longitudinale, soit que l'on prit l'équateur ou l'écliptique
pour pôle, ce groupe devrait se trouver entre

ces deux signes; au lieu qu'il s'y trouve entre le
Bélier et le Taureau, et même assez loin du premier de ces astérismes, dont il est séparé par deux
figures emblématiques. De même, le médaillon
qui représente une femme tenant à la main un
porc, se trouve, dans le planisphère circulaire,
sur le même cercle horaire que le plus méridio-
nal des deux poissons: ce qui devrait le placer
entre le Verseau et les Poissons, dans la projection longitudinale ; au lieu qu'il s'y trouve entre
les Poissons et le Bélier. Toutefois, en aban-
donnant l'idée d'une précision géométrique, qui
n'existe ici sous aucun rapport, et considérant le zodiaque longitudinal comme un simple dessin dans
lequel on a voulu imiter, par développement, le
zodiaque circulaire, son analogie avec ce monu-
nument peut nous devenir très-utile, pour éclairer et confirmer les interprétations que nous
avions données de plusieurs des emblèmes qu'il
renferme. Par exemple, s'il pouvait rester quelque
doute sur la signification du petit Chacal, placé
au centre du zodiaque circulaire, et sur lequel
nous avons vu les étoiles de la Petite-Ourse venir
si exactement se projeter, ce serait une très-bonne
confirmation que de voir ce même emblème re-
porté dans le zodiaque rectangulaire, entre le
Scorpion et le Sagittaire, où le place en effet sa
position par rapport au pôle, dans le système de
développement longitudinal ; tandis que, conformément au même système, la Grande-Ourse s'en

sépare et va se placer entre les Gémeaux et le
Lion, où nous la trouvons en effet désignée par
une grande figure environnée de sept étoiles,
dont la disposition est précisément celle de la
constellation de la Grande-Ourse dans le ciel.
Quelques personnes ont cru que cette figure emblèmatique pouvait représenter Orion; mais,
outre l'analogie complète de configuration, entre
la constellation de la Grande-Ourse et les sept
étoiles qui l'environnent, du moins en supposant
le dessin de la commission fidèle, l'ensemble du
zodiaque rectangulaire ne place généralement,
entre les douze signes, que les constellations boréales, et les constellations australes y sont re-
jetées dans les bandes extérieures, comme on
peut s'en assurer par la comparaison détaillée de
toutes les parties des deux tableaux. Ainsi, la figure entourée d'étoiles, qui est comprise entre
le Lion et les Gémeaux sur le zodiaque rectangulaire, devant être une constellation boréale,
ne saurait être Orion. Mais aussi, Orion semble
parfaitement indiqué sur les bandes extérieures,
parmi les constellations australes, à la véritable
place que son cercle horaire lui assigne dans le
planisphère circulaire; c'est-à-dire, entre le Taureau et les Gémeaux. Car on y trouve en effet
une grande figure de guerrier ou de roi, entourée
d'une multitude d'étoiles sculptées dont la pro-
fusion semble parfaitement conforme avec l'éclat
de cette constellation, la plus brillante du ciel.

Toutes les analogies se trouvent donc satisfaites, et s'accordent pour montrer que la grande figure entourée de sept étoiles, qui se voit entre le Lion et les Gémeaux, dans le zodiaque rectangulaire, est bien réellement l'emblème de la Grande-Ourse ; et puisqu'elle se trouve ainsi à la place qui lui appartient, d'après notre interprétation du zodiaque circulaire, c'est donc une preuve que le lieu où le calcul nous l'a indiquée dans ce monument est exact ; et par conséquent la position du pôle de projection que nous avons adoptée est exacte aussi, de même que l'état du ciel que nous avons supposé être représenté par le monument, puisque toutes ces choses sont déterminées dès que l'on se donne seulement la position des deux Ourses, relativement au pôle de l'équateur.

Auprès du personnage entouré des sept étoiles qui figurent la Grande - Ourse, sur le zodiaque rectangulaire, on retrouve cet emblème d'une tige de lotus surmontée d'un épervier, sur lequel le calcul de la projection circulaire a placé Syrius. Cette indication reçoit ici une confirmation frappante. Car l'emblème dont il s'agit se trouve immédiatement précédé par la vache Isis, au devant de laquelle est une grande légende hiéroglyphique dont l'étendue convient en effet à l'importance d'un phénomène astronomique aussi remarquable que l'était la coïncidence du solstice avec le lever vrai de Syrius, à l'époque figurée par le monument. Mais Syrius étant une étoile australe, l'insertion de son emblème de position dans les bandes intérieures du zodiaque rectangulaire, serait une exception à la règle générale que ce monument présente, si une circonstance particulière n'y rendait sa présence parfaitement motivée. En effet, on peut remarquer que le personnage entouré des sept étoiles ne semble pas étranger à l'emblême de l'épervier placé auprès de lui; il y fixe ses regards, et étend la main sur lui comme pour l'empêcher de s'élancer. Existait-il donc, à l'époque représentée par ces monuments, entre Syrius et la Grande-Ourse, quelque relation de position susceptible d'être indiquée par une scène semblable? C'est au calcul à nous en instruire; or, il confirme parfaitement cette indication : car, il nous apprend que, lorsque la Grande-Ourse était entièrement levée et droite sur l'horizon, du côté du nord, Syrius se présentait aussi à l'horizon, du côté du sud; circonstance très-bien exprimée par la relation établie sur le monument entre les emblêmes de ces deux constellations.

Cet état du ciel que tous les détails du monument s'accordent ainsi à nous indiquer, se trouve encore confirmé d'une manière frappante par le symbole de la tête d'Isis plongée dans les rayons du soleil, qui se voit à l'une des extrémités du zodiaque rectangulaire, au lieu que devrait occuper le Cancer, lequel se trouve rejeté de côté,

dans l'intention évidente de substituer cet emblème
à sa place, de même qu'il l'avait été également
pour un motif analogue dans le zodiaque circulaire.
Or, nous savons, par l'autorité de Plutarque, que
Syrius était consacré à Isis, et était considéré comme
Isis même placée dans le ciel. Maintenant, quand
nous voyons, sur un tableau astronomique égytien,
Isis ou Syrius dans les rayons du soleil, le sens direct, précis, de cet emblême, ne doit-il pas être
que Syrius était plongé dans les rayons du soleil à
l'époque représentée par le monument. Or, en effet,
ceci est conforme avec ce que nous avait déja appris
le planisphère circulaire. Car nous avions trouvé,
qu'à l'époque qu'il représente, Syrius se levait avec
les étoiles du Cancer qui étaient alors solsticiales ;
et nous avions de plus reconnu, par la position du
monument, qu'il offrait l'état de la sphère au midi
du solstice d'hiver, ou au minuit du solstice d'été.
Ici, la position de Syrius, dans les rayons du soleil
décide la question et montre que la seconde combinaison est la véritable; car, Syrius se levant avec le
Cancer, et le Cancer étant alors le signe du solstice
d'été, il faut que le soleil soit à ce solstice pour que
Syrius se lève avec lui, et soit ainsi plongé dans ses
rayons. Même, si l'on voulait chercher une exactitude minutieuse d'indication dans un tableau où
d'ailleurs il n'y a aucune précision dans les dimensions principales, on pourrait remarquer que, selon nos calculs, comme selon la projection circulaire, le point de la constellation du Cancer avec

lequel Syrius se lève, précédait un peu le solstice d'été en ascension droite, de sorte qu'il se trouvait sur un cercle horaire un peu plus voisin des Gémeaux ; et, par une singulière concordance, dans le zodiaque rectangulaire dont la distribution générale est réglée d'après les ascensions droites, la tête d'Isis est aussi un peu inégalement plongée dans les rayons du soleil solsticial, de manière qu'il s'en dégage une très-petite portion du côté des Gémeaux. Mais une remarque plus importante à faire, c'est que le lever de Syrius est précisément le phénomène astronomique à l'observation duquel la direction du temple de Denderah était le plus spécialement appropriée, ainsi que nous l'avons reconnu précédemment. De sorte que la représentation d'une Isis plongée dans les rayons du soleil solsticial, offrait, à la fois, l'expression de sa destination spéciale, et de l'époque de l'année à laquelle arrivait le phénomène qui en était le principal objet.

La comparaison des deux tableaux peut encore servir à confirmer cette remarque fondamentale, que la première discussion du zodiaque circulaire nous avait fait faire ; savoir, que les nombreuses figures qui, dans ce zodiaque, bordent le contour intérieur du médaillon circulaire, ne représentent pas toutes des constellations australes, mais que quelques-unes d'entre elles sont destinées à indiquer, par renvoi, des constellations zodiacales ou même boréales situées sur le cercle horaire,

dans l'alignement duquel elles se trouvent placées. Nous avions alors appuyé ce système de
renvoi sur ce que les Pléiades et les Hyades semblaient être clairement désignées par des renvois
pareils sur le cercle de bordure. Nous avons depuis confirmé cette remarque par la présence
de la figure de Cassiopée sur le même cercle ; en
suivant la même analogie, nous avions inféré que
la figure de cygne, placée aussi au bord du médaillon, sur le cercle horaire du Verseau, désignait, par renvoi, la constellation boréale du
Cygne ou de l'oiseau céleste. Le zodiaque rectangulaire confirme parfaitement ces inductions,
puisqu'il présente le Cygne intercalé entre le Verseau et le Capricorne, dans l'une des bandes intérieures, où tout l'ensemble du tableau fait voir
que les seules constellations zodiacales ou boréales
ont été comprises.

On peut se rappeler qu'en discutant la figure
d'oiseau placée dans le zodiaque circulaire, au-
dessus des ailes du Sagittaire, nous l'avons considérée comme destinée à représenter la constellation céleste de l'Aigle, quoiqu'elle se trouvât
déplacée de plusieurs degrés sur son cercle horaire,
probablement par la nécessité de faire entrer,
dans le tableau, la figure humaine située au-dessus, et qui tient à la main un thyrse ou une espèce
de sceptre. Le zodiaque rectangulaire confirme
cette interprétation en nous montrant, sur le

bout supérieur de l'aile du Sagittaire, un oiseau de proie couronné.

Le même monument confirme aussi l'analogie de direction d'après laquelle, en discutant le zodiaque circulaire, nous avions soupçonné que les groupes d'étoiles placés sur le cercle de bordure dans l'alignement du Cancer, désignaient par renvoi les étoiles de la constellation du Navire. Car, dans les bandes extérieures du zodiaque rectangulaire, où les constellations australes sont désignées, on voit, sous le Cancer, un navire portant trois personnages dont l'un a les attributs de la divinité, symbole parfaitement convenable pour désigner la constellation céleste que l'on appelait le Navire d'Osiris; et en outre, dans la bande intérieure où le Sagittaire est figuré, il a, sous ses pieds, une barque, comme dans le zodiaque circulaire, conformément à la relation de position que nous avons trouvée entre cette constellation et celle du Navire, à l'époque céleste représentée par ces monuments.

Ainsi, en rassemblant les résultats de la dicussion précédente, nous voyons, d'une part qu'en général, tous les rapports astronomiques les plus remarquables qui nous avaient été indiqués par notre interprétation du zodiaque circulaire de Denderah, et qui en étaient autant de conséquences nécessaires, trouvent, dans le zodiaque rectangulaire du même temple, des emblèmes qui les reproduisent et les confirment ; d'un autre côté, lorsque le zodiaque rectangulaire nous découvre quelque nouvelle analogie de position importante, cette analogie se trouve toujours conforme à notre interprétation du zodiaque circulaire, ou plutôt au ciel même qu'elle représente ; et elle est relative à quelque circonstance importante qui y existait alors. Cette double correspondance, toujours confirmée dans tous les points où on l'éprouve, semble être un caractère bien distinctif de la vérité.

Les zodiaques rectangulaires d'Esné sont, aussi peu que celui de Denderah, susceptibles d'être rapportés à une méthode de projection rigoureuse ; et l'impossibilité de le faire y est même encore plus évidente, tant par les inversions de position qu'offrent quelques-uns des signes qui s'y trouvent, qu'à cause de la diversité tout-à-fait arbitraire qui existe entre les intervalles qui les séparent. On ne saurait donc en déduire géométriquement un état du ciel. Et, ainsi, toutes les interprétations que l'on peut en donner reposent nécessairement et uniquement sur la signification que l'on attribue aux figures qu'ils contiennent, ou sur les suppositions hypothétiques par lesquelles on explique leur mode de distribution.

On a voulu assigner à ces monuments une antiquité prodigieuse : celle de plus de vingt-cinq siècles, avant l'ère chrétienne. Cette opinion émise par M. Fourrier, et généralement adoptée dans le grand ouvrage de la commission d'Égypte, se

fonde principalement sur la manière particulière
et diverse, suivant laquelle la série des douze
signes est partagée dans les zodiaques rectangulaires de Denderah et d'Esné. Pour saisir cette
connexion, il faut d'abord considérer que, d'a-
près la description que nous avons donnée plus
haut de ces monumens, le zodiaque de Denderah
représente le Cancer au dernier rang des signes
qui marchent vers le temple, tandis que les zodiaques d'Esné y mettent le Lion. En outre, sur
le premier de ces monumens, le Cancer se trouve
rejeté hors de la série générale, et à sa place est
une tête d'Isis presque entièrement plongée dans
les rayons du soleil. Guidé par le calcul du zodiaque circulaire qui nous indiquait, qu'à l'époque
céleste figurée sur ce monument, Syrius se levait
avec un point de la constellation du Cancer un
peu plus occidental que le solstice d'été, nous
avions trouvé entre cette indication, et la position
de la tête d'Isis du zodiaque rectangulaire, une
concordance parfaite. M. Fourrier voit, dans ce
même emblême, l'indication d'un lever héliaque,
c'est-à-dire, de cette époque particulière de l'année, où Syrius, jusqu'alors effacé par l'éclat du
soleil, commençait à devenir visible le matin à son
lever au-dessus de l'horizon oriental (1). Selon lui,

(1) L'astronomie ancienne étant principalement fondée sur
l'observation des levers et des couchers des astres, on avait
donné des dénominations spéciales aux diverses circonstances
astronomiques qui fixaient quelque particularité relative à

la substitution de cette scène à la place du Cancer, signifie qu'à l'époque où l'on construisit le zodiaque rectangulaire de Denderah, Syrius se levait héliaquement lorsque le soleil se trouvait dans la *constellation* du Cancer céleste. De là,

ces phénomènes. Or on conçoit que, par l'effet du mouvement propre, qui transporte journellement le soleil en sens contraire du mouvement diurne de la sphère céleste, et qui lui fait faire ainsi le tour du ciel en une année, le lever d'un même astre n'est pas toujours visible ; car il cesse de l'être, du moins pour la simple vue, lorsqu'il a lieu pendant que le soleil est, ou sur l'horizon, ou au-dessous de ce plan, mais assez près pour que la lumière qu'il répand, efface encore l'éclat de l'astre. Le temps de l'année où cette disparition approche, est celui où l'astre se montre le soir à l'orient, peu après le coucher du soleil. En effet, au bout de quelques jours, le mouvement propre du soleil toujours dirigé vers l'orient, diminue cet intervalle, et l'astre se lève bientôt pendant le crépuscule du soir ; de sorte que sa lumière affaiblie, devient plus difficile à distinguer. Enfin, quelques jours plus tard elle devient tout-à-fait insensible, du moins pour la simple vue ; alors l'astre reste invisible dans le ciel pendant tout le temps que le soleil l'accompagne sur l'horizon. Mais enfin, par l'effet continué de son mouvement propre, le soleil à son lever devient plus oriental que l'astre ; alors celui-ci se lève le matin avant le soleil ; mais il en est encore trop près pour être aperçu. Enfin, le soleil s'éloignant toujours vers l'orient, il arrive une époque où l'astre se lève assez tôt avant lui, dans le premier crépuscule de l'aurore, pour que l'on commence à le revoir, à l'horizon même. Cette réapparition constitue le phénomène appelé le lever héliaque. On peut voir dans mon Astronomie, tome 2, page 326, la manière de le calculer pour un astre quelconque, ainsi que pour une latitude et une époque quelconque données.

M. Fourrier conclut, par analogie, que, dans les zodiaques rectangulaires d'Esné, le signe qui occupe le dernier rang parmi ceux qui marchent vers le temple, est pareillement celui que parcourait le soleil, au moment où le lever héliaque de Syrius s'observait. Et, comme ce dernier signe est le Lion, il trouve par le calcul que, sous la latitude de Denderah ou d'Esné, ce phénomène a dû arriver environ vingt-cinq siècles avant l'ère chrétienne, ce qui fixe, selon lui, à cette antique époque la construction de ces monuments.

De peur que cet énoncé succinct du système de M. Fourrier n'en offre pas une expression assez fidèle, je rapporterai ici les principaux passages où ce savant l'a présenté au public dans son mémoire intitulé : *Recherches sur les Sciences et le Gouvernement de l'Égypte* ; cette citation aura en outre l'avantage de faire connaître les motifs généraux sur lesquels son sentiment est fondé.

« *La comparaison attentive* des monuments,
« dit M. Fourrier, nous apprend que les Égyptiens
« avaient coutume de graver sur les plafonds de
« leurs grands édifices, l'image de l'année naturelle divisée en douze parties, selon l'ordre
« des *signes* que le soleil doit parcourir. La *constellation* qui occupe la dernière place *est celle*
« *où se termine l'année d'Isis*, c'est-à-dire, où l'on
« observe le soleil au lever héliaque de Syrius.
« Quant à la *constellation* qui précède toutes les
« autres, dans cette marche allégorique des sai-

« sons, elle est celle que le soleil parcourt dans
« le temps de la plus grande affluence des eaux
« du Nil, lorsqu'elles se répandent dans les canaux
« et sur les plaines cultivables. Cette *constellation*
« est aussi la première de celles que le soleil dé-
« crivait *tout entières* dans le cours de l'année
« d'Isis. — Cette année qui commençait à la pre-
« miere apparition de Syrius, diffère de l'année
« tropique, ou de l'intervalle qui s'écoule entre
« deux retours consécutifs du soleil au solstice
« d'été ; et, ce qui est remarquable, elle diffère
« aussi de l'année sidérale ou du temps qui s'é-
« coule entre deux retours consécutifs du soleil,
« à la même étoile de l'écliptique. Elle était, à
« l'époque dont nous parlons, plus grande que
« l'année tropique, et moindre que l'année sidé-
« rale. Sa longueur est très-variable ; elle dépend
« du temps et du climat; mais, pendant toute la
« durée de l'empire égyptien, elle avait, dans ce
« pays, une valeur presque constante et égale à
« trois cent soixante-cinq jours un quart. Il en
« résulte que si le lever de Sothis concourait d'a-
« bord avec le premier jour de l'année vague,
« cette coïncidence se renouvelait après un in-
« tervalle de 1461 années vagues égyptiennes (1),

(1) L'année vague des Égyptiens était une période de
365 jours complets, conséquemment plus faible que l'année
tropique d'environ un quart de jour. On l'appelle vague, parce
que, en raison de cette différence, son origine se transporte

« ce qui constitue le cycle sothique. Cette *pé-*
« *riode avait été déterminée exactement*, et elle

successivement dans toutes les saisons de l'année solaire. En effet, admettons pour un moment, que celle-ci fût exactement de 365ʲ $\frac{1}{4}$, ce qui s'écarte très-peu de sa valeur véritable ; alors l'intervalle de quatre années vagues étant d'un jour plus court que quatre années solaires, il est clair que quatre fois 365 ou 1460 années vagues donneront un retard total de 365 jours ; de sorte qu'en ajoutant une année vague de plus, le retard deviendrait 365ʲ $\frac{1}{4}$, c'est-à-dire précisément égal à une année solaire entière. Ainsi, en supposant que le commencement de la première année vague eût été fixé à une certaine époque quelconque de l'année solaire, on voit qu'après 1461 années vagues, la même coïncidence aurait lieu de nouveau, après quoi l'origine de l'année vague recommencerait à parcourir dans le même ordre le cercle des saisons. Ce même transport a encore lieu en restituant à l'année solaire sa longueur véritable, qui n'est pas précisément 365ʲ $\frac{1}{4}$, ou en réduisant en décimales 365ʲ,25 , mais 365ʲ,242264, du moins à l'époque actuelle. Seulement le nombre d'années vagues qui donne un retard total égal à une année solaire complète, n'est plus 1461 comme tout à l'heure, mais 1508; en effet, le retard partiel exact donné par chaque année vague étant 0,242264, si on le multiplie par 1508, il viendra pour produit 365ʲ,334112 , c'est-à-dire, un nombre entier de jours égal à celui d'une année solaire entière, plus une fraction presque égale à celle qui complète la durée exacte de cette même année. On voit ainsi que la période de 1461 années de 365 jours, ne donne pas un accord exact quand on l'applique à l'année tropique véritable ; mais elle devient juste si on l'applique à l'intervalle des retours consécutifs du lever héliaque de Syrius en Égypte , parce que cet intervalle était presque rigoureusement de 365ʲ $\frac{1}{4}$, à l'époque que M. Fourrier considère. Et aussi, c'est de cette manière qu'il l'emploie.

« devint un des principaux éléments du calen-
« drier de l'Égypte. Elle s'est *renouvelée*, suivant
« le témoignage de Censorinus, le xii des ca-
« lendes d'août, sous le second consulat de l'em-
« pereur Antonin (20 juillet de l'an 139 après l'ère
« chrétienne). *Le point* où se termine l'année
« d'Isis, c'est-à-dire, où le soleil doit parvenir
« pour renouveler le lever héliaque de Syrius,
« n'est pas fixe dans le ciel; il se meut par rap-
« port aux étoiles. Il était encore dans le *signe* du
« Lion vers le milieu du xxve siècle, avant l'ère
« chrétienne, *lorsqu'on imposa en Egypte aux*
« *constellations zodiacales*, les noms et les figures
« propres à ce climat. Environ trois siècles après
« il était au *point de division* qui sépare le Lion
« du Cancer, et il s'est avancé de plus en plus
« dans cette dernière constellation. *Ce point hé-*
« *liaque* a donc, comme le solstice, une précession
« annuelle ; mais nous avons reconnu que son
« mouvement ne se fait point toujours dans le
« même sens : il est alternativement rétrograde
« et direct. Ainsi, le terme de l'année d'Isis est
« mobile , par rapport aux étoiles ; mais il ne fait
« point, comme le solstice, le tour entier du ciel.
« Il ne peut jamais s'écarter des deux *constella-*
« *tions* voisines du Lion. — Les Égyptiens ont
« connu, *par le long usage de l'année caniculaire*,
« le déplacement du point héliaque ; *ils ont vu ,*
« *autrefois*, cette année se terminer lorsque le

« soleil était entré dans le *signe* du Lion. A
« cette époque le lever de Syrius suivait de peu
« de jours le solstice d'été. L'inondation avait lieu
« un mois après cette époque, lorsque le soleil
« décrivait le signe de la Vierge. *Ce premier état*
« *est représenté* dans les deux temples d'Esné ou
« Latopolis. Dans chacun de ces édifices, le Lion
« occupe la dernière place, et la Vierge la pre-
« mière.

« *Ils observèrent*, dans la suite, que le soleil
« n'était pas encore sorti de la *constellation* du
« Cancer, lorsque le lever héliaque de Syrius
« désignait la fin de l'année naturelle de trois cent
« soixante-cinq jours un quart. *Ils représentèrent*
« l'année dans cette nouvelle position. Ce que
« l'on observe dans les deux monuments de Ten-
« tyris. On *reconnaît distinctement*, dans le zo-
« diaque rectangulaire du temple d'Isis, que le
« terme de l'année agricole est marqué, dans le
« ciel, par la première apparition de Sothis, le
« soleil étant dans le *signe* du Cancer. Le zodiaque
« circulaire du même temple se rapporte aussi à
« cet état du ciel. Dans l'une et l'autre sculpture,
« le Cancer occupe la dernière place, et le Lion
« la première.

« Il est surtout nécessaire de s'assurer que la
« durée de l'année d'Isis n'est point une quantité
« constante, mais qu'elle est alternativement moin-
« dre ou plus grande que la durée de l'année sy-

« dérale dont elle différait beaucoup à l'époque
« de la sphère de Thèbes (1). Alors, cet intervalle
« de temps qui sépare deux levers héliaques con-
« sécutifs de Syrius, étant presque exactement
« égal à trois cent soixante-cinq jours un quart,
« la période cynique comptait 1461 années va-
« gues de 365 jours. Mais, si l'on remontait à des
« époques très-antérieures, par exemple, à celle
« où le solstice d'été occupait les constellations
« du Capricorne, du Sagittaire ou du Scorpion,
« on trouverait, pour la durée du cycle cynique,
« une valeur fort différente de 1461 ans. Ainsi,
« l'on ne peut attribuer une antiquité aussi exces-
« sive à l'invention et à l'usage de ce cycle. Si
« l'on détermine, par une analyse exacte, la du-
« rée de la période cynique, on reconnaît qu'elle
« est très-variable ; elle dépend, comme l'année
« caniculaire, de la position de la sphère (2),
« et de la latitude du lieu. La durée de cette der-
« nière année était, deux mille ans avant l'ère
« chrétienne, de trois cent soixante-cinq jours
« et un quart. Ce qui correspond à peu près à
« la moindre valeur possible (qu'elle puisse avoir).

(1) C'est-à-dire, selon M. Fourrier, xxv siècles avant l'ère
chrétienne.

(2) Sans doute, la *position* de la sphère céleste est ici
considérée relativement aux points mobiles où se font les équinoxes et les solstices. Le sens de la phrase, c'est que l'année
caniculaire se trouve avoir une longueur différente, selon
l'époque, et la latitude, pour laquelle on la calcule.

« Cette valeur changeait très-lentement. Elle avait
« été sensiblement constante pendant les douze
« siècles précédens, et elle demeura presque la
« même pendant les douze siècles qui suivirent.
« On pouvait donc, à ces époques, évaluer le
« cycle sothique à 1461 ans, pour l'Égypte. Mais
« cette période était très-différente pour d'autres
« climats ; et elle le serait aussi pour l'Égypte, si
« l'on considérait les temps qui ont suivi la con-
« quête des Grecs, ou ceux qui ont précédé les dy-
« nasties thébaines. Ainsi, les périodes isiaques ont
« un caractère spécial qui les rend propres à l'É-
« gypte. On ne peut, sans être en contradiction
« avec les principes de la géométrie sphérique, appli-
« quer ces périodes à d'autres temps qu'à ceux où
« Thèbes était florissante, ou à d'autres climats. »

On voit, par ces passages, que l'opinion de
M. Fourrier, sur les zodiaques d'Égypte, repose
essentiellement sur trois ordres de considérations
d'une nature très-distincte. Premièrement il suppose que, depuis une très-haute antiquité, les
Égyptiens avaient obtenu par leurs propres observations, la connaissance précise d'un certain
nombre de résultats astronomiques qu'il énonce,
et parmi lesquels se trouvait la période de temps
qui ramenait les levers héliaques de Syrius au
même jour de l'année vague. Secondement il
admet que la position du soleil, au moment du
lever héliaque de Syrius, varie avec le temps
dans l'écliptique, selon certaines lois mathéma-

tiques qu'il assigne. Troisièmement enfin , il affirme que ces résultats et ces lois sont l'objet
principal des tableaux astronomiques que l'on a
trouvés sculptés dans l'intérieur ou sur les portiques des temples d'Égypte. L'examen de son
système devra donc également se partager en
trois séries de questions de la manière suivante.
Premièrement, a-t-on des preuves que la période
de 1461 années vagues, ait été connue en Égypte , depuis une très-haute antiquité, et qu'elle y
ait été connue comme opérant l'accord de l'année
vague avec le retour des levers héliaques de Syrius? Cette période résultait - elle de l'emploi
très-ancien d'une année agricole de trois cent
soixante-cinq jours un quart, dont l'origine aurait
été fixée au lever héliaque de Syrius, et dont le
long usage aurait fait reconnaître le déplacement
progressif du point de l'écliptique où le soleil se
trouvait chaque année , lorsque ce phénomène
avait lieu? Secondement, ce déplacement progressif s'est-il en effet opéré, pour l'ancienne Égypte,
comme M. Fourrier l'annonce ; en sorte que le
point héliaque, *d'abord placé dans le Lion au mi-
lieu du* xxve *siècle avant l'ère chrétienne, se soit trouvé trois siècles après au point de division qui sépare
le Lion du Cancer, et se soit ensuite avancé de plus
en plus dans cette dernière constellation ?* Troisièmement enfin , est-il présumable que les différens
modes de partage de la série des signes , dans les
monumens d'Esné et de Denderah, se rapportent

à ce déplacement; et que ces monumens, construits à des époques très-distantes les unes des autres, aient eu pour objet de marquer, à chacune de ces époques, la succession des constellations parcourues par le soleil, depuis le commencement jusqu'à la fin de l'année héliaque? La première de ces séries de questions constitue un point de critique littéraire qui doit se décider par la discussion des autorités historiques. La seconde dépend d'un calcul purement mathématique. La troisième enfin, exprime une hypothèse interprétative dont il faut évaluer directement la probabilité par son application plus ou moins exacte aux monumens.

Tous les chronologistes s'accordent à reconnaître que les anciens Égyptiens employaient, dans les usages civils, une année de trois cent soixante-cinq jours complets, divisée en douze mois de trente jours, à la fin desquels on ajoutait cinq jours appelés par les Grecs épagomènes, c'est-à-dire additionnels. Hérodote, qui avait vécu intimement avec les prêtres d'Égypte, 460 ans avant l'ère chrétienne, ne leur attribue pas d'autre période annuelle (1); et, quand même on voudrait supposer qu'ils ont pu lui faire mystère de leurs connaissances les plus relevées, il faudrait cependant conclure encore de son témoignage, que cette forme d'année, la seule qu'il cite, était

____

(1) Hérodote : Euterpe, iv.

aussi vraisemblablement la seule qui fut publiquement connue et usitée pendant son séjour. La durée de cette année étant plus courte que l'année tropique, d'environ un quart de jour, il s'ensuit qu'elle se renouvelait avant que le soleil eût achevé, dans le ciel, sa révolution équinoxiale complète; de sorte que son origine reculait à chaque fois à peu près d'un quart de jour, sur la période réelle de cet astre, ce qui la faisait retro grader successivement dans toutes les saisons: de là est venu le nom d'année vague, par lequel on l'a souvent caractérisée. L'assertion formelle et exclusive d'Hérodote, sur ce point, se trouve confirmée par le témoignage de Geminus, auteur grec d'une très-grande autorité, qui existait vers la 70ᵉ année avant l'ère chrétienne, et dont on possède un traité spécial d'astronomie, qui est un des plus précieux restes de l'antiquité. Dans un chapitre où il expose les diverses formes d'années connues de son temps, ainsi que les corrections successives qu'on y avait faites pour leur donner un accord durable avec les révolutions du soleil et de la lune, Geminus (1) fait une mention particulière de la méthode égyptienne, comme offrant une opposition remarquable à cette intention de fixité, généralement adoptée par les autres peuples. « Les Égyptiens, dit-il, ont une « institution et un but tout-à-fait contraires à ce

____

(1) Geminus, chap. vi.

« que se proposent les Grecs. Car, ils ne règlent
« pas les années sur le soleil, non plus que les
« mois et les jours sur la lune. Mais ils font usage
« d'une méthode qui leur est propre. En effet, ils
« ne veulent pas que leurs sacrifices tombent
« toujours dans les mêmes saisons de l'année; ils
« préfèrent qu'il en parcourent tous les temps, de
« sorte que la même fête qui a été célébrée en été,
« vienne successivement appartenir à l'automne,
« à l'hiver, et au printemps. Pour cela ils font
« l'année de trois cent soixante cinq jours com-
« plets, la composant de douze mois de trente
« jours, à la suite desquels ils ajoutent cinq jours.
« Mais ils n'y ajoutent point le quart de jour, par
« la raison qui vient d'être expliquée, c'est-à-dire,
« afin que leurs fêtes se déplacent. Car, après
« quatre ans, ils se trouvent avoir reculé d'un jour
« relativement au soleil; et, après quarante ans,
« ils ont reculé de dix jours dans l'année de
« cet astre, de sorte que leurs fêtes rétrogradent
« de la même quantité et n'arrivent plus aux mêmes
« époques de sa période annuelle; et, après cent
« vingt ans, la variation est d'un mois entier, tant
« dans l'année solaire, que dans la saison de
« l'année. De là vient, chez les Grecs, une er-
« reur accréditée par une longue suite de temps,
« et qui s'est même propagée jusqu'à nous. Elle
« consiste en ce qu'un grand nombre d'entre eux
« croient que, suivant les Égyptiens, et suivant
« Eudoxe, le solstice d'hiver coïncide avec les

« fêtes d'Isis, ce qui est absolument faux ; car les
« fêtes d'Isis sont distantes du solstice d'hiver,
« d'un mois entier. Mais cette erreur est venue de
« la cause que nous avons indiquée. En effet, il
« est arrivé, il y a cent vingt ans, que les fêtes
« isiaques coïncidaient avec le solstice d'hiver.
« Quatre ans après, elles s'en étaient déja éloi-
« gnées d'un jour. Mais cet écart ne les déplaçait
« pas assez dans la période des saisons pour qu'on
« l'aperçut. Après quarante ans, le déplacement
« a été de dix jours, et il n'était pas encore bien
« sensible. Mais maintenant, qu'après un inter-
« valle de cent vingt années, la rétrogradation
« s'est élevée à un mois entier, on passe toutes
« les bornes de l'ignorance, si l'on croit encore
« que, selon les Égyptiens, et selon Eudoxe, le
« solstice d'hiver arrive pendant les fêtes d'Isis.
« On pourrait bien en effet admettre sur ce point
« un ou deux jours d'incertitude, mais il est im-
« possible d'y méconnaître une erreur d'un mois.
« Cette erreur doit devenir évidente, par la seule
« longueur des jours, fort différente à cette épo-
« que, de ce qu'elle est dans les solstices d'hiver.
« Et, d'ailleurs, les véritables époques des solstices
« sont marquées par les ombres sur les horloges,
« surtout pour les Égyptiens qui les observent.
« D'où l'on voit que les fêtes d'Isis ont dû autrefois
« concourir avec le solstice d'hiver ; et, plus an-
« ciennement encore, elles ont concouru avec le
« solstice d'été, comme le rapporte Ératosthène,

« dans son Traité de l'octaétéride ; et, par la suite ,
« elles se célèbreront de nouveau en automne,
« au solstice d'été, au printemps, et au solstice
« d'hiver ; car, dans l'intervalle de 1460 ans,
« chaque fête doit passer successivement par toutes
« les saisons, et revenir au même temps de l'année
« solaire. Les Égyptiens atteignent ainsi , à l'aide
« de l'institution qui leur est propre, le but qu'ils
« se sont proposé ; tandis que les Grecs, qui s'en
« proposent un tout contraire, règlent leurs an-
« nées sur le soleil, et leurs jours, ainsi que leurs
« mois sur le cours de la lune. » J'ai rapporté textuellement tout ce passage de Geminus, parce
qu'il nous fournira plusieurs élémens importans
dans la discussion qui va suivre ; mais, pour le
moment, je me bornerai à y faire remarquer deux
choses : la première, c'est que cet auteur très-
ancien, très à portée de connaître les usages de
l'Égypte, et qui, par les détails précieux qu'il nous
a transmis sur les périodes lunaires et solaires
des Chaldéens et des Grecs, paraît avoir mis beaucoup de soin à recueillir ainsi qu'à discuter ces
résultats de l'ancienne astronomie, ne rapporte
ici le cycle de 1460 ans, que comme une période
théorique de restitution, qui donne arithmétiquement un certain nombre entier d'années tropiques de trois cent soixante cinq-jours un quart,
égal à un nombre entier d'années vagues égyptiennes, sans y faire intervenir, en aucune manière, le lever héliaque de Syrius : la seconde,

c'est qu'en assignant ainsi la durée de cette période, il n'indique aucunement à quelle époque
les anciens Égyptiens ont pu la connaître, ni
même s'ils l'ont réellement connue. Car, il démontre, à la vérité, qu'en vertu du quart de jour
omis dans l'année vague, l'origine de cette année
fera le tour entier de la période solaire annuelle,
en 1460 années tropiques, chacune de trois cent
soixante-cinq jours un quart; mais il ne dit nullement que les anciens Égyptiens eussent reconnu
ce nombre de 1460, soit par un calcul fondé sur
l'évaluation approchée de l'année tropique, soit
par l'observation du lever héliaque de Syrius, soit,
enfin, par l'expérience effective d'une ou de plusieurs périodes pareilles qui auraient réellement
ramené leurs fêtes aux mêmes saisons; ce qui,
au reste, n'aurait pas dû alors arriver en 1460 ans,
comme Geminus le suppose, mais en 1506, d'a-
près la véritable valeur que l'année solaire avait
alors. Tout ce que Geminus affirme, relativement
aux anciens Égyptiens, c'est donc qu'ils avaient,
fort anciennement, remarqué le déplacement progressif de leurs fêtes, et qu'ils l'avaient consacré
comme une institution religieuse; mais c'est ce
qu'ils auraient également pu faire sans aucune
théorie, aussitôt que l'expérience leur eut montré
cette rétrogradation; car, ils n'avaient pour cela
qu'à la laisser s'opérer sans s'inquiéter de sa marche, et sans qu'il fût besoin de prévoir le nombre
précis d'années vagues après lequel une révolu-

tion entière serait achevée. L'existence seule de l'année vague, chez les Égyptiens, ne démontre donc point, par elle-même, que le cycle de 1460 ans leur fût anciennement connu, ni qu'ils eussent observé ses rapports soit avec l'année tropique, soit avec les levers héliaques; et ainsi elle ne prouve absolument rien en faveur de leur science astronomique (1).

(1) On peut s'étonner qu'un esprit aussi droit que l'était Freret, n'ait pas senti cette distinction si évidente qu'il faut faire entre le simple usage de l'année vague, et la connaissance de la période après laquelle le commencement de cette année revenait à la même place dans l'année solaire. Ces deux idées sont perpétuellement confondues ensemble dans son ouvrage contre la chronologie de Newton, et il ne comprit jamais la juste différence que ce grand homme mettait entre elles. Il est cependant très-clair que l'emploi de l'année vague, atteste seulement le choix d'un certain mode de numération, tout à fait arbitraire, et qui n'exige aucune science ; au lieu que la période de 1461 années pareilles, exprimant une relation numérique entre ces années et l'année de 365^j $\frac{1}{4}$, suppose, et, par conséquent prouve, la connaissance de cette dernière, qui est elle-même un résultat d'astronomie. Mais elle ne prouve pas autre chose ; car il ne faudrait pas, par exemple, conclure de son existence que le peuple où on la trouve, a réellement et effectivement observé une ou plusieurs de ces révolutions de 1461 années vagues qui auraient ramené physiquement le premier jour de l'année vague à sa place primitive dans l'année solaire. En effet, non-seulement la durée d'une telle période pourrait avoir été prévue par le calcul, d'après la durée inexacte attribuée à l'année tropique, mais, si elle était présentée comme liée à cette sorte d'année, elle devrait nécessairement avoir été déterminée ainsi, puisqu'elle repose

Remarquons qu'à l'époque où écrivait Geminus, la bibliothèque d'Alexandrie existait depuis plus de deux siècles; cette bibliothèque, dans laquelle, au rapport du Syncelle, « Ptolémée-Philadelphe « avait rassemblé dix myriades de volumes, con- « tenant tous les livres des Grecs, des Chaldéens, « des Égyptiens, des Romains, traduits ou com- « mentés en langue grecque. » Ainsi les connais- sances astronomiques des prêtres égyptiens ne pouvaient plus alors être demeurées secrètes, sur- tout celles qui avaient des applications aux usages publics. C'est ce qui est mis tout à fait hors de doute par un curieux passage de Strabon, où l'on voit que, de son temps, c'est-à-dire, dans les pre- mières années de l'ère chrétienne, sous Auguste et sous Tibère, ces connaissances mystérieuses pas- saient pour être tout-à-fait dévoilées. En racontant les détails de son voyage en Égypte, dans le xviie livre de sa géographie, Strabon s'exprime en ces termes (1) : « On nous fit voir ·les maisons des « prêtres ainsi que les endroits où avaient de- « meuré Platon et Eudoxe. Ces philosophes étant « venus ensemble à Héliopolis, y passèrent, selon « quelques auteurs, treize années dans le com- « merce des prêtres. Avec le temps, et à force « d'attentions et de politesses, ils obtinrent de

sur cette fausse valeur; l'observation effective devant donner environ 1507 années vagues au lieu de 1461 en vertu du mou- vement réel du soleil, à ces époques anciennes.

(1) Strabon, liv. xvii.

« ces prêtres très-instruits en astronomie, mais fort
« mystérieux et peu communicatifs, la connais-
« sance de quelques théorèmes ; mais les barbares
« leur cachèrent la plus grande partie de ce
« qu'ils savaient. Ils ajoutaient aux trois cent soi-
« xante-cinq jours les portions additionnelles du
« jour et de la nuit nécessaires pour compléter
« l'année ; et cependant la durée de cette période
« fut ignorée des Grecs, ainsi que bien d'autres
« choses, jusqu'à ce que les astronomes modernes
« en eussent pris connaissance, au moyen des
« traductions en langue grecque des mémoires
« rédigés par les prêtres ; et encore maintenant,
« ils puisent dans ces écrits, comme dans ceux
« des Chaldéens. » Il est clair que, dans ce passage, Strabon considère les traductions des mémoires des prêtres, comme offrant l'exposé de
toute leur science astronomique. Or, la chose
principale qu'il cite comme le fruit de cette communication, c'est la connaissance que les Grecs y
ont puisée des parties de temps qu'il faut ajouter
aux trois cent soixante cinq-jours pour comple-
ter l'année. Mais puisque, du temps de Strabon,
les Grecs employaient universellement trois cent
soixante-cinq jours et un quart pour la durée de
l'année solaire, comptée entre les retours au
même solstice ou au même équinoxe, c'est donc
uniquement l'addition de ce quart de jour que les
traductions des mémoires des prêtres leur avaient
appris ; et elles la leur avaient appris telle qu'ils

l'employaient, c'est-à-dire, comme se rapportant,
non pas aux levers héliaques de Syrius, mais à
la période tropique du soleil. Cette conséquence
logique est d'ailleurs confirmée par un autre passage du même livre, où, en parlant des prêtres
de Thèbes, Strabon dit (1) : « Ils passent pour
« très-versés dans l'astronomie et dans la philoso-
« phie. C'est d'eux que vient l'usage de régler le
« temps, non par la révolution de la lune, mais
« d'après celle du soleil : ils ajoutent aux douze
« mois de trente jours chacun, cinq jours tous
« les ans; et, comme il reste encore, pour com-
« pléter la durée de l'année, une certaine portion
« de jour, ils en forment une période composée
« d'un nombre rond de jours et d'années suffisant
« pour que les parties excédantes étant ajoutées,
« fassent un jour : ils attribuent à Hermès toute
« leur science en ce genre. » On voit clairement,
par ce passage, que l'année dont Strabon parle,
est l'année solaire tropique. Mais, si l'on voulait
prendre ses expressions à la rigueur, on pourrait en conclure, ou que les prêtres ont voulu le
tromper lui-même, ou qu'ils ne connaissaient pas
exactement ce qu'il fallait ajouter aux trois cent
soixante-cinq jours; car, s'ils l'avaient su, et
qu'ils eussent voulu l'exprimer, ils n'auraient pas
dû dire que la période qui rendait la fraction
excédante égale à un jour, contenait un nombre

(1) Strabon, lib. XI.

entier de jours et d'années, mais un nombre d'années seulement ; et, au lieu d'employer des expressions qui sembleraient désigner une longue
période, ils auraient dû simplement dire que ce
nombre était de quatre. Au reste, il est possible
que Strabon, peu versé en astronomie, ait compris ou exprimé d'une manière inexacte les renseignemens qu'on lui avait donnés. Mais du moins
si les Égyptiens, lorsqu'il les visita, eussent pos-
sédé des connaissances astronomiques très-supé-
rieures à celles des autres peuples, il est probable
qu'il aurait spécialement énoncé en quoi elles
consistaient, et qu'il ne se serait pas borné à
leur attribuer cette première approximation du
quart de jour, si facile à déterminer de mille
manières. Diodore de Sicile, qui avait voyagé en
Égypte avant Strabon, du temps de César et
d'Auguste, attribue, aux seuls prêtres de Thèbes,
la connaissance de la période quadriennale (1).
« Les Thébains, dit-il, se vantent d'être les pre-
« miers de tous les hommes qui aient cultivé la
« philosophie et l'astronomie exacte, la disposition
« de leur pays étant particulièrement favorable
« pour bien observer les levers et les couchers
« des astres. Les mois et les années sont ordonnés,
« chez eux, d'une manière particulière ; car, les
« jours ne s'y règlent point sur la lune, mais sur
« le soleil : ils ont douze mois de trente jours,
« après le dernier desquels, ils ajoutent cinq jours

____

(1) Diodore, liv. i.

« et un quart. » Du reste, l'ensemble du passage semble indiquer clairement que Diodore ne présente pas cette addition annuelle du quart de jour comme effective, mais seulement comme l'évaluation numérique de la fraction qui complétait l'année solaire. Après avoir cité cet unique résultat de la science des prêtres de Thèbes, il ajoute « qu'ils observent assidûment les éclipses, « et qu'ils en prédisent toutes les particularités. » Mais cette connaissance, dont ils avaient pu se vanter près de lui, n'est accompagnée d'aucune preuve qui la rende croyable ; et il suffisait qu'ils connussent quelque période lunisolaire, celle de dix-neuf ans, par exemple, pour s'en prévaloir ; car, dans une autre circonstance, il lui dirent bien (1) : « Qu'à une époque très-reculée, sous le « règne d'Osiris, il y avait eu, lors du lever hé- « liaque de la Canicule, un débordement du Nil « effroyable, qui avait submergé une grande por- « tion de l'Égypte. » A cette indication du lever de la Canicule, Diodore ajoute en parenthèse, que cette époque de l'année est, en effet, celle où le débordement du Nil est le plus considérable ; et cette coïncidence suffit pour lui faire ajouter foi au récit des prêtres. Néanmoins, on peut bien aisément voir qu'elle n'était pas même exactement vraie de son temps ; car le lever héliaque de Sy- rius ne s'opérait, alors, qu'environ vingt jours

____

(1) Diodore, liv. 1.

après le solstice, et c'est seulement au solstice, que le Nil commence à croître; or, puisque ce fleuve croît pendant cent jours, il devait être loin d'avoir atteint sa plus grande hauteur, après vingt jours, lors du lever héliaque de Syrius. Mais combien cette coïncidence supposée était-elle moins possible encore, pour une époque plus ancienne, et surtout pour une époque reculée telle que celle où les prêtres prétendaient porter l'histoire d'Osiris; puisque, à mesure que l'on remonte vers des temps antérieurs, on trouve que le lever de Syrius s'est rapproché de plus en plus du solstice, qu'il a coïncidé avec ce phénomène vers le vingt-huitième siècle avant l'ère chrétienne, et qu'il l'a précédé auparavant! Il était donc absolument impossible que cette grande inondation, si elle avait réellement eu lieu dans des temps très-anciens, eût coïncidé avec le lever héliaque de Syrius; et par conséquent le récit des prêtres était certainement faux dans cette particularité. Mais cette fausseté, dans l'assertion d'un fait physique, montre qu'ils n'avaient réellement pas d'observations aussi anciennes qu'ils en donnaient l'assurance. Tout ce que l'on peut donc conclure de ces passages de Strabon et de Diodore, c'est que les prêtres d'É-gypte connaissaient, de leur temps, la période de quatre années; car, quant à ce qu'ils disaient la devoir à l'ancien Hermès, on ne peut pas donner beaucoup de foi à cette assertion de gens qui affectaient toujours de s'envelopper dans les voiles

d'une antiquité mystérieuse. Au reste il serait extrêmement simple qu'ils eussent connu, et même
connu fort anciennement, la nécessité d'ajouter
un quart de jour aux 365 pour compléter l'année
tropique ; car, les plus grossières observations
d'ombres solsticiales, continuées pendant un très-
petit nombre d'années, devaient la montrer avec
évidence ; et ils auraient dû encore obtenir bien
plus tôt cette différence, ou même une valeur beaucoup plus exacte, par les retours des ombres aux
mêmes directions horizontales, aux instans du coucher et du lever du soleil, si, comme on peut le
présumer par l'orientation assez approchée des
Pyramides, ils ont fait de telles observations. Et
s'ils ont connu le quart de jour ainsi que la période de quatre ans, ils ont pu, je dirais volontiers
ils ont dû, en conclure presque nécessairement,
comme l'a fait Géminus, la période de 1460 ans
après laquelle l'origine de leur année vague aurait
fait le tour entier de l'année tropique, selon la
valeur imparfaite qu'ils lui attribuaient. Toutefois,
quelque simples que soient ces déductions, la vérité oblige de remarquer que rien ne les atteste.
Et surtout on ne trouve, dans le récit de Strabon,
et dans celui de Diodore, pas le moindre indice
d'où l'on puisse inférer que les prêtres de Thèbes
les appliquèrent aux retours des levers héliaques
de Syrius.

Après Strabon, le premier auteur qui devrait

nous fournir des renseignemens sur les grandes
connaissances astronomiques des prêtres d'Égypte,
c'est Ptolémée. Ptolémée, égyptien lui-même, ha-
bitant, observant à Alexandrie, a pu consulter ce
vaste trésor où toute l'antique science égyptienne
était déposée; et l'activité de son esprit, ainsi que
l'extrème utilité dont auraient été pour lui des
périodes ou des observations anciennes, ne permet pas de croire qu'il ait négligé un si grand
secours. En effet, on voit qu'il a soigneusement
recherché et employé les anciennes éclipses chaldéennes qui étaient sans doute venues ainsi à sa
connaissance; mais il ne rapporte pas un seul
résultat astronomique des Égyptiens. Il pousse
cependant la fidélité de ses citations jusqu'à exprimer les dates des évènemens ou des observations, comme elles sont consignées dans les auteurs desquels il les extrait; et, par exemple, il
rapporte ainsi à l'année vague égyptienne les observations faites en Égypte par les Grecs, avec
cette forme d'année; mais il ne fait mention d'aucune période civile, religieuse ou astronomique
qui lie l'année vague avec l'année tropique, ou
avec les levers héliaques de Syrius, quoiqu'il
donne lui-même les annonces de ces levers héliaques, pour divers astres et divers climats, d'a-
près le calcul des positions où le soleil doit se
trouver quand on les observe. Une des plus belles
parties de son grand ouvrage, c'est, sans doute,

celle qu'il a consacrée à la recherche de la véritable longueur de l'année tropique (1). « Nous
« apprenons, dit-il, par les ouvrage des anciens,
« et, surtout, par ceux d'Hipparque, cet obser-
« vateur infatigable et cet ami sincère de la vérité,
« combien il a existé sur cet objet de dissenti-
« ments et d'incertitudes. Ce qui excite surtout
« les doutes d'Hipparque, c'est de trouver l'année
« un peu moindre que 365 jours $\frac{1}{4}$ lorsqu'il la me-
« sure par le retour du soleil au même équinoxe ou
« au même solstice, et de la trouver au contraire
« un peu plus longue que 365 jours $\frac{1}{4}$ lorsqu'il
« la mesure par les retours du soleil aux mêmes
« étoiles. » Ptolémée expose alors toutes les recherches qu'Hipparque a faites pour se procurer
des observations antérieures aux siennes, afin que
la petite différence dont il s'agit pût devenir plus
sensible, étant ainsi accumulée pendant un long
intervalle de temps, et il termine par cette citation
des propres paroles de ce grand astronome. « Dans
« le livre que j'ai composé sur la longueur de
« l'année, je montre que l'année solaire, qui est le
« temps des retours du soleil à un même équinoxe
« ou à un même solstice, contient 365 jours $\frac{1}{4}$ moins
« une fraction à peu près égale à $\frac{1}{300}$ de la durée
« d'un jour et d'une nuit. De sorte qu'il ne faut
« pas, comme les mathématiciens le supposent,
« ajouter tout-à-fait $\frac{1}{4}$ de jour aux 365 qui compo-

____

(1) Almageste, liv. III, chap. II.

« sent le nombre entier de jours que contient
« l'année. » Or, si un astronome aussi habile et
d'un aussi grand génie qu'Hipparque, a mis tant
de soin à constater cette petite différence, et a
eu tant d'efforts à faire pour en déterminer une
valeur qui n'est pas même encore tout-à-fait
exacte; si, de son temps, l'excès du quart de jour
était le seul connu et employé par les mathématiciens, c'est-à-dire par les savans les plus spécialement appliqués à ce genre de recherche; si,
ensuite, après Hipparque, Ptolémée, égyptien de
naissance, et placé au milieu de toutes les richesses
littéraires d'Alexandrie, n'a trouvé rien de plus
parfait à citer sur cet objet que le travail de ce
grand astronome; ne doit-on pas en conclure,
avec une vraisemblance excessive, ce que d'ailleurs Ptolémée nous apprend lui-même, savoir :
que la différence dont il s'agit n'avait j'amais été
déterminée jusqu'alors, et que les astronomes les
plus savants de cette époque ne connaissaient pas
de période tropique plus parfaite que 365 jours $\frac{1}{4}$?
Mais, même, ce n'était pas seulement ce résultat
plus parfait qui devait leur manquer, c'était jusqu'aux élémens sur lesquels il se fonde. En effet,
si l'on songe à l'intérêt qu'il y avait, pour Ptolémée, comme pour Hipparque, à découvrir des
observations de solstices ou d'équinoxes plus anciennes, et surtout plus précises que celles de
Méton et d'Euctémon, d'Aristylle, et de Timo-
caris, dont Hipparque fut cependant réduit à faire

usage, peut-on supposer que l'un et l'autre
n'aient pas fait toutes les recherches imagina-
bles pour s'en procurer? Et puisque Ptolémée
surtout était à la source même de toutes les connaissances égyptiennes, s'il n'y a puisé aucune
ancienne observation de ce genre, ni aucune notion numérique qui méritât d'être mentionnée,
n'en résulte-t-il pas la présomption la plus forte,
la plus évidente, qu'il n'existait rien de pareil
chez les prêtres d'Égypte, dont il avait les mémoires; et que, tout au plus, leur science allait
jusqu'à connaître et appliquer, pour leurs calculs
secrets, l'approximation commune de 365 jours $\frac{1}{4}$?

Quoi qu'il en soit, on ne peut dire qu'il y ait,
dans Ptolémée, le moindre vestige d'une période
de cette espèce, appliquée à autre chose qu'à
l'année tropique : et l'on n'y trouve, non plus,
aucune trace quelconque de la grande année composée de 1461 années vagues. Il faut descendre de
plus d'un siècle, après Ptolémée, pour avoir de
nouveaux détails sur cette période, et pour la
voir enfin liée aux levers héliaques de Syrius.
Ces détails se trouvent dans Censorinus, auteur
latin qui écrivait à Rome l'an 238 de l'ère chrétienne. Ils sont consignés dans une petite dissertation intitulée : *de die natali*, laquelle se
compose de tous les lieux communs qu'un rhéteur
astrologue peut débiter à son protecteur, sur un
jour de naissance. Cependant, quelques indications numériques précises, disséminées parmi

ces rêveries, les rendent aujourd'hui précieuses, et leur ont valu l'honneur d'être conservées par la postérité. Après avoir exposé rapidement la réformation du calendrier romain par Jules César, Censorinus, dans son xxie chapitre, donne la concordance du calendrier Julien, avec les formes d'années les plus usitées. Puis il ajoute (1): « Les « Égyptiens ont aussi diverses espèces d'années, « desquelles ils ont, comme nous, tenu des « registres. Telles sont celles que l'on appelle « de Nabonassar, parce qu'elles partent de la pre- « mière année du règne de ce prince. L'année « actuelle en est la 986e. Telles sont encore les an- « nées de Philippe, qui se comptent de la mort « d'Alexandre-le-Grand, et qui, prises jusqu'à l'an- « née actuelle, sont au nombre de 562. Les com- « mencemens de ces deux espèces d'années, se « placent toujours au premier jour du mois que « les Égytiens appellent Thot; jour qui s'est trouvé « cette année le septième avant les calendes de « juillet ; et il y a cent ans, sous le consulat d'An- « tonin Pie et de Bruttius Præsens, ce même pre- « mier jour de Thot s'est trouvé le 12e avant les « calendes d'août, époque à laquelle la canicule « se lève habituellement pour l'Egypte. » Ce premier passage ne nous fournit aucun renseignement réellement nouveau sur les années égyptiennes; car nous savons déjà par Ptolémée que celles de Nabonassar et de Philippe sont des années

______

(1) Censorinus, *de die natali*, chap. xxi.

vagues de 365 jours. On pourrait seulement
inférer du récit de Censorinus que les Égyptiens
n'employaient pas d'autres formes de périodes
annuelles pour leurs usages publics, puisque celles-ci sont les seules qu'il mentionne. Quant à la
coïncidence du lever de la canicule avec le jour
qu'il assigne dans le calendrier romain, c'est une
simple indication physique, dont l'exactitude
pourra aisément s'apprécier par le calcul, quand
on le jugera nécessaire. Mais voici un autre passage qui se rapporte plus spécialement à l'objet
qui nous occupe. Il est tiré du chap. xviii. Censorinus y parle des périodes plus longues que
les années ordinaires, et qu'il appelle par cette
raison les *grandes années*. Après avoir mentionné
les périodes de ce genre, usitées chez les Grecs,
la diétéride, la triétéride, la tétraétéride, etc.,
et expliqué leur formation successive, à peu près
comme Geminus ; il ajoute : « La longueur di-
« verse de ces grandes années vient de ce qu'il
« n'est pas encore généralement reconnu parmi
« les astronomes, de combien une année solaire
« excède 365 jours, et combien un mois lunaire
« est plus court que 30 jours. Mais le mouvement
« de la lune n'est pour rien dans la grande année
« des Égyptiens que les Grecs appellent *Cynique*,
« et que nous autres Latins appelons *Caniculaire*,
« parce que son origine se compte de l'époque
« où l'astre de la canicule se lève le premier jour
« du mois que les Égyptiens appellent Thot. Car

« l'année civile des Égyptiens n'a que 365 jours
« sans aucune intercallation ; de sorte que quatre
« de ces années forment un intervalle moindre
« d'un jour que quatre années naturelles ; ce
« qui fait qu'après 1461 ans, elles se trouvent
« ramenées à leur origine primitive (dans la pé-
« riode solaire annuelle). Cette (grande) année
« est aussi appelée par quelques personnes l'*an-
« née héliaque*, et par d'autres l'*année de dieu.* »
De là Censorinus passe à l'explication des grandes
périodes systématiques qui étaient supposées devoir accorder les mouvemens du soleil, de la
lune, des cinq planètes, et dont l'hiver devait
amener un déluge, l'été un embrasement univer-
sel. Mais, à la fin du xxie chapitre, dont nous avons
cité tout à l'heure un passage, il revient encore
sur la grande année égyptienne ; et après avoir
donné, comme nous l'avons dit, la date romaine
du jour où le premier de Thot a coïncidé avec le
lever de l'astre de la canicule en Égypte, il ajoute :
« Par là on peut connaître que nous sommes
« maintenant dans la centième année courante
« de cette grande année, qui, ainsi qu'il est dit
« plus haut, est appelée héliaque et caniculaire,
« et aussi année divine. » Ce dernier passage, rapproché du précédent, montre avec évidence que
Censorinus n'attache la dénomination d'année
héliaque qu'à la grande période de 1461 années
courantes égyptiennes de 365 jours. En outre,
lorsqu'il dit que quatre de ces années courantes

forment un intervalle d'un jour moindre que quatre années *naturelles*, lesquelles doivent en conséquence contenir chacune 365 j. $\frac{1}{4}$, il faut savoir que par ce mot d'*année naturelle*, il entend toujours l'année solaire tropique, fixée par la réforme julienne à 365 j. $\frac{1}{4}$; car c'est ainsi qu'il s'exprime formellement dans le chapitre xxe où il traite de cette réforme. Il prévient même à ce sujet que, lorsqu'il aura à indiquer par la suite quelque intervalle de temps, il regardera comme à propos de l'énoncer toujours en années naturelles de cette espèce; et même, ajoute-t-il: « Si « l'origine du monde pouvait être connue, il fau- « drait y fixer l'origine de ces années. » Toutes les expressions employées par Censorinus, se trouvant ainsi bien nettement définies et expliquées, on voit que, dans le passage cité plus haut, il ne rappelle le lever de la canicule que comme ouvrant la grande année divine, composée de 1461 années vagues; sans dire un seul mot qui indique que le même phénomène dût servir aussi d'origine à une petite période annuelle, qui aurait été employée en Égypte pour des usages publics, de son temps ou dans des temps antérieurs. On peut même présumer avec vraisemblance, que, si un pareil usage eût existé, ou du moins si Censo-rinus eût connu qu'il existait, il l'aurait spécia-lement indiqué; car, après avoir donné les ori-gines des années de Nabonassar, de Philippe, et de la grande année caniculaire, il ajoute : « J'ai

« noté exprès les origines de ces diverses années,
« de peur que l'on n'imaginât qu'elles commen-
« cent aux calendes de janvier, ou à quelque au-
« tre époque pareille ; car les intentions de ceux
« qui les ont établies, ne sont pas moins variées
« que les opinions des philosophes. Les uns con-
« sidérant l'année naturelle, comme devant pren-
« dre son origine au solstice d'hiver, d'autres au
« solstice d'été, d'autres à l'équinoxe du printemps
« ou à l'équinoxe d'automne ; quelques-uns au
« lever des Pléiades, quelques autres à leur cou-
« cher, et un grand nombre au lever de l'étoile
« du Chien. » Or, quand, parmi toutes ces opinions sur la manière la plus convenable de commencer l'année, Censorinus n'omet pas celle qui
en mettrait l'origine au lever de la canicule, peut-
on croire que, s'il eût existé anciennement en
Égypte une année agricole publique, dont le commencement aurait été fixé ainsi au lever héliaque
de Syrius, il n'en eût pas fait aussi une mention
spéciale, surtout lorsqu'il indique avec détail les
diverses espèces de périodes autrefois usitées dans
cette contrée, qu'il en marque soigneusement les
origines diverses, et qu'il rapporte même l'une d'elles, celle de la grande année divine, au lever de
l'astre du Chien ? Une telle omission a évidemment
toutes les vraisemblances contre elle ; et il est bien
plus naturel de conclure du silence de Censorinus
sur cet article, comme de celui de Géminus,
que, s'ils n'ont rien dit d'une telle période an-

nuelle, c'est qu'il n'en existait pas de telle, à leur connaissance, dans les contrées dont ils parlaient.

Ayant ainsi limité le témoignage de Censorinus à la grande période de 1461 années vagues, la seule à laquelle il s'applique, cherchons à vérifier la concordance qu'il établit entre son origine et le lever héliaque de Syrius, pour l'Égypte. Et, comme la date romaine qu'il indique pour cette concordance, répond au 20 juillet 139 après l'ère chrétienne, cherchons si le lever héliaque de Syrius a eu lieu en effet en Égypte à cette époque. C'est là un fait astronomique qui mérite d'être vérifié avec exactitude, et il pourrait aisément l'être à l'aide de nos tables actuelles, s'il exigeait seulement une certaine valeur fixe de distance angulaire entre Syrius et le soleil. Mais il dépend aussi de plusieurs autres données qui font que le calcul en est toujours plus ou moins hypothétique. En effet, le lever héliaque d'un astre a lieu lorsque cet astre, jusqu'alors effacé par les rayons du soleil, commence à devenir visible le matin en se levant avec l'aurore. Ce phénomène doit donc dépendre, et dépend en effet, non seulement du temps et du lieu pour lequel on le calcule, mais encore de l'éclat de l'astre, de la transparence de l'air près de l'horizon dans le lieu où on l'observe, enfin de la vue plus ou moins perçante de l'observateur. Se trouvant ainsi sujet à des difficultés accidentellement variables, et impossibles à prévoir ou même à éva-

luer avec certitude, on conçoit que sa détermination physique ne peut jamais comporter une
rigueur absolue ; car, cette rigueur consisterait à
dire : « hier l'astre n'était pas visible à son lever à
« cause de la trop grande proximité du soleil, tandis
« qu'il est visible aujourd'hui ». Or, il n'est aucun
observateur véridique qui voulût soutenir, à plusieurs jours près, la responsabilité d'une pareille annonce. Mais, en substituant, par hypothèse, à ces
accidens variables, des circonstances constantes;
en supposant, par exemple, que l'astre devient
toujours visible, et est toujours effectivement
aperçu à l'horizon, lorsque le soleil est abaissé au-
dessous de ce plan d'un certain nombre de degrés
fixe, l'époque hypothétique du phénomène devient exactement calculable, et peut être déterminée rigoureusement. Lorsqu'on effectue ce calcul pour Syrius et pour le climat de la Basse-
Égypte, en admettant une dépression verticale du
soleil égale à dix ou douze degrés, comme il paraît que Ptolémée l'a fait assez généralement pour
les étoiles de première grandeur, on trouve, ainsi
qu'il était naturel de le prévoir, que l'intervalle
des levers héliaques consécutifs de cet astre varie,
dans les différens siècles, en vertu de l'effet différent que la précession produit sur son lever et
sur celui du soleil ; mais, par une circonstance
singulière que les célèbres chronologistes Pétau et
Baimbridge avaient déja depuis long-temps remarquée, et que M. Fourrier confirme, la variation

dont il s'agit s'est trouvée excessivement petite et absolument inappréciable, pendant les vingt ou trente siècles qui ont précédé l'ère chrétienne. Et, en outre, pendant tout ce temps, l'intervalle mathématique compris entre deux levers héliaques consécutifs de Syrius, a été presque exactement de trois cent soixante-cinq jours et un quart; de sorte, qu'après 1461 années vagues égyptiennes, ce phénomène devait se trouver revenu au même jour de l'année vague. Quant à la date précise et annuelle du phénomène, elle a été pareillement déterminée par les deux chronologistes que j'ai cités tout à l'heure. Mais elle l'a été plus récemment encore par M. Ideler; et, comme les résultats de ces divers calculs s'accordent parfaitement dans leurs circonstances générales, quoiqu'ils diffèrent toujours un peu dans les dates précises, je rapporterai de préférence les derniers, comme étant fondés sur des élémens astronomiques plus perfectionnés (1). Cela posé, en calculant les lieux

(1) On trouvera plus loin une nouvelle vérification de ces calculs. Car, afin d'en rendre l'application plus spéciale à nos monumens, je les ai recommencés pour Denderah et pour les trois époques — 2782, — 1322, + 139, les mêmes que M. Ideler a considérées. Mais, quoique la méthode dont j'ai fait usage pour remonter aux anciennes positions de Syrius, me semble devoir offrir plus d'exactitude que celle dont M. Ideler a fait usage, néanmoins, comme la différence des résultats est fort légère, j'ai cru devoir employer d'abord ici les siens, afin que les uns et les autres se confirment par leur accord.

du soleil et de Syrius, pour le 20 juillet 139 après
l'ère chrétienne ; et pour la latitude de 30°, qui
était celle des villes de Memphis et d'Héliopolis,
ancien séjour des prêtres égyptiens les plus re-
nommés par leurs connaissances astronomiques,
M. Ideler trouve, qu'au moment du lever de Syrius, le soleil était abaissé de dix degrés sous
l'horizon : de sorte que, si l'on adopte cette dépression comme la plus petite qui pût rendre Syrius visible à l'horizon même, il s'ensuivra que
le lever héliaque de cet astre a eu lieu mathématiquement ce jour-là, sous la latitude dont il s'agit.
En répétant le même calcul, avec la même latitude et les mêmes conditions de visibilité, pour
des époques antérieures aux précédentes, d'une
et de deux périodes de 1461 années vagues, c'est-
à-dire, pour les années juliennes 1322 et 2782,
avant l'ère chrétienne, M. Ideler trouve que le
même abaissement du soleil, au moment du lever de Syrius, s'est reproduit aussi le 20 juillet
de ces années-là, de sorte que Syrius s'y est retrouvé dans les mêmes conditions mathématiques
de son lever héliaque. Si donc on admet ces conditions comme des réalités physiques, on pourra,
sans être en contradiction avec l'astronomie, supposer, si l'on veut, comme M. Fourrier, que la
grande année égyptienne de 1461 années vagues,
exprimait l'intervalle connu de temps qui, pendant
les vingt-cinq ou trente siècles antérieurs à l'ère
chrétienne, ramenait le premier jour de l'année

vague au lever héliaque de Syrius; et croire que les anciens Égyptiens ayant constaté ce fait, avaient fixé ainsi l'origine de leur grande année, par une observation effective; on pourra également, si l'on veut, faire remonter cette première détermination à l'un quelconque des renouvellemens de cette coïncidence, par exemple, à l'an 1322 ou 2782, avant l'ère chrétienne; de sorte que les prêtres égyptiens auraient ainsi effectivement observé plusieurs révolutions de la période entière. Toutes ces suppositions, dis-je, sont *astronomiquement* admissibles dans les conditions de visibilité adoptées; elles sont même les seules qui puissent concilier la durée de 1461 ans assignée à la période avec l'hypothèse d'une haute antiquité d'observation; car cela ne serait plus possible si on la considérait comme exprimant seulement la concordance de l'année vague avec l'année tropique de 365 jours $\frac{1}{4}$, puisque la valeur réelle de l'année solaire donnerait à la période une autre durée. Mais il est essentiel de remarquer que cette interprétation de la grande année égyptienne, et des particularités qu'on y rattache, n'est aucunement légitimée, ni même seulement indiquée le moins du monde, par les autorités historiques que nous venons de réunir. Car, Géminus, ainsi que nous l'avons vu d'abord, ne fait intervenir en rien le lever de Syrius dans la période de 1461 années vagues; et, pour Censorinus, il compte bien, à la vérité, les années courantes de cette pé-

riode à partir de celle où le premier de Thot s'est
accordé en Égypte avec le lever de Syrius ; mais,
il ne dit pas du tout, si cette fixation résulte d'une
observation effective, ou d'un usage ancien, ou
d'une computation rétrograde pareille à celle par
laquelle il propose de donner pour origine aux
années juliennes le commencement du monde. Il
ne dit pas davantage que la période dont il s'agit
fut connue en Égypte depuis une haute antiquité
comme cycle caniculaire ; ni que son renouvellement y eût été observé une fois ou plusieurs ; ni
même qu'on y eût embrassé sa révolution entière,
comprise entre deux retours des levers héliaques
de Syrius au premier de Thot. L'unique chose
qu'il exprime, c'est qu'à l'époque où il écrit on
se trouve dans la centième année courante du
cycle, en comptant depuis l'origine qu'il a assignée ; et cette indication se trouve en effet concordante avec le calcul astronomique. Mais, si
l'on veut bien peser attentivement ses expressions,
on verra qu'elles tendraient à présenter la liaison
de la période avec le lever de Syrius, plutôt comme
une application récente que comme un résultat
établi par l'observation d'une longue suite de
siècles. Car, il ne dit pas du tout, comme M. Fourrier le rapporte, que le cycle s'est *renouvelé* en
telle année, ce qui semblerait indiquer que l'on
en a déja observé plusieurs révolutions antérieures ; il dit seulement que l'année actuelle est la
centième du cycle, comme il dit, quelques lignes

plus haut, qu'elle est la 562ᵉ de Philippe, et la 986ᵉ de Nabonassar. Or, puisque, dans ces deux derniers cas, nous voyons que les origines qu'il indique sont réellement les origines primitives, ne devrait-on pas penser qu'il agit de même pour la grande année égyptienne, lorsqu'il ne donne aucun avertissement contraire? Et, s'il se fût déja accompli précédemment plusieurs révolutions observées de cette grande année, est-il présumable qu'il n'en aurait fait aucune mention, surtout dans un passage expressément consacré à l'exposition des diverses périodes de temps que les Égyptiens employaient?

Je n'ignore pas que ces doutes paraîtront bien contraires aux opinions adoptées par la plupart des chronologistes modernes, qui considèrent le cycle caniculaire comme appartenant à une antiquité très-reculée, et qui en font remonter l'établissement primitif à la première, ou même à la seconde époque de son renouvellement avant l'ère chrétienne, dans les années 1322 ou 2782. Mais, dans une question pareille, les opinions ne valent que par les autorités historiques qu'elles représentent. On vient de voir que Geminus. Ptolémée, Censorinus, c'est-à-dire, les auteurs qui ont traité le plus spécialement et avec le plus de détail des périodes astronomiques ou chronologiques, ne fournissent absolument aucun indice qui puisse prouver, ou seulement faire soupçonner à celle-ci une si haute antiquité. Voyons maintenant quels sont les témoignages contraires : de pareils témoignages, on n'en voit pas un seul dans les écrivains antérieurs à l'ère chrétienne, dont les ouvrages se sont transmis directement jusqu'à nous. On trouve seulement dans des auteurs fort postérieurs à cette ère, deux fragmens plus anciens, dans lesquels le cycle cynique est nommé, comme période chronologique. Un de ces fragmens est une chronique égyptienne dont l'auteur ainsi que l'époque exacte sont inconnus, et qui, d'abord rapportée par le prêtre égyptien Manéthon dans un livre de chronologie composé par ordre de Ptolémée Philadelphe, en a été extraite dans le troisième siècle de l'ère chrétienne par Julius Africanus, puis a été tirée de ce dernier, dans le huitième siècle, par le moine Georges Le Syncelle, qui nous l'a transmise ; de sorte que l'on conçoit combien d'altérations elle a pu subir en passant par tant de mains. A la suite des assertions fabuleuses dont cette chronique abonde, en ce qui concerne les règnes des dieux et des demi-dieux en Égypte, on y trouve ces expressions énigmatiques : « Après eux, on compte, quinze générations du cycle caniculaire, en 443 ans. » En outre, l'espace total de temps qu'elle assigne depuis le règne du dieu Soleil jusqu'à celui de Nectanebus II, n'est pas moindre que 36525 années chacune de 365 jours, ce que Le Syncelle interprète être vingt-cinq révolutions du cycle cynique de 1461 années vagues. Sans doute

personne ne jugera cette assertion suffisante pour
attester une antiquité si peu historique, et pour
faire croire que le cycle cynique fut connu à de
pareilles époques ; mais on en doit au moins conclure qu'il l'était à l'époque où la chronique qui le
nomme fut composée, si toutefois elle n'a pas subi
postérieurement d'additions en ce point. Or, comme
le roi Nectanebus qu'elle cite est de l'an 350 avant
l'ère chrétienne, il s'ensuivrait que cette date serait aussi la plus ancienne que l'on pût lui attribuer. Se trouvant ainsi postérieure à Thalès de
trois siècles, et même d'un siècle à Méton, il ne
serait nullement surprenant que l'on eût remarqué
alors la concordance des levers héliaques de Syrius avec l'année solaire de 365 jours un quart,
qui était généralement connue. Car, on verra plus
loin que l'observation de cette concordance est
la chose du monde la plus simple quand on connaît l'année de 365 jours un quart. Toutefois l'autorité de Le Syncelle n'est pas tellement irrécu-
sable que l'on doive croire sans réserve à l'antiquité réelle de cette chronique, surtout venant
d'Égyptiens qui cherchaient toujours à enfoncer
l'origine de leur nation dans la nuit des siècles ;
et par conséquent il se pourrait très-bien que,
quoique s'arrêtant à Nectanebus, elle lui fût en
effet postérieure. Le livre de Manéthon, où cette
chronique était, dit-on, primitivement rapportée, n'est pas non plus arrivé jusqu'à nous, et
on ne le connaît, comme je l'ai dit, que par des

extraits qu'en ont donné divers écrivains fort
postérieurs à l'ère chrétienne. Il paraît que Manéthon présentait son ouvrage comme tiré des
archives sacrées de l'Égypte ; mais Le Syncelle
qui le cite, quoique probablement sans l'avoir
connu lui-même en original, inspirerait pour
cette assertion une médiocre confiance ; car il
présente les récits de Manéthon avec la répro-
bation la plus constante, comme des tissus de
mensonges et d'extravagances accumulées avec
l'intention la plus évidente de rehausser ainsi l'o-
rigine de sa nation. Or, en marquant l'époque
d'un roi égyptien appelé Concharis, le 25e de
la seizième dynastie, Le Syncelle dit : « Qu'entre
« ce prince et le roi Mestrem, premier roi de l'É-
« gypte, on compte 700 années du cycle, ap-
« pelé dans Manéthon, caniculaire. » Maintenant,
comme les concordances historiques tendent à placer le règne de ce Concharis, non loin de la voca-
tion d'Abraham, c'est-à-dire, environ 2000 ans
avant l'ère chrétienne, on a conclu, et, oserai-
je dire que c'est Fréret qui a tiré le premier cette
conséquence, on a conclu, dis-je, que la date
assignée par Manéthon, devait se rapporter à la
seconde période antérieure à l'ère chrétienne, laquelle commence à l'an —2782 ; et l'on a considéré
cette relation comme une preuve suffisante que le
cycle caniculaire existait effectivement dès ce temps-
là. Ce passage, et le texte de la vieille chronique,
sont les deux seules autorités anciennes que l'on ait

pu alléguer en faveur de l'antiquité du cycle.
Mais on y a joint encore un témoignage d'une
date plus moderne, celui de Saint-Clément d'A-
lexandrie. Saint Clément qui écrivait dans le troisième siècle de l'ère chrétienne, à peu près dans le
même temps que Censorinus, place la naissance
de Moïse 345 ans avant l'établissement de la période sothiaque. Or, par les limites historiques
entre lesquelles cette naissance est comprise, on
voit que l'établissement dont saint Clément parle
doit se rapporter au premier renouvellement de
la période avant l'ère chrétienne, c'est-à-dire,
à l'an 1322. De là, Baimbridge, et, après lui,
Pétau et Fréret, ont cru pouvoir conclure que
le cycle caniculaire existait réellement alors. Ce
sont là, du moins à ma connaissance, les seuls
témoignages historiques qui aient été apportés
pour établir la haute antiquité de ce cycle. Néanmoins je puis encore y joindre, si l'on veut, l'é-
noncé d'une règle donnée par le second Théon sous
le règne de Dioclétien, pour trouver le jour de l'année auquel correspond le lever héliaque de Syrius, règle qui n'avait pas encore été publiée,
mais que je rapporterai textuellement à la fin de
cet ouvrage (1). Théon y prescrit de supputer les

____

(1) Ce fragment avait déja été mentionné par Larcher, et après
lui par Volney; mais je ne sais pourquoi l'un et l'autre n'en
avaient rapporté que les premières lignes. L'intérêt extrême
qu'il y avait à le connaître en entier m'a fait prier M. Hase,
savant aussi obligeant que profond, de vouloir bien l'extraire

années écoulées à partir d'un certain roi égyptien qu'il appelle Ménophrès , lequel ne se trouve mentionné sous ce nom dans aucune chronologie , mais que la forme de son calcul fait remonter à l'an 1322 avant l'ère chrétienne ; époque où en effet le lever héliaque de Syrius dut coïncider avec le premier de Thot, ainsi que nous l'avons expliqué plus haut. Mais que prouvent de semblables computations, sinon l'existence actuelle de la période aux époques où on les a faites? Qui ne voit que, relativement à son existence antérieure, leur autorité est sans force, et n'a pas même la valeur d'une assertion effective, encore moins d'une attestation présente et contemporaine? Car, ce ne sont pas ici des auteurs très-anciens, qui vous attestent expressément que le cycle existait à telle ou telle époque dont ils peuvent avoir la tradition certaine. Des témoignages de ce genre, on n'en a pas à citer un seul. Ce sont des auteurs récens, des chroniques très-confuses, et même souvent fabuleuses, qui expriment une date très-ancienne, presque sur la dernière limite

pour moi d'un manuscrit de la bibliothèque du roi où il se trouve , sous le n° 2390. M. Hase a eu la bonté de prendre cette peine, et l'on trouvera dans la note V le texte avec la traduction qu'il m'en a donnée. La suite des procédés employés par Théon m'a fait aisément retrouver la marche ainsi que l'esprit de son calcul. Il en résulte une confirmation nouvelle, tant de l'origine mathématique assignée par Censorinus au cycle, que de plusieurs autres dates intéressantes pour la chronologie.

des temps historiques, en fonction d'une période
connue de leur temps, et qu'il était naturel qu'ils
employassent, soit pour pouvoir embrasser dans
un même système de dates toutes les chronolo-
gies, soit pour donner ainsi du relief à leurs récits, en les faisant remonter à une fabuleuse antiquité. Conclure de ces seuls énoncés l'usage réel
et antique de la période, c'est confondre deux idées
totalement différentes ; c'est absolument comme
si l'on voulait prétendre que notre manière actuelle de compter les années à partir de la naissance de Jésus-Christ, a dû être réellement établie lors de cet évènement, tandis qu'elle n'a été
imaginée que plus de cinq cents ans après ; ou
bien encore, comme si l'on voulait soutenir que
les anciens ont connu, de tout temps, la période
julienne de Scaliger, parce que les évènemens,
les plus reculés de l'histoire, sont maintenant
ainsi exprimés. On pourrait avec moins d'invraisemblance avancer la proposition contraire ; savoir, que l'adoption d'une ère est généralement
et même est quelquefois de beaucoup postérieure
à l'époque astronomique qui lui sert d'origine :
car, cette assertion ne se trouverait en défaut
pour aucune des grandes ères connues, si ce n'est,
peut-être, pour celle de l'hégire. Au reste, la
généralité de ce résultat n'est ici nullement nécessaire. Il nous suffit de discuter le cas particulier de la période cynique, et de voir s'il existe
des autorités historiques qui prouvent qu'elle ait

été réellement connue et employée dans cette haute antiquité de 1322 ans, et même de 2782 ans avant l'ère chrétienne à laquelle on a voulu faire remonter son existence. Or, sur ce point, on a d'une part les deux seules inductions que l'on peut tirer des fabuleux fragmens de Manéthon, et de la vieille chronique ; fragmens que nous ne possédons pas même en original, mais que nous trouvons seulement cités par des auteurs fort postérieurs à l'ère chrétienne et dépourvus de toute connaissance astronomique; tandis que, de l'autre part, nous avons le silence complet et unanime de tous les auteurs anciens d'astronomie, de géographie, de chronologie ou d'histoire, dont les ouvrages originaux nous sont parvenus. On conviendra qu'ici la vraisemblance est du côté du plus grand nombre ; car, il serait bien extraordinaire que tant de savans hommes, qui ont recueilli avec les plus grands soins les résultats, même les premiers essais de l'astronomie ancienne, et qui nous les ont transmis avec une fidélité tellement parfaite qu'elle est souvent minutieuse, se fussent tous accordés pour omettre une chose aussi importante que la période cynique, considérée dans les rapports des levers héliaques de Syrius avec l'année vague, si ces rapports eussent été en effet aussi anciennement connus et déterminés chez les nations dont ils parlaient.

Mais, si l'on est contraint d'abandonner les autorités historiques, on aura peut-être recours à des indications d'un autre genre, tirées de l'exactitude même du cycle et de son parfait accord avec le calcul, quand on le considère comme exprimant le rapport de l'année vague, non pas avec l'année tropique, mais avec le lever héliaque de Syrius en Égypte. On demandera s'il n'a pas fallu des observations continuées pendant une longue suite de siècles pour atteindre une si grande justesse; et s'il est possible de concevoir qu'on y soit parvenu autrement. L'accord trouvé plus haut entre le calcul astronomique et la date fixée par Censorinus pour le commencement, ou, si l'on veut, le renouvellement de la période en l'an 139 de l'ère chrétienne, semblera donner un grand poids à cette assertion; et ainsi, à défaut d'autres témoignages, l'antiquité du cycle paraîtra encore pouvoir être démontrée par la nécessité même dont elle a dû être pour le découvrir, et pour en fixer l'époque initiale avec une si grande précision.

Réduisons d'abord l'accord dont il s'agit à sa valeur véritable. Il est loin d'être réellement aussi merveilleux qu'il le paraît au premier coup d'œil; car l'épreuve astronomique, dont nous avons fait usage, n'est pas, au fond, aussi sévère qu'elle semble l'être. Le choix de l'arc de dépression que l'on emploie dans le calcul, offre toujours une certaine facilité pour faire concorder l'époque mathématique du phénomène avec la date qu'on lui donne; et, pourvu que cette date n'exige pas une valeur de la dépression trop en dehors des limites où l'observation physique est possible, rien n'empêchera qu'on ne l'admette. Par exemple, en recommençant le calcul pour l'année 139 avant l'ère chrétienne, avec la même latitude de 30°, mais en adoptant un arc de dépression de 12° au lieu de 10°, et personne ne saurait réellement affirmer lequel des deux est préférable, on trouverait le 22 au lieu du 20 juillet pour l'époque du lever héliaque de Syrius cette année-là. Conséquemment, si Censorinus eût assigné le 22 juillet au lieu du 20 pour le renouvellement de la période, on aurait encore pu trouver son récit exact. Et ceci n'est pas une pure spéculation sans application réelle; car Ptolémée, dans son Traité des apparitions des étoiles fixes, place précisément au 28 épiphi fixe ou au 22 juillet, le lever héliaque de Syrius, sous la latitude de 30° 22'; de sorte que, pour trouver cette annonce exacte, il faut la considérer comme faite d'après une valeur de la dépression égale à 12°. Or, personne ne peut dire que ce soit là la dernière limite que l'on puisse attribuer à cet élément. Voilà donc déja, par cela seul, une tolérance de deux ou trois jours accordée au calcul pour s'accommoder aux dates indiquées. La latitude du lieu est encore une autre donnée, qui fait varier l'époque absolue du phénomène; de sorte que, si elle n'est point rigoureusement assignée, mais seulement limitée par des considérations critiques, comme dans le récit de Cen-

sorinus que nous discutions tout à l'heure, les
diverses valeurs que l'on peut lui attribuer sont
encore un moyen de faire accorder plus exactement le calcul avec les époques indiquées par les
auteurs. Or, toutes ces facilités diminuent considérablement la valeur de l'accord auquel on arrive avec leur secours; et elles donnent ainsi à la
vérification que l'on cherche, une probabilité
beaucoup plus faible qu'elle ne le serait, si elle
était déduite d'élémens absolument fixes.

La détermination de la date donnée par Censorinus étant ainsi réduite à son degré de justesse
et par conséquent de difficulté véritable, nous
avons à examiner comment on a pu la découvrir.
Mais d'abord, il n'est pas du tout certain que ce
fût par des observations effectives de levers héliaques, car Censorinus ne le dit nullement; et
comme, à l'époque où il écrivait, le calcul direct
de ces phénomènes, d'après les positions des étoiles et du soleil, était connu, puisque Ptolémée
les avait déterminés ainsi pour plusieurs climats
et plusieurs étoiles, dans son Traité de l'apparition des fixes; qu'on avait même, depuis plusieurs
siècles, l'usage de les annoncer, dans les calendriers publics, soit d'après le calcul soit, bien plus
vraisemblablement, d'après des observations antérieures, rien ne prouve qu'on ne fût parti de
ces résultats, dont la constance de date dans l'année julienne, relativement à Syrius, était évidente,
pour remonter, en suivant la marche rétrograde

de l'année vague, jusqu'à l'époque antérieure où
le jour julien indiqué par cette date avait dû coïncider avec le premier de Thot. Les seules annonces de levers héliaques, faites depuis plusieurs siècles dans les calendriers annuels, suffisaient, je le
répète, pour cette détermination, et offraient assurément le procédé le plus simple pour l'obtenir.
L'origine mathématique de la période étant une
fois fixée, rien n'empêchait de l'étendre par rétrogradation à tous les siècles antérieurs. Le silence
de Censorinus et des autres auteurs sur l'époque
à laquelle cette détermination fut faite et adoptée
pour les computations chronologiques, ne permet
pas d'affirmer qu'elle l'ait été de cette manière plutôt que de toute autre. Seulement on conviendra
que celle-ci serait de beaucoup la plus simple.
Mais alors que devient l'abyme d'antiquité, dans
lequel on a voulu rejeter l'origine de ces résultats?

Toutefois, ne pouvant rien prononcer d'absolu
sur ce point de fait, puisque les preuves histori
ques, les seules qui pussent l'établir avec certitude, nous manquent, discutons la supposition
de cette antiquité dans les circonstances qui lui
sont les plus favorables, c'est-à-dire, en considérant la période de 1461 années vagues, comme
primitivement liée aux levers héliaques de Syrius,
et trouvée par l'observation effective de ces phénomènes; puis examinons comment les anciens
astronomes auraient pu déterminer ces levers avec
une approximation aussi grande, et assigner avec

tant de justesse la période de leurs retours. C'est
ce qu'il sera facile de concevoir d'après la marche
ordinaire que les anciens ont suivie dans la recherche des autres périodes qu'ils ont découvertes ; et il ne leur aurait fallu, pour celle-ci, ni
beaucoup d'années, ni des connaissances astronomiques bien profondes ; car elle s'offrait d'elle-
même comme une conséquence évidente des observations les plus simples. Pour s'en convaincre
il faut d'abord se former une idée nette des circonstances qui déterminent annuellement le retour du lever héliaque d'une étoile quelconque,
et les combiner avec la période de $365^j\,\frac{1}{4}$ que
nous avons vu être celle des retours mathématiques de ce phénomène pour Syrius, aux époques
anciennes, dont nous nous occupons.

A cet effet, supposons que OLH, fig. 2, pl. 1,
représente sur la sphère céleste le grand cercle de
l'horizon du lieu où l'on observe, et que S L E
représente la position du grand cercle de l'écliptique sur cet horizon, au moment où l'étoile
observée se lève en O. Si le soleil se trouvait sur
l'horizon en même temps que l'étoile, elle ne
serait pas aperçue ; il faudra même qu'il soit
abaissé d'un certain nombre de degrés au-dessous
de l'horizon, pour qu'elle puisse devenir visible.
Supposons que la limite de cet abaissement, mesuré sur l'écliptique, soit fixée au point b ; en
sorte que l'étoile soit toujours visible à son lever
en O, quand le soleil sera plus loin de l'horizon

que le point b ; et qu'au contraire elle soit toujours invisible quand il se trouvera en-deça de ce point. Cela posé, marquons sur l'écliptique quatre autres points a, c, d, e, de manière à former les quatre intervalles ab, bc, cd, de, tous égaux entre eux, et à l'arc que le soleil décrit sur l'écliptique en un quart de jour, arc qui est environ de $15'$; puis, revenant à Syrius et à la latitude de l'Égypte, supposons qu'au dernier jour épagomène d'une certaine année vague, le soleil se soit trouvé le matin en a dans l'écliptique au moment où Syrius se levait en O. Il est clair, d'après nos définitions précédentes, que Syrius ne sera pas aperçu ce jour-là à son lever ; mais après une révolution diurne de la sphère céleste, c'est-à-dire le lendemain matin, au premier de Thot, le soleil aura décrit un degré de plus dans l'écliptique en vertu de son mouvement propre. Il se sera ainsi avancé de a en e ; conséquemment l'étoile qui n'était pas visible à son lever la veille, le deviendra ce jour-là et les jours suivants, jusqu'à ce que, par l'effet de son mouvement propre, le soleil revenant sur l'horizon avec elle par l'occident, la fasse de nouveau disparaître. Cela posé, quand il se sera ainsi écoulé une année vague de 365 jours, c'est-à-dire, le 1er de Thot de l'année suivante, le soleil ne sera pas encore revenu au même point e de l'écliptique où il s'était trouvé lors du premier lever héliaque. Il lui restera encore, pour y parvenir, à décrire l'arc correspondant à peu près à un quart de jour ; de sorte qu'il se trouvera ce jour-là en d au moment où l'étoile se levera en O ; elle sera donc encore visible à son lever. Mais, elle ne l'aurait pas été la veille, car le soleil se trouvait alors au point a, entre le point b et l'horizon. Après une autre période de 365 jours, c'est-à-dire, le 1er Thot de la troisième année, le soleil se trouvera en c au moment du lever de l'étoile, et ainsi elle deviendra encore visible ce jour-là, d'invisible qu'elle était la veille, le soleil se trouvant alors plus voisin de l'horizon d'un degré. La même chose arrivera encore au commencement de la quatrième année vague ; le soleil sera en b le premier de Thot, au moment du lever de l'étoile qui deviendra ainsi visible ce jour-là pour la première fois. Mais, il n'en sera plus ainsi au commencement de la cinquième année, car le soleil se trouvant en a au moment du lever de l'étoile le premier de Thot, elle ne sera pas encore dans ses conditions de visibilité ; mais elle s'y trouvera le lendemain, c'est-à-dire le deuxième jour de Thot, parce que le soleil ayant décrit un degré de l'écliptique dans cet intervalle, sera passé en e, au même point où il s'était trouvé le premier de Thot quatre années auparavant. Le lever héliaque de l'étoile aura donc lieu de même le deuxième jour de Thot de cette année et des trois suivantes jusqu'au commencement de la neuvième ; après quoi il passera au troisième jour de Thot ,

au quatrième, au cinquième , et ainsi de suite ;
jusqu'à ce que 1461 années vagues s'étant écoulées, il se trouve revenu de nouveau au premier
jour de Thot , pour recommencer le même ordre
progressif de déplacement. On voit en outre,
par cet ordre même , qu'en désignant par 1 la
première année du cycle , les changemens de jour
s'opèrent aux années 1 , 5, 9, 13 ,..... c'est-à-dire
à celles dont les rangs sont exprimés par un mul-
tiple de 4 augmenté de l'unité ; et les nombres de
changemens révolus qui expriment les dates du
phénomène dans l'année vague, sont respective-
ment 1 , 2 , 3 , 4 ..... Par où il est facile de déterminer le rang de chaque année changeante dans
le cycle, lorsque l'on connaît le jour auquel le lever héliaque s'y opère ; car il suffit pour cela, de
compter le nombre de jours qui précèdent celui-
là dans l'année vague , de multiplier ce nombre
par 4 , et d'y ajouter une unité ; par exemple ,
si l'on sait qu'une certaine année est retardataire,
et que le lever héliaque ait sauté au troisième
jour de Thot, comme le nombre des jours antérieurs de cette même année est 2, son rang dans le
grand cycle sera 2 fois 4 plus 1, ou 9, ainsi que
nous l'avons reconnu directement tout à l'heure.
Si le passage s'était opéré sur le quatrième jour,
le rang serait 3 fois 4 plus 1, ou 13, comme nous
l'avons reconnu également. Les années où le passage s'opère sont les seules dont le rang puisse
être ainsi directement assigné dans le cycle ; pour

les autres qui sont comprises entre elles , il faut
ajouter à leur rang calculé comme nous venons
de le dire , la quantité dont elles suivent la première année retardataire qui les a précédées.

Le raisonnement que nous venons de faire pouvant être indifféremment appliqué à toutes les
étoiles, il semble que la même conséquence doit
valoir pour toutes; c'est-à-dire, que l'intervalle des
levers héliaques consécutifs de chacune d'elles,
doit être pareillement constant et égal à 365 j. $\frac{1}{4}$.
C'est aussi ce que les anciens supposaient généralement; car, Ptolémée lui-même, dans son traité
de l'apparition des fixes , marque les levers héliaques des principales étoiles à des jours déterminés de l'année fixe alexandrine , ce qui présente
ces levers comme pareillement fixes dans la période solaire de 365 j. un $\frac{1}{4}$. Cependant il savait
très-bien, que cette fixité n'était pas absolument
rigoureuse, et il en avertit d'une manière expresse;
mais il jugeait avec raison qu'elle se soutenait
pendant de très-longs espaces de temps avec une
exactitude suffisante, pour de simples annonces
de phénomènes toujours impossibles à observer
avec précision. Dans le raisonnement que nous
venons d'appliquer à ces phénomènes, nous ne
les avons trouvés constans que parce que nous
avons employé comme des données fixes, plusieurs élémens dont les valeurs éprouvent des variations, à la vérité très-lentes, mais néanmoins
progressives et qui deviennent sensibles dans la

suite des siècles par leur accumulation. Ainsi l'é-
toile que nous avons supposé placée en O à une
distance fixe du pôle de l'équateur et de l'équinoxe vernal, change en effet continuellement de
position relativement à ces deux points, en vertu
du continuel déplacement des équinoxes : en
outre, le mouvement diurne du soleil dans l'é-
cliptique, que nous avons supposé de 15′ ou $\frac{1}{4}$ de
degré, n'est pas exactement de cette quantité; et
même, sa valeur en chaque point de l'écliptique
varie avec la suite des siècles, parce qu'elle dépend de la distance actuelle de la terre à l'apogée de son ellipse, et que cet apogée se déplace
continuellement dans le ciel, en vertu de l'attraction des planètes sur le sphéroïde terrestre. Ces
diverses variations, que l'on appelle séculaires,
étant excessivement lentes, leur effet sur les levers
héliaques n'est pas sensible en un petit nombre
d'années ; et la vraie valeur de l'année tropique
est aussi trop rapprochée de 365 jours $\frac{1}{4}$ pour
que la différence puisse être aperçue en peu de
temps, surtout dans des phénomènes qui ne sont
pas susceptibles d'être observés avec rigueur.
Ainsi, pendant un nombre d'années qui peut
même être considérable, l'intervalle des levers
héliaques consécutifs d'une même étoile peut paraître sensiblement constant, et peut, avec une
approximation suffisante, être considéré comme
égal à 365 jours $\frac{1}{4}$; mais cette supputation, con-
tinuée pendant long-temps, finit par s'écarter con-

sidérablement des observations, à moins que,
par une circonstance de position toute particulière, on ne l'applique à une étoile tellement située, que les causes de variations exposées plus
haut se compensent mutuellement pour elle, au
moins durant une longue suite de siècles. Or,
cette condition a précisément eu lieu pour les
levers héliaques de Syrius en Égypte, pendant
les vingt ou trente siècles qui ont précédé l'ère
chrétienne, du moins en supposant ce phénomène
assujetti aux seules circonstances de visibilité que
nous avons plus haut énoncées. Si la preuve de
cette vérité exige aujourd'hui des calculs savans,
fondés sur la connaissance et la mesure précise
du mouvement des équinoxes et de l'apogée solaire, l'observation du fait, lorsqu'il existait, ne
demandait que des yeux; et ainsi elle n'offre en
elle-même rien d'invraisemblable. Mais on la comprend bien mieux encore, en la supposant, comme
on doit le faire, précédée par l'usage de l'année
vague de 365 jours. Car, avec ce secours, elle était
la chose du monde la plus simple.

En effet, imaginons d'abord que, sans connaître,
sans soupçonner même, la période quadriennale,
les prêtres de Memphis ou de tout autre lieu de
l'Égypte aient observé le lever héliaque de
Syrius un certain jour de l'année vague, par
exemple, le 6e jour du mois phanemôth, jour
qui était le 186e de l'année. Si cette observation
eût pu être mathématiquement rigoureuse, il

13.

aurait suffi de la répéter quatre années de suite
pour découvrir la variation quadriennale, et pour
en déduire la durée entière du cycle. Mais on
conçoit qu'il n'en a pu être ainsi; et que, pendant
quelques années, le déplacement progressif du
lever héliaque dans l'année vague a dû se confondre avec les erreurs inévitablement attachées
à ce genre d'observation. Mais enfin, le fait de
ce déplacement, sinon sa quantité, a dû se manifester par son accumulation même, précisément
comme Geminus le remarque pour le déplacement progressif du solstice; et, en supposant les
observations continuées par le collége des prêtres
seulement pendant cent années, le retard total
réellement observé n'a pas pu être moindre que
de 20 à 30 jours, ce qui était certainement beaucoup trop considérable pour échapper à la plus
légère attention. Or, un retard de 20 jours en
100 ans aurait donné $\frac{1}{5}$ de jour par année;
et un retard de trente jours aurait donné $\frac{1}{3}$. En
admettant donc que les observations partielles
n'excédassent point ces limites d'erreur, ce qu'elles
n'auraient pu faire sans être excessivement grossières, la moyenne la plus simple entre elles
était $\frac{1}{4}$, ce qui donnait $365^j \frac{1}{4}$ pour le retour annuel du phénomène. Alors, selon l'esprit de toute
l'antiquité, où la nature des signes arithmétiques
rendait le calcul des fractions très-pénible, on
aura cherché à se débarrasser de celle-ci en composant une période qui la fît disparaître, préci-

sément comme Geminus, Censorinus, Macrobe et tous les autres auteurs rapportent que les Chaldéens et les Grecs ont constamment opéré pour découvrir leurs périodes lunaires et solaires. Ici rien n'était plus facile; car la fraction $\frac{1}{4}$ étant aussi simple, il suffisait de multiplier 365 par 4, et d'y ajouter 1, pour avoir 1460 retours du lever héliaque, compris dans 1461 années vagues, ce qui est précisément la période sothiaque ou caniculaire (1). Mais, si l'évaluation directe de la fraction $\frac{1}{4}$ appliquée à ces phénomènes était tellement facile en elle-même, indépendamment de toute analogie étrangère, combien son adoption n'a-t-elle pas dû être encore plus naturelle et plus évidemment provoquée, si, comme cela est très-vraisemblable, l'année solaire de 365 j. $\frac{1}{4}$, avec laquelle elle offrait une si singulière concordance, était déja connue antérieurement! Il ne fallait alors que borner à Syrius seul cette idée de constance dans l'année tropique que l'on avait

(1) En effet, puisque, après les 365 jours qui composent une année vague, le lever héliaque de Syrius est supposé se trouver en retard d'un quart de jour, il s'ensuit qu'après 4 années vagues il sera en retard de 1 jour, et après 365 fois 4 ou 1460 années vagues, il le sera de 365 jours. Donc en ajoutant encore une année vague, ce qui en fait 1461, le lever de Syrius se trouvera retardé de 365 jours un quart, c'est-à-dire du temps juste qui sépare deux levers héliaques consécutifs; et par conséquent dans cet intervalle, il y aura un lever héliaque de moins que le nombre entier d'années, c'est-à-dire 1460.

d'abord supposée généralement vraie pour les levers héliaques de toutes les étoiles ; et la nécessité d'une telle limitation se trouvait indiquée par le temps seul et par les faits mêmes, sans aucune science, même sans aucun effort d'esprit.

Quant à l'origine de cette période qui, selon le témoignage de Censorinus, se comptait de l'époque où le lever héliaque de Syrius arrivait en Égypte le premier de Thot, il n'est pas du tout nécessaire qu'elle ait été fixée par une observation immédiate ; et cela serait même très-peu vraisemblable. Car chaque détermination partielle du lever héliaque pouvant très-aisément donner une erreur de plusieurs jours, on n'aurait jamais pu compter sur quelque exactitude en se bornant à des observations faites aux seules époques de son renouvellement. Mais, si cette origine a été en effet déterminée d'après des levers héliaques, on aura pu très-aisément la conclure par computation rétrograde, en partant d'observations faites à une époque quelconque de l'année vague de 365 jours, laquelle par sa simplicité a dû, comme les témoignages historiques l'attestent, être la première et la plus anciennement établie. En effet, lorsqu'on eut déterminé, à une époque quelconque, la durée de la période entière, d'après des observations distantes, comme nous l'avons expliqué tout à l'heure, on a pu aisément calculer, par cette période même, le nombre d'années vagues écoulées depuis la date actuelle du lever héliaque de Syrius dans l'année vague, jusqu'à l'époque antérieure où ce phénomène avait dû coïncider avec le premier de Thot. Il ne fallait pour cela que le faire graduellement reculer d'un jour pour quatre ans, jusqu'à ce qu'on l'eût fait remonter au premier jour de l'année. Chacune des observations successives, réellement faites dans cet intervalle, donnait donc ainsi, *arithmétiquement*, une époque mathématique de l'origine fictive du cycle ; et la moyenne de toutes ces époques a dû fournir une détermination aussi exacte que la nature du phénomène le comportait. Rien n'empêche que la date rapportée par Censorinus n'ait été obtenue de cette manière ; et ainsi l'on n'a pas besoin de rechercher, comme l'ont fait les chronologistes, si la période a été établie pour la première fois lors de son renouvellement l'an 1322, ou l'an 2782 avant l'ère chrétienne, puisqu'elle a pu l'être également à une époque quelconque intermédiaire entre celles-là, et même postérieure à la dernière. Mais, ne trouvant dans les auteurs aucune indication du procédé employé pour fixer l'origine du cycle, et n'y trouvant non plus aucune preuve positive de la haute antiquité de cette détermination, rien, comme nous l'avons dit plus haut, ne nous autorise à supposer qu'elle ait été fondée ainsi sur des observations réelles de levers héliaques, plutôt que conclue, *à postériori*, par le calcul des lieux de Syrius et du soleil, précisément comme l'ont été les époques des levers héliaques consignées dans le calendrier de Ptolémée. Et, si l'on considère le doute absolu dans lequel les autorités historiques nous laissent sur le temps où l'origine héliaque du cycle fut ainsi fixée ; le silence absolu des plus anciens auteurs sur la relation même du cycle avec le lever de Syrius ; enfin, l'emploi de cette relation paraissant seulement à une époque où le calcul des levers héliaques était connu et habituellement pratiqué, on trouvera, peut-être, que la détermination de l'origine du cycle, par un simple calcul pareil, n'est pas la moins vraisemblable. Néanmoins, sans prétendre rien prononcer à cet égard, nous nous bornerons à conclure de la discussion précédente que la longue durée du cycle caniculaire, et la nature du phénomène astronomique assigné pour son origine, ne prouvent nullement son antiquité. S'il exprime l'accord de l'année vague avec l'année tropique de 365 jours $\frac{1}{4}$, sa date ne saurait être ancienne, et il ne pourrait pas avoir été fondé sur des observations effectives continuées pendant cet intervalle, puisque de telles observations lui auraient assigné une durée différente. Si on le considère comme exprimant l'intervalle des retours du lever héliaque de Syrius au premier de Thot, son ancienneté n'en deviendra ni plus nécessaire, ni plus vraisemblable. Car, l'époque à laquelle il commence à recevoir cette destination n'étant indiquée par aucun témoignage historique, et rien absolument ne pouvant autoriser à la supposer ancienne, il se pourrait d'abord qu'elle lui eût été assignée par le seul calcul, dans des temps très-postérieurs à ceux auxquels son origine fictive remonte; ou, si cette liaison avec les levers héliaques est supposée le résultat d'observations effectives, le petit nombre d'années qui suffit pour établir ainsi la durée aussi bien que l'origine fictive de la période, exclura encore cette nécessité d'antiquité qu'on lui supposait. De sorte qu'en définitif, on ne trouvera pour cette antiquité aucune preuve positive, ni même aucune induction, et toutes les analogies contre.

La même discussion ne nous a également donné aucun indice qu'il existât depuis une très-haute antiquité, en Égypte, une période annuelle vulgaire de 365 jours $\frac{1}{4}$, appliquée, non pas au mouvement tropique du soleil, mais à la mesure de l'intervalle de temps compris entre deux retours consécutifs du lever héliaque de Syrius. Cependant, puisque M. Fourrier suppose comme une chose reconnue, qu'une telle période avait été exactement déterminée, et publiquement employée depuis des temps très-anciens, sous le nom d'année agricole, et puisque cette supposition même est un des points fondamentaux du système d'interprétation qu'il applique aux monumens astronomiques, il convient de rechercher spécialement les preuves que lui ou d'autres savans en ont apportées. Or, celles dont ils ont voulu s'appuyer, sont très-peu nombreuses, et surtout très-peu anciennes. Ce sont quelques passages isolés, extraits d'Horus-Apollo, de Vettius-Valens, de Porphyre et du scholiaste grec d'Aratus. Je vais successivement rapporter ces passages, et essayer d'apprécier le degré de confiance qu'ils peuvent mériter.

L'ouvrage grec qui porte le nom d'Horus-Apollo, est un traité ex professo, dont l'objet n'est rien moins que l'interprétation des hiéroglyphes égyptiens. Sur ce titre, et d'après la ressemblance du nom de l'auteur avec celui d'Orus fils d'Osiris, on a voulu prétendre qu'il avait dû être composé très-anciennement en Égypte, par ce fabuleux personnage; et on l'a fait remonter ainsi au-delà de l'époque de la guerre de Troie. Mais une si faible induction n'a pas suffi pour accréditer une opinion si peu vraisemblable. On croit généralement aujourd'hui que ce traité des hiéroglyphes a été composé par un grammairien égyptien dont Suidas parle, et qui, après avoir enseigné à Alexandrie et en Égypte, vivait à Constantinople dans le quatrième siècle de l'ère chrétienne, du temps de Théodose. L'ouvrage, tel que nous l'avons, est donné comme traduit de l'égyptien par un grec nommé Philippe, dont le style semble indiquer une très-grande altération de la langue grecque. Au reste, le peu d'antiquité de cette composition se peut inférer d'un passage où l'époque

véritable de l'auteur se décèle. Il est relatif à la manière de figurer en langage hiéroglyphique l'inondation du Nil (1). « Les Égyptiens, dit-il, désignent
« ce phénomène par l'emblême d'un lion, parce que
« lorsque le soleil entre dans le Lion, la crue du
« Nil devient très-considérable ; et, pendant qu'il
« reste dans cette constellation (ζωδίῳ), l'inonda-
« tion atteint souvent les deux tiers de sa hauteur
« totale. » Or, selon tous les témoignages des voyageurs anciens et modernes, depuis Hérodote jusqu'à
nos jours, le Nil commence à croître au-dessous
de la dernière cataracte, immédiatement après le
solstice d'été. Il se passe quarante ou cinquante
jours avant qu'il ait atteint la moitié de sa plus
grande hauteur, et il ne parvient au dernier terme
de son accroissement qu'environ cent jours après
le solstice. Conséquemment, à cette première phase
de la crue du Nil, que le passage cité désigne comme étant déja très-considérable, le solstice devait
être passé depuis un assez grand nombre de jours ;
et il l'eût eté, par exemple, de trente jours, si
l'on supposait que cette phase répondît seulement
au tiers de la crue totale ; or, puisque, selon l'auteur, le soleil devait se trouver alors dans le commencement du Lion, si l'on suppose qu'il cite cet
emblême comme signe, c'est-à-dire, comme douzième du zodiaque, il fallait que le solstice, antérieur de trente jours, s'opérât dans un point de

____

(1) Horus Apollo, 21ᵉ hiérog., liv. 1.

l'écliptique qui fût de 30° plus occidental, ce qui le reporte au commencement du signe du Cancer; et, comme cette disposition, qui place les deux équinoxes et les deux solstices au commencement des signes, ne fut généralement admise qu'après Hipparque, il s'ensuivrait que l'ouvrage qui l'emploie comme telle est écrit après cet astronome (1), sans que l'on pût toutefois assigner de combien il lui est postérieur. Cette conséquence se trouverait confirmée par la seconde partie du même passage, où il est dit que la crue atteint souvent les $\frac{2}{3}$ de sa plus grande hauteur pendant que le soleil est dans le Lion; car, en calculant le nombre de jours

(1) Delambre a remarqué avec raison que cette division d'Hipparque était une conséquence naturelle de l'usage qu'il faisait de la trigonométrie sphérique pour calculer les déclinaisons du soleil et des autres astres relativement à l'équateur. Car, dans ce système, et dans ce système seul, la division de l'écliptique en degrés, minutes et secondes a la même origine que les arcs de l'écliptique et de l'équateur qui entrent dans les triangles sphériques; de sorte que ces arcs se trouvent alors exprimés et donnés par la division même, sans qu'il soit nécessaire d'y faire aucune réduction. Cet avantage n'a plus lieu si l'on met l'origine de la division dans tout autre point que les intersections équinoxiales ; ainsi un système de division qui place cette origine ailleurs qu'en ces points, par exemple, au milieu des signes comme celui d'Eudoxe, décèle par cela même l'absence de la trigonométrie sphérique dans les applications. Aussi ne trouve-t-on pas la moindre trace *d'une opération qui la nécessite* dans ce qui nous reste d'Eudoxe et dans le poëme d'Aratus. C'est seulement à Hipparque qu'on la voit commencer.

écoulés depuis le solstice, proportionnellement à cette indication, il en résulterait que la phase qu'elle désigne serait posterieure de deux mois à ce phénomène, ce qui qui ramène encore le solstice à l'origine du signe du Cancer, même en appliquant le passage à la fin du signe du Lion. Mais si, au lieu de supposer que l'auteur nomme le Lion comme signe, on veut qu'il le nomme comme constellation, ce qui, en effet, d'après les usages qu'il cite et les expressions qu'il emploie, pourrait être plus vraisemblable, son époque sera encore récente mais moins indéterminée; car alors, la première phase reportant le solstice à 30° à l'occident des premières étoiles du Lion, lui fera dépasser les étoiles du Cancer, et le raménera jusque dans les étoiles des Gémeaux; à quoi s'accordera aussi la seconde phase plus tardive d'environ trente jours, parce qu'en revenant du Lion vers le Cancer, ces deux constellations ensemble occupent, sur l'écliptique, beaucoup moins de deux dodécatemories. Dans ce cas, d'après le lieu qu'il donnerait au solstice parmi les étoiles, le traité des hiéroglyphes serait du quatrième siècle après l'ère chrétienne, conformément à l'indication donnée par Suidas. Au reste, les expressions de l'auteur, en les appliquant aux signes, dans ce passage, seraient les mêmes qu'emploient Pline, Théon, et les autres auteurs postérieurs à Hipparque, pour désigner le lieu du soleil dans l'écliptique, pendant l'inondation du Nil. Ainsi, Pline nous dit : « Le Nil commence à croître avec « la nouvelle lune qui suit le solstice d'été. Ses « eaux s'élèvent à une certaine hauteur pendant le « passage du soleil dans le Cancer; à une très-« grande dans le Lion ; elles s'arrêtent dans la « Vierge, et descendent ensuite par les mêmes « degrés. » Si l'on supprime de ce passage l'intervention de la lune, qui est une supposition hypothétique, le reste exprime le progrès du phénomène dans le sens des signes, précisément comme nous le décririons encore aujourd'hui : car, les voyageurs français en Égypte fixent, par exemple, le commencement de la crue au solstice ou au 22 juin, à l'entrée du soleil au signe du Cancer; le milieu au 15 août, le soleil étant dans le signe du Lion, son maximum vers la fin du signe de la Vierge, ou au commencement de la Balance, du 20 au 30 septembre ; après quoi les eaux baissent, et vers le 10 novembre elles se trouvent descendues à la moitié de leur hauteur totale, le soleil étant dans le Scorpion. Ayant constaté par cet indice physique le peu d'antiquité de l'ouvrage d'Horus-Apollo, nous examinerons plus loin ce qu'il dit des rapports de Syrius avec l'année égyptienne ; mais je préfère discuter d'abord un passage du scholiaste d'Aratus qui semble beaucoup plus propre à nous éclairer sur la nature réelle de ces rapports. Ce scholiaste que l'on

croit être Théon d'Alexandrie, s'exprime de la manière suivante (1) « Les vents étésiens, dit-il, en-
« vahissent la mer, lorsque le soleil est dans le
« Lion ; et chez les Égyptiens, les clefs des temples
« portent des figures de lion, desquelles pen-
« dent des chaînes auxquelles un cœur est atta-
« ché (2). Ils ont consacré toute cette constellation
« (ἄστρον) au soleil ; car, alors le Nil se déborde,
« et le lever héliaque de l'étoile du Chien s'opère
« vers la onzième heure (3). Ils placent, à cet in-
« stant, le commencement de l'année ; et ils con-
« sidèrent l'astre du Chien, ainsi que son lever,
« comme consacrés à Isis. Ils sacrifient aussi à
« cette époque une caille, considérant le ......
« de cet oiseau comme l'indice du temps de l'an-
« née où ce phénomène a lieu (4). » Le mot ἄστρον
employé par l'auteur, semble indiquer déjà qu'il
veut désigner ici le Lion comme constellation et
non pas comme signe ; mais le lever héliaque du

(1) Arat. Phén. scol. sur le vers 153, éd. Lips., p. 45.

(2) Horus Apollo dit que les Égyptiens désignent le Nil
par un cœur auquel une langue est attachée. Ainsi le cœur
suspendu par des chaînes à une figure de Lion, indiquait vraisemblablement le débordement du Nil dépendant de ce signe
céleste. Voyez la note Ire.

(3) Il s'agit vraisemblablement ici d'heures naturelles, et
de la onzième heure de la nuit ; ce qui répond à une heure
avant le lever du soleil.

(4) Le substantif qui indique le point de comparaison, est
dans les manuscrits, πταλμος, ou πταρμος. Mais l'un et l'autre de
ces mots n'offrent pas de sens raisonnable.

Chien, en Égypte, dont il fait une circonstance
co-existante avec la présence du soleil dans le
Lion, achève de confirmer ce sens, en démon-
trant que c'est de la constellation qu'il parle. En
effet, l'auteur des scholies existait vers le ive siècle
de l'ère chrétienne, et il cite le lever du Chien,
pour l'Égypte, comme une chose présente et qui
a lieu de son temps. Or, à cette époque, lorsque
Syrius se levait héliaquement pour l'Égypte ; ce
qui arrivait environ 27 jours après le solstice, le
soleil ne se trouvait pas dans le Lion considéré
comme signe ; mais il était à la même longitude que
les étoiles de la tête du Lion. Car, par une circonstance astronomique jusqu'ici non remarquée,
mais dont je donnerai tout à l'heure la démonstration évidente, depuis plus de 3000 ans avant
l'ère chrétienne, jusqu'à plus de 1000 ans après
cette ère, c'est *toujours* dans cette même *constellation* du Lion, mais en des parties différentes,
que s'est trouvé le soleil au moment de l'année
où le lever héliaque de Syrius a eu lieu en Égypte ;
et en outre, depuis plus de 1700 ans avant jusque
vers 1000 ans après l'ère chrétienne, c'est aussi
lorsque le soleil était dans les étoiles du Lion, que
le débordement du Nil s'est opéré : deux circonstances qui, sans doute, expliquent suffisamment
pourquoi les Égyptiens avaient consacré la constellation du Lion au soleil, et pourquoi des
figures de lion étaient partout reproduites sur
les clefs des temples ainsi que sur les tuyaux des

fontaines sacrées comme Plutarque et Horus-Apollo l'attestent. Il paraît donc par ce passage du scholiaste, que les Égyptiens *de son temps* considéraient le lever héliaque de Syrius qui coïncidait alors avec le *débordement* du Nil, comme le renouvellement de leur année agricole. Mais il ne nous dit pas si le même usage subsistait également dans les siècles antérieurs, où la même coïncidence n'avait pas lieu ; et surtout il ne nous fait pas distinguer si c'était alors la première apparition du débordement, ou le lever héliaque qui déterminait l'origine agricole de l'année. Il serait très-naturel de croire que ce devait être le débordement, puisque ce phénomène seul servait effectivement de règle fixe à l'agriculture, tandis que le lever héliaque ne lui offrait qu'un pronostic plus ou moins vague et éloigné. En tout cas, on voit par un autre passage du même scholiaste, que cette idée du renouvellement de l'année agricole, était purement l'expression des rapports qui subordonnaient les travaux de la terre à l'état du fleuve, sans aucune application à la mesure du temps ; car il fait dépendre cette mesure de l'année fixe, chez ces mêmes Égyptiens, dont il vient de faire mention. Le passage qui met ceci en évidence est relatif à la constellation de l'Hydre que le scholiaste décrit comme embrassant l'étendue de trois dodécatemories zodiacales (τριῶν μοίρας ζωδίων), celles du Cancer, du Lion et

de la Vierge (1); puis il ajoute : « Les Égyptiens ont
« appelé cette constellation le Nil, et ils en don-
« nent des raisons très-plausibles. Car, sa tête se
« trouve située dans la dodécatemorie sacrée (περ
« τὴν ἱερὴν μοῖραν), vers le mois d'épiphi, qui est
« chez les Romains juillet; le milieu de son corps
« répond au commencement du Lion, dans le
« mois de mesori, qui est chez les Romains au-
« guste, et qui est aussi le milieu précis de la
« crue du Nil. L'extrémité de ce même corps se
« trouve dans la Vierge vers le mois de thot, qui
« est chez les Romains septembre, lequel est aussi
« celui où le Nil cesse de croître. De là sa queue
« s'étend sur la tête du Centaure et se prolonge
« jusqu'aux serres du Scorpion. Car, dans le mois
« de paophi, qui répond à octobre, le Nil s'a-
« baisse; et c'est ce que le corbeau, placé sur la
« queue de l'hydre, annonce avec évidence; si-
« gnifiant, par sa couleur noire, que le Nil va
« disparaître. » Il est évident, d'abord, que, dans
tout ce passage, le scholiaste décrit la position de
la constellation de l'Hydre dans les dodécatemories
zodiacales, puisqu'il caractérise la première de
ces subdivisions par le nom de μοῖρα, et qu'il la
rapporte, ainsi que les suivantes à des mois égyptiens présentés en concordance constante avec

(1) Schol. ad. Arat. Phén., v. 443, p. 302, et page 103,
éd. Leip.

les mois de l'année romaine, lesquels étaient fixes, ou censés fixes, relativement aux solstices et aux équinoxes, en vertu de l'intercalation julienne. Or, lorsque l'année égyptienne devint fixe, le premier jour du mois de thot répondait, comme on sait, et répondit toujours depuis, au 29 août julien ; d'où il est facile de conclure que *les commencemens* de tous les autres mois répondaient aux jours de l'année julienne que le tableau suivant désigne.

Thot.	29 août.
Phaophi.	28 septembre.
Athyr.	28 octobre.
Choïak.	27 novembre.
Tybi.	27 décembre.
Mechir.	26 janvier.
Phanemôth.	25 février.
Pharmouthi.	27 mars.
Pâchon.	26 avril.
Payni.	26 mai.
Epiphi.	25 juin.
Mesori.	25 juillet.
1er des jours complémentaires.	24 août.

Maintenant, si l'on considère que tous ces commencemens répondent à la fin d'un mois julien, on en conclura que chacun des mois égyptiens coïncide dans presque sa totalité avec le mois julien suivant ; alors on verra que les dates, assignées par le Scholiaste aux diverses phases de la crue du Nil, ainsi que les divisions du zodiaque auxquelles

il les rapporte, coïncident précisément avec celles
que nous avons données plus haut, d'après les
voyageurs français ; et ainsi l'on conclura encore
de cette coïncidence qu'elles sont, de même que
celles-ci, rapportées au zodiaque mobile. Mais,
en outre, par là, nous pouvons connaître quelle
était cette première dodécatémorie que le Scholiaste appelle sacrée ; car, puisqu'elle répondait
au mois d'epiphi qui commence au 25 juin, c'est-
à-dire exactement ou presque exactement avec le
solstice, on voit que c'était celle qui suivait ce
phénomène, et que nous nommerions aujourd'hui
la dodécatémorie du Cancer (1). Etait-elle appelée
sacrée à cause de sa coïncidence avec le solstice,
époque constante du renouvellement de la crue
annuelle, ou parce que, depuis les temps les plus
anciens, c'était *toujours* dans cette première dodécatémorie du Cancer que s'était trouvé le soleil, lors du lever héliaque de Syrius ? La première supposition semblerait préférable, puisqu'en
effet c'était le solstice et non pas Syrius qui servait d'époque fixe à la crue du Nil, objet de tous
les vœux et principe de tous les travaux. Néanmoins, sans prétendre décider cette question, je
me bornerai à conclure des citations précédentes

____

(1) C'est ce qui est en effet confirmé par un autre manuscrit
des mêmes scholies également cité dans l'éd. de Leip., p. 103 ;
car on n'y trouve pas seulement, comme dans l'autre, les
mots : περὶ τὴν ἱερὴν μοῖραν, mais περὶ τὴν ἱερὴν μοῖραν τοῦ καρκίνου.

ce fait incontestable , savoir : que, vers le quatrième siècle de l'ère chrétienne , il y avait en Égypte des cérémonies sacrées, attachées à des époques fixes de l'année solaire; et c'est, en effet, ce que nous atteste également Plutarque, pour l'époque à laquelle il écrivait son traité d'Isis ou d'Osiris, puisqu'il y rapporte aussi certaines cérémonies, à des dates fixes, et à des circonstances physiques fixes dans la marche des saisons. Mais quelle preuve a-t-on que ces cérémonies , toujours relatives aux phases du Nil, qui sont elles-mêmes fixes dans l'année solaire, fussent liées à autre chose qu'à ces phases; et se rapportassent à une forme particulière d'année commençant au lever héliaque de Syrius ; surtout dans les temps anciens, où ce lever ne coïncidant ni avec l'inondation, ni avec le commencement de la crue, n'offrait qu'un indice vague, beaucoup plus difficile à observer que le solstice même? Rien assurément dans les passages qui précèdent, ne peut autoriser à tirer cette conséquence, à moins qu'on ne leur donne une application rétrograde, qui n'y est nullement exprimée. Peut-on avec plus de vraisemblance, l'établir sur le passage suivant d'Horus-Apollo, que nous avons prouvé être d'une époque à peu près pareille (1)? « Lors- « que les Égyptiens veulent indiquer l'année, ils « disent seulement un quart; parce que, selon

____

(1) Horus-Apollo, 5e hiéroglyphe.

« eux, entre un lever de Syrius et le lever suivant,
« il faut ajouter un quart de jour (au nombre en-
« tier de jours écoulés.) Car l'année sacrée est
« composée de 365 jours, ce qui fait qu'après
« quatre ans il faut ajouter un jour entier. » Mais
cet auteur étant postérieur à l'introduction de
l'année fixe en Égypte, son témoignage relativement à l'intercalation ne prouve rien pour les
temps antérieurs, surtout cette extension étant
formellement contredite par tous les écrivains
plus anciens; et, quant au mode emblématique
par lequel, selon lui, les Égyptiens indiquaient
l'année de Syrius, il ne dit pas non plus qu'il
fût anciennement usité, mais seulement qu'il l'est
à l'époque où il écrit. Or nous savons en effet,
que l'intervalle constant des levers héliaques de
Syrius devait être connu alors. Et, de même,
l'astrologue Vettius Valens, qui vivait du temps
d'Adrien, parlant de la détermination du point
du ciel dont l'influence domine tous les évènemens de l'année, a pu écrire : « Les anciens ont
« généralement choisi la néoménie de Thoth, pour
« l'époque dominante de l'année et de tous les
« mouvemens qui s'opèrent dans l'univers ; car
« ils comptaient le commencement de l'année de-
« puis cet instant, et *plus naturellement*, depuis
« le lever héliaque du Chien (1). » Dans un au-

____

(1) Voyez la discussion critique du texte de ce passage, dans
la note 6.

teur postérieur de 120 ans à l'ère chrétienne ; cette dénomination d'*anciens* employée en passant, d'une manière générale et vague, peut très-bien désigner des écrivains antérieurs de quelques siècles, tel que pouvait être, par exemple, Eudoxe de Cnide qui, au rapport de Pline, considérait la succession de tous les évènemens naturels comme embrassée par une période quadriennale, ayant son origine et sa fin marquées par le lever héliaque de Syrius ; mais ce serait étendre le sens de cette expression d'une façon étrange que de vouloir, comme Baimbridge et Fréret même, la faire remonter jusqu'à treize ou quatorze siècles avant l'ère chrétienne, pour l'appliquer aux anciens Égyptiens. D'autant, que l'alternative de choix que Vettius laisse entre le lever de Syrius et la néoménie de Thot, deux phénomènes généralement d'époques bien différentes, montre que l'origine dont il parle n'a qu'une application astrologique, c'est-à-dire qu'elle marque seulement le point duquel il faut partir pour marquer l'influence à laquelle chaque instant suivant de l'année est soumis. Or, ce choix n'a pas le moindre rapport avec une forme spéciale d'année agricole ou civile que l'on commencerait à l'instant ainsi désigné. C'est aussi ce que montre évidemment le passage lui-même, lorsqu'au lieu de le présenter isolément comme l'ont fait jusqu'ici tous les auteurs qui l'ont rapporté, on le rapproche de tout l'ensemble du chapitre qu'il renferme, lequel traite

Du signe dominateur de l'année. Il nous reste enfin a discuter le passage souvent cité de Porphyre, qui, dans sa bizarre dissertation, sur un passage de l'Odyssée, dit : « Les Égyptiens ne commencent pas « leur année comme les Romains au Verseau, mais « au Cancer : car, près du Cancer, paraît l'étoile « Sothis que les Grecs appellent l'astre du Chien ; et « le lever du Chien est pour eux le renouvellement « de l'année (νεομηνία), parce que cet astre do- « mine l'époque de la nativité du monde. » Il n'est pas facile de donner un sens précis et rigoureux à ce mélange d'idées astronomiques et astrolo- giques ; cependant on pourrait encore le com- prendre en supposant qu'il s'agit ici du Cancer comme signe et non pas comme constellation. Car, depuis 2800 ans avant l'ère chrétienne jus- qu'à près de 1000 ans après cette même ère, c'est toujours dans la dodécatémorie du Cancer que s'est trouvé le soleil à l'époque de l'année où Syrius se levait héliaquement pour l'Égypte. Ainsi Porphyre pouvait dire qu'une année dont le commencement était fixé au lever de Syrius, com- mençait aussi au Cancer, quoique non pas au premier point de ce signe. Si de plus on fait at- tention qu'au temps de Porphyre le lever hé- liaque de Syrius en Égypte, devait, à fort peu près, coïncider avec le débordement du Nil, ori- gine naturelle des travaux agricoles, on verra que ce passage dit absolument la même chose que le scholie de Théon rapporté plus haut ; et qu'ainsi l'on ne peut absolument rien en conclure pour les temps antérieurs. Quant à ce que Porphyre ajoute que le lever de Sothis domine la nativité du monde, ceci paraît être une allusion aux idées astrologiques que l'on avait attachées à la période caniculaire, bien certainement connue du temps de Porphyre, et dont le renouvellement mathématique s'opérait, comme nous l'avons dit, aux époques distantes de 1461 années vagues où le lever héliaque de Syrius se trouvait coïncider avec le premier jour de Thot. Les astrologues considérant tous les évènemens de chaque année comme soumis à l'influence de l'aspect céleste qui la commençait, avaient jugé que l'origine de la grande année héliaque devait présider à un évènement beaucoup plus général, et ils l'avaient appliquée à la naissance du monde. Quelques-uns d'entre eux, par exemple, Firmicus, croyaient que cette grande année marquait le temps après lequel toutes les planètes devaient se retrouver à la fois en conjonction. D'autres en avaient composé la durée de la vie du phénix qui renaissait de ses cendres après 1461 ans, et cette fable se trouve dans Tacite. Sans doute des interprétations pareilles prouvent des notions fort imparfaites d'astronomie. Mais ne semblent-elles pas déceler aussi une application bien peu ancienne, et bien peu usuelle, de la période même? car, si elle eût été depuis une haute antiquité réellement connue et employée; si, par exemple, on en eût embrassé une révolution entière par des observations effectives, est-il probable que le sens en eût été assez peu répandu pour qu'on le défigurât ainsi? Quoi qu'il en soit, il nous suffit d'avoir montré par la discussion précédente, que le passage de Porphyre dont on a voulu s'appuyer pour prouver l'antique usage d'une forme d'année égyptienne commençant au lever héliaque de Syrius, n'est d'aucune autorité à cet égard ; et cela, par la même raison qui s'applique aux passages d'Horus-Apollo, de Théon, de Vettius Valens ; savoir : parce que ces écrivains, tous postérieurs à l'ère chrétienne, expriment uniquement ce qui se faisait de leur temps, sans en étendre l'application à l'antiquité ; et, que pour leur temps même, ce qu'ils disent peut très-bien ne concerner que des usages religieux ou astrologiques, indépendans de la forme de l'année. Tirer de là la preuve, ou seulement la présomption, que les mêmes déterminations fussent connues et employées scientifiquement depuis une très-haute antiquité, en Égypte, avec un degré d'exactitude qu'elles n'ont pas même dans les auteurs qui les citent, c'est ce qui semble absolument contraire aux règles de la logique ; car les écrivains dont il s'agit, n'indiquant point cette haute antiquité, dans le sens qu'on lui donne, et n'étant pas même, à raison de leur époque récente, suffisans pour l'attester, vouloir l'établir sur des expressions qu'ils appliquent à une chose actuelle, c'est donner à leur témoignage une application antérieure qu'il ne comporte en aucune manière, qu'ils ne lui ont pas donnée eux-mêmes, et qui se trouve démentie par le silence absolu de tous les écrivains plus anciens qui se sont spécialement occupés de chronologie ou d'astronomie. Rejeter ceux - ci pour suivre indéfiniment quelques indications vagues, détachées des autres, c'est, autant qu'il soit possible de le faire, conclure du particulier au général, et du présent au passé le plus éloigné.

Tout ce que l'on pourrait inférer de ces indications avec quelque vraisemblance, en leur donnant la plus grande extension possible, ce serait que l'époque annuelle de l'inondation, si importante pour l'Égypte, ayant dû être de tout temps, dans ce pays, l'objet de l'intérêt le plus puissant, et des observations les plus attentives, on a dû, fort anciennement, s'attacher à remarquer les circonstances de toute nature qui pouvaient ou l'annoncer, ou la signaler. Dans ce nombre, la plus régulière, la plus frappante, la plus facile à reconnaître était, sans doute, le solstice d'été dont le retour annuel coïncidait nécessairement, et d'une manière absolument fixe, avec le premier accroissement des eaux. Les plus simples observations de longueurs d'ombres sur des gnomons perpendiculaires, ou la seule remarque du retour du soleil levant aux points de l'horizon qui limitaient annuellement sa marche vers le nord, suffisaient pour trouver très-exactement cette époque importante des solstices, ainsi que la durée approchée de l'année tropique, durée que l'on put supposer d'abord égale à 365 jours, puis bientôt à 365 jours $\frac{1}{4}$. C'était assez de ces résultats pour toutes les applications usuelles. Mais, on put remarquer encore que, vers l'époque du débordement, et toujours plus ou moins long-temps *avant* ce phénomène, une étoile très-brillante, la plus brillante du ciel, en un mot Syrius, se montrait le matin près de l'horizon, avant le lever du soleil. On pût donc joindre ce pronostic aux indications plus savantes des longueurs ou des directions d'ombres solsticiales, comme on y joignit également le premier souffle des vents étésiens, l'apparition de certaines espèces de poissons dans les eaux du Nil, et cette particularité inconnue qui faisait sacrifier une caille vers le même temps. Rien n'empêche que ces remarques n'aient été très-anciennement faites, puisqu'elles supposaient seulement des yeux et un motif d'observer. On avait donc pu aussi, dans des temps très-reculés et sans aucune notion précise d'astronomie, remarquer qu'à l'époque de l'année où Syrius commençait ainsi à reparaître, le solstice se trouvait *toujours* dans un même groupe d'étoiles zodiacales; car, cela a eu lieu constamment ainsi depuis plus de trente siècles avant l'ère chrétienne jusque bien long-temps après cette même ère. Il était donc aussi naturel que facile de consacrer ce groupe au soleil, en l'appelant le Lion; et cela se pouvait faire sans aucune science. On

pouvait de même, sans science, faire dire à Isis,
sur ces antiques colonnes dont parle Diodore : « Je
« me lève avec l'astre de la Canicule. » Mais, entre
ces simples indications et des déterminations précises, entre ces annonces larges et des fixations astronomiques de date rigoureuse, il y a une différence infinie, et il peut s'être interposé beaucoup
de siècles; non pas tant à cause de la difficulté
d'obtenir de pareils résultats, qui n'était pas très-
grande en elle-même, ainsi que nous l'avons
plus haut fait voir, mais à cause de l'esprit d'exactitude et de calcul que leur recherche suppose;
esprit qui a pu tarder aussi long-temps à naître
chez les Égyptiens, qu'il a tardé chez les Chinois
où, depuis un temps immémorial, l'observation,
disons mieux, la contemplation des astres, forme
de même une partie essentielle du gouvernement
et de la religion. Or, pour prouver qu'un tel esprit
existe dans une nation, ce n'est pas assez de quelques idées isolées, sur le système du monde, ou
sur le retour des comètes que nous reconnaissons
aujourd'hui, comme conformes à la nature. De pareilles idées peuvent naître sans aucune science,
et subsister long-temps sans aucune fécondité. Il
faut bien qu'elles se développent comme d'autres,
dans la multitude des chances qu'offrent les combinaisons de l'esprit systématique, lorsque le frein
du calcul et de l'expérience ne le retient pas. Ce
qui peut attester l'existence d'une science véritable,
et ce qui seul peut l'attester, c'est la précision des

résultats, et la recherche méthodique de leurs
déterminations. Or, de telles preuves, nous n'en
trouvons aucune dans l'ancienne Égypte. A la
vérité, nous voyons bien que l'époque précise du
lever héliaque de Syrius, et la période exacte de
ses retours, y sont connus et employés après
Hipparque et Ptolémée; mais, sachant que ces
grands astronomes avaient enseigné les moyens
de calculer théoriquement ces phénomènes, et ne
trouvant, avant eux, aucune trace certaine qui
montre que l'on sût le faire, nous n'avons aucun
droit d'affirmer que cette connaissance leur fût
antérieure. Et même, d'après l'intérêt puissant
et personnel qu'ils avaient à rechercher des résultats astronomiques pareils, afin de s'en servir
pour donner à leurs propres travaux des fonde-
mens plus solides, nous devrons plutôt être portés à croire, que s'ils n'ont pu eux-mêmes en
découvrir aucun vestige, c'est qu'en effet ils
n'existaient pas auparavant. En général, on ne
peut se faire *à priori*, une idée du temps qu'il a
fallu, ou qu'il faudra, pour développer, dans une
nation, l'esprit de précision et de recherche.
Qu'on nous dise pourquoi l'antiquité grecque, si
féconde en guerriers, en orateurs, en poètes, en
philosophes, et même en géomètres pleins de
génie, n'a pas produit un seul homme qui sût
observer les lois de la nature physique, les constater par des mesures précises, les développer
par des expériences imaginées à dessein. Pour-

quoi, après des Euclide et des Archimède, a-t-il
fallu qu'il s'écoulât vingt siècles, avant que cette
idée si simple, de faire des expériences pour
constater les lois abstraites des phénomènes, sor-
tît de la tête d'un Galilée? Personne, sans doute,
ne saurait le dire. Mais, il n'en est pas moins certain que cette seule idée, si tardive, a ouvert la
route fermée jusqu'alors, et a produit, en deux
cents ans, mille fois plus de découvertes que n'en
avait fait l'antiquité tout entière, et que n'en
aurait fait une autre antiquité, qui aurait suivi
celle-là, sur les mêmes erremens. Il se peut que
l'astronomie, l'astronomie exacte qui calcule et
qui mesure, ait eu, dans son développement, des
phases pareilles. Il se peut qu'elle ait été bornée,
pendant des siècles, aux seuls résultats qu'une
longue contemplation du ciel peut faire reconnaître, sans trigonométrie sphérique, sans calcul mathématique et presque sans instrumens;
jusqu'à l'époque où le génie de l'observation a
paru et en a fait une science féconde. Sur cela
nos propres réflexions ne peuvent nous instruire,
et les restes littéraires de l'antiquité peuvent seuls
nous apprendre quelles ont été ces périodes successives par lesquelles a passé l'esprit humain. Or,
aucun document pareil ne nous montre l'astronomie mathématique existante avant Hipparque;
nous assistons même, pour ainsi dire, à sa première enfance; nous la voyons naître avec les observations de Méton, d'Aristille et de Timocharis.

Quelle raison aurions-nous de leur enlever cette gloire pour l'attribuer aux anciens Égyptiens dont nous ne connaissons absolument aucun résultat qui suppose plus que la simple inspection du ciel. Il serait évidemment contraire aux règles de la critique d'agir ainsi, et une pareille extension de conjectures appliquée aux questions historiques produirait les plus grandes erreurs. Mais, ici, un autre motif très-grave doit contribuer encore à nous rendre cette ancienne science fort douteuse; c'est qu'à l'absence des résultats, il se joint l'existence d'une circonstance physique qui devait les rendre presqu'impossibles à obtenir. Car, au rapport de tous les astronomes qui ont essayé d'observer en Égypte, « L'horizon y est toujours si chargé de « vapeurs que, dans les belles nuits, on ne voit « jamais d'étoiles au-dessus de l'horizon, dans la « seconde et troisième grandeur; et que le soleil, « même, à son lever et à son coucher, se trouve en- « tièrement déformé (1).» Ces expressions de Nouet, l'astronome de l'expédition d'Égypte, ne sont pas obscures: lui-même a tenté d'observer, en Égypte, des levers héliaques, et n'a jamais pu y réussir. On en sera peu surpris si l'on veut, comme je l'ai fait, essayer par l'expérience combien de pareilles observations sont difficiles et incertaines, même dans nos climats septentrionaux, et dans

______

(1) Mémoire de Nouet sur les antiquités de Denderah, inséré dans les œuvres de Volney, tome v, p. 425.

les horizons les plus tranchés de nos nuits d'hiver. La nébulosité constante que Nouet attribue
à l'horizon de l'Égypte, ainsi que la déformation
du disque du soleil à son lever, semblent devoir
y résulter, non seulement des vapeurs répandues
dans l'atmosphère, mais encore du mirage perpétuellement existant sur les plaines arides et
sabloneuses du désert. Un horizon nébuleux n'est
point un obstacle pour nos observations actuelles
qui se font toutes à de grandes hauteurs des astres;
afin d'éviter les irrégularités des réfractions atmo-
sphériques. Mais c'en était un très-grand pour les
anciens, dont l'astronomie, avant Hipparque, se
fondait presque entièrement sur des observations
de levers et de couchers. Peut-être, sous ce rapport, les habitans de la Chaldée étaient-ils plus
favorablement placés que ceux de l'Égypte; et
c'est aussi pour cela, peut-être, que c'est d'eux,
et d'eux seuls, qu'Hipparque et Ptolémée ont pu
tirer d'anciennes observations. Lorsque les écrivains latins ou grecs veulent citer d'anciennes
méthodes d'astrologie ou d'astronomie, ils nom-
ment presque toujours les astronomes chaldéens
et les méthodes chaldéennes; rarement ou jamais les Égyptiens. N'y a-t-il pas une singulière
force dans ce silence, constant et unanime? Pour
moi, je voudrais pouvoir trouver les anciens Égyptiens plus savans en astronomie. Je crains que les
efforts de ceux qui ont voulu relever leur science,
dans ces derniers temps, n'aient contribué à dimi-

nuer l'idée que l'on s'en formait, en la jugeant
d'un point de vue plus éloigné. On rassemble
aujourd'hui de toutes parts, avec le plus grand
zèle, toutes les citations qui pourraient leur faire
attribuer quelque découverte précise ; pour suppléer au silence de tous les grands astronomes
de l'antiquité, on a rapporté quelques passages
isolés d'auteurs arabes qui leur attribuent tardi-
vement la connaissance assez approchée de l'année sydérale ; on a présenté cette connaissance
comme étant mystérieusement renfermée dans
une sorte d'énigme proposée à Hérodote par les
prêtres d'Héliopolis, et que ce père de l'histoire
rapporte avec sa fidélité ordinaire ; quoi qu'il soit
évident, par ses paroles mêmes, que le nombre
que l'on prétend interpréter, n'est pas dans l'é-
noncé égyptien, et qu'il résulte seulement du
mode arbitraire d'évaluation qu'Hérodote y applique (1)! Mais ne doit-on pas s'étonner de trouver si peu à leur donner, après tant de conces-
sions ? Au lieu d'admirer qu'ils eussent reconnu
à peu près exactement l'année tropique et l'année sidérale, s'il était vrai toutefois qu'ils les
eussent ainsi déterminées, on devrait être surpris qu'ils n'eussent pas fait davantage en tant
de siècles, et qu'ils n'aient pas transmis autre
chose à la postérité. Les pyramides, dit-on, sont

____

(1) On verra plus loin, dans la note 7ᵉ, l'exposé des diverses
interprétations que l'on a voulu donner à ce récit.

fort bien orientées ; mais cette orientation était
très-facile à l'aide des amplitudes ortives et occases des étoiles, ou du soleil aux époques des
solstices. Or il paraît qu'ils observaient de pareilles amplitudes ; car, la direction des temples de
Denderah et d'Esné, si exactement appropriée à
l'observation des levers et des couchers de Syrius, semble en être une confirmation évidente.
Mais, avec ce seul procédé, ils auraient pu aisément découvrir en quelques siècles tous les fon-
demens de l'astronomie ancienne, et même la
précession des équinoxes. Comment ne l'ont-ils
pas fait ? Ou, s'ils l'ont fait, comment les astronomes qui sont venus après eux, l'ont-ils entièrement ignoré ; quoique à l'époque où plusieurs
d'entre eux existaient, la langue hiéroglyphique
fût encore intelligible, et qu'on eût même traduit
en grec les mémoires des prêtres ? Je ne vois
réellement qu'un seul moyen de concilier ce silence général des faits et des écrits avec la supposition de cette ancienne science astronomique
si étendue, que l'on veut continuer d'attribuer
aux Égyptiens. C'est de dire, et on l'a dit en effet, que toute cette science, principes, méthodes,
résultats, a péri lors de l'invasion des Perses,
par conséquent, avant l'époque d'Hérodote et de
tous les écrivains qui nous ont décrit l'Égypte
après lui ; que, dans ce désastre général, tous les
prêtres qui possédaient la langue sacrée des anciens hiéroglyphes où se trouvaient consignés les

trésors de la science, ont péri également. En sorte
qu'il n'y a plus eu après eux, que des imposteurs
ignorans, qui se flattaient faussement de les connaître. Il est évident que cette supposition expli-
querait parfaitement pourquoi les historiens et les
astronomes qui ont étudié les sciences et les connaissances de l'Égypte depuis cette époque fatale,
n'auraient rien pu recueillir d'un si riche héritage,
ou ne nous en auraient transmis tout au plus
que quelques débris. Graces à cette supposition,
l'on peut encore conserver pour l'antiquité égyptienne toute la vénération possible, sans qu'on
puisse y rien objecter, sinon qu'avec un semblable mode de raisonnement, fondé sur des faits
incónnus qui arrivent et disparaissent, en ne laissant point de traces, il n'y a plus du tout d'histoire.
Pour nous, et, à ce que nous espérons, pour
tous ceux qui veulent encore s'en tenir à la méthode critique dont les faits réels et attestés sont
la base, il nous suffira ici d'avoir montré que le
grand cycle sothiaque de 1460 années juliennes,
et l'année héliaque de $365^{j}\frac{1}{4}$ dépendante de Syrius, sont des résultats qui ne portent pas en eux-
mêmes la preuve nécessaire d'une antiquité reculée; et qu'il n'aurait pas fallu de longs espaces
de temps pour les déduire d'observations même
fort grossières. Nous avons vu d'ailleurs que les
traditions littéraires qui nous les ont transmis,
n'assignent point l'époque où on les a imaginés.
Si donc on prétend en reconnaître l'image sur des

monumens que l'on suppose avoir été construits
à des époques très-reculées et très-distantes les
unes des autres, il faudra faire sortir cette conclusion, des monumens mêmes, et l'établir par
la seule discussion des tableaux astronomiques
qui y sont tracés. Car, agir autrement, ce serait
tomber dans le cercle vicieux le plus palpable;
puisqu'après avoir établi l'antiquité des monumens par celle de la science, on prétendrait prouver celle de la science par les monumens.

Examinons donc, sous ce point de vue, le sys-
tême d'interprétation que M. Fourrier applique
aux zodiaques d'Égypte, et que nous avons plus
haut textuellement rapporté. Selon lui, ce sont des
représentations, et des représentations faites à dix-
huit siècles de distance les unes des autres de cette
période héliaque annuelle, dont nous venons de
voir l'existence tardive attestée seulement par quelques témoignages douteux; et dont l'antiquité, qui
devrait être prodigieuse, n'est absolument établie
sur aucune autorité historique. Selon lui encore,
les différens modes, d'après lesquels la série des
douze signes du zodiaque y est partagée, répondent aux différentes constellations dans lesquelles
le soleil s'est successivement trouvé, lors du lever
héliaque de Syrius, dans le temps où chaque monument a été construit. Que l'objet de ces tableaux soit une période héliaque, M. Fourrier le
conclut uniquement, et peut uniquement le conclure, de ce que, *sur l'un d'eux*, on voit une tête

d'Isis enveloppée par des rayons qui semblent n'ê-
tre pas tout-à-fait symétriquement dirigés par rapport à ses deux faces latérales : mais cette interprétation n'a rien de nécessaire, car on peut aussi
bien considérer un pareil emblême comme l'image
d'un lever simultané, ou presque simultané de
Syrius avec le soleil, ainsi que le calcul du zodiaque circulaire nous l'a indiqué. M. Fourrier
suppose ensuite que celui des douze signes qui
est le premier de la série sortante dans les zodiaques rectangulaires, désigne la constellation
que le soleil parcourait la première après le renouvellement de l'année héliaque ; et que le dernier
signe de la série entrante, série qui peut être
considérée comme la suite de l'autre, désigne la
constellation dans laquelle le soleil se trouvait à
la fin de cette même année, lors du lever héliaque de Syrius. Il fonde cette interprétation sur
deux motifs ; l'un est la substitution de la tête
d'Isis à la place du dernier signe de la série entrante dans le zodiaque rectangulaire de Denderah; en effet, si cette tête enveloppée de rayons
désigne le lever héliaque de Syrius, sa substitution à la place que devrait occuper le Cancer,
doit vraisemblablement signifier que le phénomène qu'elle exprime arrivait dans cette constellation. L'autre motif consiste en ce que, sur le
zodiaque circulaire, la disposition des douze signes
lui paraît former une spirale continue, dont le
Cancer, plus rapproché du centre que tous les

autres, est le dernier terme , et le Lion le premier. En effet , si l'on suppose que le développement de cette spirale se fasse du côté que les
signes regardent , il se trouvera conforme à l'ordre
de marche du zodiaque rectangulaire , et confir-
mera ainsi l'idée de premier et de dernier appliquée au Lion et au Cancer. Mais, de ces deux
motifs , l'un dépend de l'interprétation précédemment attribuée à la tête d'Isis , de sorte qu'il
n'apporte par lui-même aucune probabilité nouvelle , et est sujet aux mêmes objections ; quant
à l'autre qui se tirerait de la disposition spirale des
signes dans le zodiaque circulaire, cette disposition
me semble absolument inadmissible ; car , non-seulement on peut, comme l'a fait Visconti, et comme
nous avons été aussi conduits à le faire , considérer ce Cancer excentrique comme rejeté entièrement, et exprès , hors de la série générale ,
afin de pouvoir mettre à sa place, et en ligne, la
figure qui porte une légende explicative ; mais
encore, si l'on accordait qu'il dût être geométrique-
ment lié avec les autres emblèmes , cela ne serait
pas encore assez pour établir entre ceux-ci une
spire continue ; car , cette spire se trouverait bri-
sée et interrompue au Bélier et à la Balance, qui
sont évidemment plus rapprochés du centre qu'il
ne conviendrait à la continuité d'une pareille
courbe ; et dont la disposition propre , ainsi que
celle des signes qui les avoisinent , ne saurait
jamais se plier à cette complète uniformité d'in-

flexion sous laquelle M. Fourrier les représente
dans les planches qui accompagnent ses mémoires.
Du reste, M. Fourrier n'assigne entre les parties de
ces zodiaques aucune relation géométrique rigoureuse. Il ne voit même dans le zodiaque circulaire
aucun indice d'un mode régulier de projection, ce
qui serait, en effet, incompatible avec la disposition spirale des signes sur laquelle il se fonde.
Ainsi donc ce système d'interprétation, ne repo-
sant pas, du moins à ce qu'il nous semble, sur
des autorités historiques que l'on doive admettre,
et n'offrant dans ses bases, ou dans ses applications, aucun élément géométrique précis par
lequel on puissse le saisir et l'éprouver, il est évident qu'il ne saurait lui rester pour appui que les
inductions plus ou moins plausibles qu'il peut
suggérer pour l'explication des emblêmes physiques ou astronomiques distribués sur ces monumens. Or, si de telles explications sont toujours
en elles-mêmes assez incertaines, que sera-ce,
si on les transporte des zodiaques de Denderah
à ceux d'Esné, où l'on ne trouve plus ni le même
mode de partage des signes, ni une tête d'Isis
dans les rayons du soleil, ni rien absolument qui
indique le moins du monde que l'on ait voulu y
désigner des levers héliaques de Syrius. Alors,
pour appliquer à ces monumens la même interprétation, on pourra uniquement s'autoriser de
ce qu'ils offrent aussi la série des douze signes du
zodiaque distribués en deux bandes parallèles,

dont l'une entre dans le temple, et l'autre en
sort. Et, comme le zodiaque céleste n'a pu, à ce que
M. Fourrier suppose, être partagé ainsi par le commencement et la fin de l'année héliaque qu'à des
époques antérieures de quinze ou vingt siècles à
celle que le monument de Denderah désigne, il
faudra, pour suivre une si frêle analogie, soutenir
sans aucune autre preuve et contre toutes les objections historiques les plus puissantes, qu'un pareil état du zodiaque a été en effet anciennement
observé, et sculpté sur les portiques où les tableaux existent. Enfin, comme la composition de
ces tableaux, la forme des emblèmes, le style
des sculptures et de toute l'architecture même
des temples où ils se trouvent, offre à l'observateur attentif un état de l'art presque absolument
identique, on se trouvera encore engagé à
affirmer, contre toutes les vraisemblances mo-
rales, et contre le témoignage de l'expérience la
plus universelle, que la main, la pensée, la volonté, sont demeurées invariablement fixes pendant trente ou quarante générations successives,
tant chez ceux qui ont exécuté ces monumens,
que chez ceux qui les ont érigés. Nous faisons-
nous illusion en pensant que la série des conséquences que nous venons d'exposer, devrait suffire pour faire abandonner le système dont elles
dérivent, quand nous n'aurions pas montré d'a-
bord combien ses bases sont peu solidement établies?

Mais, qu'est-il besoin de lui opposer des inductions tirées de la critique. Le principe même, le principe mathématique sur lequel toute l'explication repose n'a rien de réel. Jamais, à l'époque du lever héliaque de Syrius en Égypte, le soleil ne s'est trouvé occuper dans le ciel les positions successives que M. Fourrier lui assigne, et qu'il prétend reconnaître dans les zodiaques de Denderah et d'Esné.

Pour ne laisser à cet égard aucun doute, je rappelerai de nouveau ici les propres termes dans lesquels M. Fourrier a décrit les lois astronomiques de ces déplacemens, tels qu'il les suppose. Je le tire de son mémoire intitulé : Recherches sur les Sciences et le Gouvernement de l'Égypte, pages 14 et 15. « Le point, dit-il, où se termine l'année
« d'Isis, c'est-à-dire, celui où le soleil doit parve-
« nir pour renouveler le lever héliaque de Syrius
« n'est point fixe dans le ciel; il se meut par rap-
« port aux étoiles : il était encore dans le *signe*
« du Lion vers le milieu du xxve siècle avant l'ère
« chrétienne, lorsqu'on imposa en Égypte, aux
« constellations zodiacales des noms et des figures
« propres à ce climat. Environ trois siècles après,
« il était au point de division qui sépare le Lion
« du Cancer, et il s'est avancé de plus en plus
« dans cette dernière *constellation*..... » Dans le paragraphe suivant, M. Fourrier ajoute : « Les
« Égyptiens ont connu, par le long usage de l'an-
« née caniculaire, le déplacement progressif du

« point héliaque. Ils ont vu autrefois cette année
« se terminer lorsque le soleil était entré dans le
« *signe* du Lion. A cette époque le lever de Syrius
« suivait de peu de jours le solstice d'été. L'inon-
« dation avait lieu un mois après, dans le *signe*
« de la Vierge. Ce premier état est représenté dans
« les deux temples de Latopolis..... Ils observèrent
« dans la suite, que le soleil n'était point encore
« sorti de la *constellation* du Cancer lorsque le le-
« ver héliaque de Syrius désignait la fin de l'année
« naturelle de 365 jours $\frac{1}{4}$. Ils représentèrent l'an-
« née dans cette nouvelle position, ce que l'on
« observe sur les deux monumens de Tentyris.
« On reconnaît distinctement, dans le zodiaque
« rectangulaire du temple d'Isis, que le terme de
« l'année agricole est marqué dans le ciel par la
« première apparition de Sothis, le soleil étant
« dans le *signe* du Cancer. »

Dans ce passage, et dans les autres parties du
mémoire de M. Fourrier, le mot *signe* alterne
souvent avec celui de *constellation*. Néanmoins,
le sens veut qu'ici ce soient les constellations que
M. Fourrier désigne. Car, il dit, que, vers le xxv^e
siècle de l'ère chrétienne, le soleil se trouvait dans
le *signe* du Lion lors du lever héliaque de Syrius ;
et il ajoute : que ce lever suivait alors de peu de
jours le soltice d'été. Or le soleil au solstice d'été
ne peut jamais se trouver dans le Lion, considéré
comme signe. Il est nécessairement dans le signe
du Cancer. Mais il peut se trouver dans le Lion,

comme constellation ; et il s'y trouvait en effet au
xxve siècle avant l'ère chrétienne : c'est donc aux
constellations, et non pas aux signes, que M. Fourrier a entendu rapporter ces positions.

En tout cas, les constellations et les signes étant
des choses très-différentes, puisque les unes sont
fixes dans le ciel, tandis que les autres sont mobiles avec l'intersection équinoxale, il est évident
que les expressions qui les désignent doivent toujours être prises suivant une acception constante
dans le même système. Ainsi, lorsque M. Fourrier
suppose que, depuis le xxve siècle de l'ère chrétienne, jusqu'aux derniers siècles qui ont précédé
cette ère, le soleil, à l'époque du lever héliaque
de Syrius en Égypte, a successivement passé du
Lion dans le Cancer, cette transition doit s'entendre, soit des deux signes, si M. Fourrier a voulu
nommer le Lion et le Cancer comme signes, ce
qui est toutefois peu probable, soit des deux constellations, si ce sont les constellations qu'il a
voulu désigner. Cela posé, il est très aisé de démontrer que, depuis 2782 ans avant l'ère chrétienne, jusqu'à 139 ans après cette ère, et l'on
pourrait encore étendre plus loin ces limites, le
soleil lors du lever héliaque de Syrius en Égypte,
s'est toujours trouvé, soit dans le Cancer, si l'on
veut le rapporter aux signes mobiles, soit dans le
Lion, si l'on veut considérer son lieu réel parmi
les constellations. En sorte que la circonstance
commune à ces deux énoncés, c'est que, pendant

tout ce temps, il est constamment resté dans la même constellation et dans le même signe ce qui est diamétralement contraire au changement de constellation ou de signe que M. Fourrier lui suppose, et par lequel il explique les modes divers de partage de la série des douze signes dans les zodiaques de Denderah et d'Esné.

J'aurais pu déduire ce résultat des lieux du soleil, calculés par M. Ideler pour les trois époques des Thots caniculaires correspondans aux années — 2782, — 1322 et 139. Mais, afin d'éviter toute difficulté, j'ai refait de nouveau les mêmes calculs pour ces trois époques en déterminant les positions de Syrius par la méthode que j'ai indiquée plus haut, page 58, et que l'on trouvera ici exposée dans les notes. En outre, afin que l'application aux zodiaques fut plus positive, j'ai employé pour latitude celle de Denderah, 26° 8′ 36″ qui leur est à très-peu près commune. Enfin, au lieu de supposer, comme M. Ideler 10° de dépression, j'ai employé 12° 9′ 36″, à peu près la même dont Nouet avait fait usage. Ce n'est pas toutefois que je veuille présenter cette valeur particulière de la dépression, comme étant physiquement plus exacte. Je crois, au contraire, que l'incertitude du phénomène ne permet pas d'assigner à cet élément une valeur précise; mais je me suis servi de celle-ci, qui d'ailleurs est très-admissible, parce qu'elle fait coïncider exactement le lever du soleil avec le solstice à l'époque du premier Thot ca-

niculaire en — 2782. Ces nouveaux élémens m'ont
donné des résultats qui diffèrent de quelques minutes de ceux qu'avait obtenus M. Ideler, comme
cela devait naturellement arriver, ne fût-ce que
par la dissimilitude des méthodes dont nous avons
fait usage pour calculer les anciennes positions
de Syrius. Mais de pareilles différences ne sont
d'aucune importance pour le fait que je me propose d'établir. J'ai donc connu ainsi les trois longitudes du soleil lors du lever héliaque de Syrius à
Denderah aux trois époques proposées. Ces longitudes, étant toutes trois comptées à partir de l'é-
quinoxe vernal de leur époque, marquent les lieux
correspondans du soleil *dans les signes mobiles.*
Pour connaître à quelles *constellations* ils répondent, il n'y a qu'à déterminer, par les formules
de la mécanique céleste, l'arc de rétrogradation
que l'équinoxe vernal a décrit sur l'écliptique mobile depuis chacune des trois époques assignées,
jusqu'à une même époque postérieure, pour laquelle ont ait des catalogues d'étoiles, par exemple, pour l'année 1750 après l'ère chrétienne, à
laquelle se rapporte le catalogue de La Caille.
Alors, en ajoutant à chaque longitude comptée
de l'équinoxe mobile, l'arc de rétrogradation que
cet équinoxe a décrit pour arriver à l'année 1750,
il est clair que les sommes seront les longitudes
des mêmes points du ciel rapportées à l'équinoxe
vernal de 1750. Il ne restera donc plus qu'à regarder dans le catalogue de La Caille quelles sont

POSITIONS

DU SOLEIL AUX TROIS ÉPOQUES DES THOTS CANICULAIRES DE — 2782, — 1322, + 139, CALCULÉES POUR LE PARALLÈLE DE DENDERAH.

	En — 2782	En — 1322	En + 139
Longitude du Soleil comptée de l'équinoxe vrai, à l'époque du lever héliaque de Syrius......................	3ˢ 0° 0′ 0″	3ˢ 11° 23′ 29″	3ˢ 23° 41′ 9″
Rétrogradation du point équinoxial vrai sur l'écliptique mobile, depuis chacune de ces époques jusqu'à 1750......	2 2 24 25	1 12 26 21	0 22 20 45
Somme, ou longitude du Soleil à chacune des trois époques, comptée de l'équinoxe vrai de 1750..............	5ˢ 2° 24′ 25″	4ˢ 23° 49′ 50″	4ˢ 16° 1′ 54
Dénomination de la constellation zodiacale placée à cette longitude....................................	Lion.	Lion.	Lion.

Pour se convaincre de cette constance de dénomination, il n'y a qu'à jeter les yeux sur Tableau suivant, qui présente les longitudes des principales étoiles, des constellations du Lion et du Cancer, comptées comme les précédentes à partir de l'équinoxe vrai de 1750.

Cancer.	β	4ˢ	0°	46′	27″
	γ	4	4	3	12
	δ	4	5	13	46
	α	4	10	8	55
	κ	4	12	41	12
Lion.	κ	4	11	48	2
	ι	4	17	12	44
	η	4	26	21	12
	δ	5	7	48	7
	β	5	18	8	54

les étoiles de l'écliptique situées à ces mêmes longitudes, et ce seront celles parmi lesquelles le soleil se trouvait lors du lever héliaque de Syrius,
aux trois époques assignées.

Ces explications données on comprendra sans
peine le tableau ci-joint qui contient les résultats
des divers calculs que nous venons d'indiquer.

On voit que les étoiles de la constellation du
Lion, et celles de la constellation du Cancer se
mêlent les unes parmi les autres, vers la longitude
de quatre signes plus onze ou douze degrés. Mais,
en deçà et au dela de cette limite commune, elles
se séparent. Les longitudes moindres appartiennent
à la constellation du Cancer, les plus grandes à
celle du Lion. Or, la plus petite de nos trois longitudes calculées, qui est celle de l'année + 139,
appartient évidemment à ces dernières : elle place
donc encore le soleil dans le Lion. Ainsi il est bien
certain que, pendant toute la durée embrassée
par les deux périodes sothiaques antérieures à l'ère
chrétienne, le soleil, au moment du lever héliaque
de Syrius n'a point, comme M. Fourrier le' suppose, successivement passé de la constellation du
Lion à celle du Cancer. Il est resté constamment
dans celle du Lion. Et il ne s'est pas déplacé davantage parmi les signes mobiles, comme on peut
le voir par la première ligne des longitudes qui est
rapportée à l'équinoxe vernal de chaque époque;
car il en résulte évidemment que, pendant toute la
durée des deux périodes, le soleil, au moment du

lever héliaque de Syrius en Égypte, s'est toujours trouvé dans le signe du Cancer. Ce serait donc sa permanence et non son déplacement successif, soit dans les constellations, soit dans les signes, qui devrait être représentée sur les zodiaques égyptiens, si le mode de partage des douze signes y était déterminé d'après la position du soleil à la fin de l'année héliaque, ainsi que M. Fourrier l'a supposé : et alors, au lieu de commencer par des constellations différentes, comme M. Fourrier le suppose encore, ils devraient tous commencer par la même ; car personne ne contestera que les époques qu'ils représentent tombent dans les limites de temps embrassées par les deux périodes que nous venons de calculer.

Si l'on avait quelques doutes sur l'exactitude des résultats numériques qui nous conduisent à ces conclusions, il serait très-facile de les vérifier avec une approximation suffisante, sans recommencer les calculs des trois levers héliaques, et sans recourir aux formules de la mécanique céleste pour calculer l'arc de précession correspondant à chacun d'eux. On n'aurait qu'à prendre dans Baimbridge, ou dans M. Ideler, ou dans quelqu'autre auteur, les longitudes du soleil aux instans des trois levers héliaques, longitudes qui se trouvent toujours rapportées à l'équinoxe mobile de chacune de ces époques, et l'on y ajouterait l'arc de précession calculé avec la valeur constante de 5o″, par année ; ce qui reviendrait à négliger seulement les inégalités séculaires de ce phénomène. Les nombres ainsi obtenus, différeraient très-peu de ceux que nous avons trouvés par des calculs plus précis, et ils conduiraient absolument aux mêmes conclusions.

Le mode divers de partage des signes célestes dans les zodiaques rectangulaires de Denderah et d'Esné, n'est évidemment pas un résultat que l'on puisse exiger comme une déduction, et par conséquent comme une vérification nécessaire de la construction que nous avons assignée au premier de ces monumens. Rien ne prouve, en effet, que les uns et les autres eussent la même destination, ni qu'ils dussent seulement exprimer des choses analogues; mais je signalerai cependant une relation singulière qui existe, de fait, entre ce mode de partage et la direction azimutale de l'axe longitudinal des temples où les monumens sont sculptés.

Les trois temples ont leur façade extérieure tournée vers la partie boréale de l'horizon, mais leurs axes longitudinaux ne sont point dirigés suivant la ligne méridienne. Les extrémités nord de ces axes, qui aboutissent aux portiques, dévient toutes vers l'est. Pour le temple de Denderah, cette déviation est d'environ 17 degrés; à Esné elle est de 46 ou 47 degrés pour le grand temple, et de 71 pour le petit temple situé un peu plus au nord.

Nous avons remarqué qu'à Denderah le zodiaque circulaire était placé de manière que la tige de lotus, sur laquelle Syrius tombe en position astronomique, se trouvait dans l'axe longitudinal du temple du côté du nord ; nous avons également reconnu que le solstice d'été tombant sur un cercle horaire plus occidental de 17 degrés, se trouvait ainsi ramené sur la direction du vrai nord. Si donc, sur le monument ainsi disposé, l'on conçoit une ligne méridienne passant par son centre, cette ligne ira couper l'anneau zodiacal au nord sur le Cancer, ou plutôt sur l'emblême qui en tient la place, et au sud sur l'extrémité de la tête du Capricorne. Elle isolera ainsi du côté de l'ouest six signes et six signes du côté de l'est. La série occidentale comprendra toutes les constellations qui, à l'époque de la période diurne que le monument représente, ont traversé le méridien supérieur, et marchent vers le méridien inférieur ; ce sont ceux que l'on appelle *descendans*. La série orientale, comprendra les six autres signes qui, au même instant, marchent vers le méridien supérieur, et que l'on appelle pour cette raison *ascendans*. A la tête de la série descendante est le Lion qui va le premier traverser le méridien inférieur et rentrer dans la série orientale, à la suite du Cancer qui l'y a immédiatement précédé. De même, à la tête de la série ascendante ou orientale est le Verseau qui va passer au méridien supérieur et rentrer dans la série occidentale, à la suite du Capricorne qui la termine. Or, on peut remarquer

que ce mode de partage des douze signes est précisément le même que présente le zodiaque rectangulaire du portique ; la série orientale et ascendante du zodiaque circulaire répondant à la série
qui entre dans le temple et qui se trouve composer
la bande orientale, tandis que la série occidentale et descendante, répond à la série qui sort du
temple , et qui est comprise dans la bande occidentale du zodiaque rectangulaire.

Transportons maintenant par la pensée, le zodiaque circulaire de Denderah dans le petit
temple au nord d'Esné, dont la déviation orientale est de 71°, et plaçons-le de même à sa voûte,
de façon que l'emblème de Syrius se trouve encore sur l'axe longitudinal du temple du côté du
nord. Alors, si par le centre du médaillon, nous
concevons, comme tout à l'heure, une ligne nord
et sud, elle ne coupera plus l'anneau zodiacal
aux mêmes points à cause de la direction différente du temple ; mais elle le partagera encore
en deux séries de six signes chacune ; l'une occidentale et descendante, qui commencera par la
Vierge et finira par le Verseau, l'autre ascendante et orientale, qui commencera par les
Poissons et finira par le Lion, dont la tête et
presque tout le corps auront déja passé au méridien inférieur. Or ce mode de partage se trouve
encore être le même que retrace le zodiaque
rectangulaire sculpté sur le portique du temple ;
et, comme à Denderah, la série des signes descen-

16.

dans marche vers le temple, la série des signes ascendans se dispose à en sortir.

Répétons enfin la même construction pour le grand temple d'Esné, dont la déviation orientale est seulement de 46°, et plaçons-y toujours l'emblème de Syrius sur l'axe longitudinal du temple du côté du nord. Dans ce cas, si l'on conçoit, comme tout à l'heure, une ligne méridienne menée par le cercle du médaillon circulaire, on trouvera qu'elle coupe l'anneau zodiacal du côté du nord au milieu de la poitrine du Lion, presque sur le cercle horaire de Régulus; en sorte qu'à la vérité le premier signe entièrement descendant sera encore la Vierge comme dans l'autre temple, mais cependant on ne pourra pas considérer le Lion comme complètement passé de l'autre côté du méridien : il faudra donc le figurer comme étant à moitié oriental et à moitié occidental. Vers le sud, une pareille ambiguité n'existera point, et la ligne de partage passera encore entre le Verseau et les Poissons. Or c'est encore là précisément le mode de partage qu'offre le zodiaque rectangulaire sculpté sur le portique de ce temple; seulement, par une particularité dont on ne saurait se rendre compte, si elle est réelle, le sens général de la marche des signes est contraire à celui des deux autres zodiaques ; et la situation des bandes est aussi renversée ; celle qui se compose des signes orientaux étant à l'occident de l'autre. Il est vrai que l'on a seulement une moitié de plafond de ce portique qui est la partie orientale, et peut-être la connaissance de l'autre donnerait-elle quelque lumière sur cette inversion ; mais, quant au mode de partage des signes, il est lié avec la déviation du temple comme dans les deux autres zodiaques rectangulaires.

Les relations que nous venons de décrire peuvent également se vérifier, et même d'une manière encore plus intelligible, en se servant d'une sphère à pôles mobiles que l'on monte pour l'époque de 700 ans avant l'ère chrétienne, et dont on place le pôle au zénith. Car, en orientant d'abord cette sphère de manière que le solstice d'été se trouve au nord, si on la fait tourner ensuite autour de son axe vertical de manière à amener successivement Syrius dans les trois directions assignées aux trois axes des trois temples, on verra à chaque fois que le plan du méridien supposé fixe, coupera la sphère et les douze signes du zodiaque, conformément au mode de subdivision que les tableaux des portiques présentent.

J'ignore quel peut avoir été le motif de ces rapports ; mais c'est assez qu'ils existent pour montrer que le partage différent du zodiaque dans ces trois monumens, n'est pas un signe de précession aussi certain, aussi caractéristique qu'on l'avait voulu supposer, puisque les relations précédentes, et peut-être bien d'autres encore en peuvent donner une raison suffisante. La haute antiquité que l'on attribuait aux zodiaques d'Esné, d'après la certitude que l'on accordait à ce caractère, n'en est donc plus une conséquence inévitable ; et ainsi la détermination de l'époque à laquelle ils ont été construits, ou plutôt celle des phénomènes astronomiques qu'ils représentent, se doit tirer d'ailleurs que de cette apparente nécessité.

Or, sans rien prononcer sur la nature du sujet que peuvent exprimer les zodiaques d'Esné, ce que l'on ne saurait faire que par conjecture, puisque leur construction n'offre point de rapports géométriques qui puissent décéler avec précision l'intention de leurs auteurs, nous ferons remarquer dans les emblèmes astronomiques qu'ils renferment, certaines particularités qui indiquent que l'état du ciel auquel ils se rapportent, est, ou le même, ou du moins très-peu différent de celui que représentent les zodiaques de Denderah. Le zodiaque du petit temple au nord d'Esné en offre surtout des preuves manifestes. Car, outre le petit Harpocrate sortant d'une fleur de lotus qui s'y trouve accompagner le Bélier comme dans les monumens de Denderah, et qui semble par conséquent désigner de même la position de l'équinoxe vernal dans cette constellation, l'on peut remarquer que le médaillon des sacrifices s'y trouve, comme dans les premiers zodiaques, placé entre le Verseau et le Capricorne, par conséquent dans le même point de la période annuelle. On y voit de même, sous le Cancer, un personnage d'une apparence supérieure aux autres, dont la tête est environnée d'étoiles, et auquel répond une légende hiéroglyphique, précisément la même que portent dans le zodiaque circulaire les personnages placés sur le cercle horaire du Cancer, et que nous avons interprétés comme désignant les diverses parties de la constellation du Navire, dilatées et séparées par la nature de la projection. Mais ici, comme dans le zodiaque rectangulaire de Denderah, cette dilatation n'a pas lieu ; et le chef de la constellation, Canopus, a pu être seul employé pour la désigner. Conformément à la même analogie, le Sagittaire du petit temple d'Esné est également figuré avec une barque sous ses pieds, emblème dont nous avons trouvé le sens dans les rapports de position qui existaient entre cette constellation et celle du Navire à l'époque représentée sur les zodiaques de Denderah. Enfin, la direction même de ce petit temple correspond exactement à l'observation du coucher de Syrius pour le même temps. Le zodiaque du grand temple d'Esné offre des indices moins nombreux de cette correspondance ; et, en général, on peut remarquer que les emblêmes astronomiques y semblent figurés et disposés avec moins d'intention ; mais on y trouve cependant un caractère saillant d'analogie dans la figure d'un homme tenant à la main une fleur de lotus et porté sur le dos du Capricorne. Car ce personnage, qui a aussi son correspondant sur le zodiaque rectangulaire de Denderah , se voit de même, et se voit porté sur le dos du Capricorne, dans le zodiaque circulaire, où , à la vérité, il tient une légende hiéroglyphique au lieu d'une fleur de lotus. Or nous avons trouvé que l'étoile marquée dans cette légende, fixe précisément le lieu astronomique du quadrilatère du Dauphin , lequel, à l'époque représentée sur le zodiaque circulaire, avait une relation de position extrêmement remarquable et importante avec le point équinoxial. Si donc une relation pareille existait aussi dans l'état du ciel que les monumens d'Esné représentent ; si le Sagittaire étant au méridien supérieur, le Navire se trouvait sous ses pieds ; si les parties principales de cette même constellation du Navire se trouvaient sur le cercle horaire du Cancer ; si les emblêmes religieux y répondaient aux mêmes temps de l'année ; si enfin le Bélier s'y trouvait également désigné avec les caractères de l'équinoxe vernal ; il faut incontestablement reconnaître que cet état du ciel appartient à la même époque céleste que représentent les zodiaques de Denderah, ou à une époque très-peu différente ; et cette conclusion qui concilie toutes les autres analogies de dessin, d'exécution, de lieu même, que ces monumens rassemblent, achève de faire évanouir le prestige de cette antiquité prodigieuse dont on les avait revêtus.

EXAMEN CRITIQUE

DU MÉMOIRE

DE MM. JOLLOIS ET DEVILLIERS,

SUR LES BAS-RELIEFS ASTRONOMIQUES

DES ÉGYPTIENS,

AVEC DES REMARQUES SUR LE DESSIN DU ZODIAQUE CIRCULAIRE
PUBLIÉ PAR LA COMMISSION D'ÉGYPTE.

Le mémoire que nous allons analiser fait partie du grand ouvrage sur l'Égypte. Les auteurs avaient plus de titres que personne pour s'occuper des zodiaques égyptiens. Lorsque l'existence du zodiaque circulaire découvert à Denderah par le général Desaix fut connue dans les autres divisions de l'armée française, MM. Jollois et Devilliers sentant combien il serait utile d'en avoir un dessin fidèle, entreprirent, pour ce seul but, le voyage de la Thébaïde. Arrivés à Denderah, ils allèrent s'établir, non sans danger pour leurs personnes, dans la salle même du temple où le zodiaque était sculpté : et l'ayant divisé en huit secteurs égaux, par des fils tendus horizontalement au plafond de la salle, ils en firent, à la lueur des flambeaux, avec une peine infinie et une infatigable constance, la copie réduite que la commission de l'Égypte a depuis publiée. Le vif intérêt qu'avait excité en eux un monument qui semblait offrir le tableau des connaissances astronomiques de l'ancienne Égypte, les anima à en chercher d'autres du même genre. Ce fut ainsi qu'ils découvrirent les grands zodiaques de Denderah et de Latopolis, dont les dessins ont été également publiés d'après eux. Satisfaits d'avoir recueilli d'aussi précieux matériaux, ils attendaient pour les soumettre à une discussion scientifique qu'ils se trouvassent eux-mêmes dans des circonstances plus tranquilles où ils pussent s'entourer de tous les secours littéraires ; mais ayant été rejoints dans la haute Égypte par M. Fourrier, et lui ayant communiqué les dessins qu'ils avaient des quatre zodiaques : « la « comparaison que ce savant fut à portée d'en « faire sur-le-champ, détermina, à ce qu'ils as- « surent, son opinion sur la nature de ces bas- « reliefs ; il leur en fit part, et, à l'instant même, « ils *renoncèrent à traiter une matière qu'il pos-* « *sédait avec tant d'avantages.* Ils crurent donc, « ajoutent-ils, devoir se borner à donner une « description succincte des tableaux astronomiques

« qu'ils avaient dessinés, en y joignant seulement
« quelques observations générales sur la manière
« dont ils sont exécutés, et sur la place qu'ils oc-
« cupent dans les édifices. » A l'égard des conséquences que l'on en peut déduire, ils se conten-
tèrent de protester d'avance contre *toute discussion
partielle et préliminaire;* et ils exprimèrent leurs
regrets de ce que diverses circonstances, en retar-
dant la publication des mémoires que M. Fourrier
avait composés sur cet objet, eussent privé si long-
temps le public d'un travail qui aurait fixé son
opinion. (1)

Comme la déclaration que je viens de transcrire
se trouve placée en appendice à la suite du mémoire que nous allons discuter, elle semble écarter complètement toute idée que les auteurs aient
voulu y présenter une interprétation scientifique
des zodiaques ; ou au moins elle exprime une re-
nonciation volontaire et formelle à toute interprétation de ce genre qu'ils y auraient essayée. La
dernière supposition paraîtrait même mieux s'accorder avec cette autre déclaration de M. Fourrier
à la société Philomatique, que messieurs Jollois et
Devilliers avaient d'abord cru pouvoir ramener la
construction du zodiaque circulaire aux principes
rigoureux d'une projection géométrique, mais
qu'ils y avaient ensuite renoncé. Et en effet s'ils
y eussent persisté, ils n'auraient pas pu donner

____

(1) Mémoire, page 32.

un assentiment si complet à l'opinion de M. Fourrier qui ne voit aucune régularité dans ces zodiaques. Quoi qu'il en soit, c'est sur ce mémoire même, que M. Devilliers s'est fondé pour réclamer publiquement près de l'Académie des sciences, et de plusieurs autres corps littéraires, l'idée de l'interprétation géométrique que j'ai cru pouvoir donner de ce monument : tel est l'objet de la lettre suivante adressée par lui à l'Académie.

« Monsieur le Président,

« J'ai eu l'honneur d'assister, lundi dernier, à
« la séance de l'Académie, et j'ai entendu la lec-
« ture de la deuxième partie du mémoire de
« M. Biot sur le zodiaque de Denderah. Cet aca-
« démicien ayant présenté dans la seconde séance
« le résumé de la première partie de son mémoire,
« j'ai eu connaissance de l'ensemble de son travail;
« j'ai reconnu que les recherches dont il s'agit
« sont fondées sur une méthode de projection
« dont, M. Jollois et moi, avons les premiers ex-
« pliqué le principe dans notre mémoire sur les
« bas-reliefs astronomiques des Égyptiens. Cet
« ouvrage, lu à l'Académie des Inscriptions et
« Belles-Lettres, le 17 mars 1816, est imprimé
« depuis 1817 dans la description de l'Égypte. Je
« prie l'Académie d'agréer un exemplaire de ce
« mémoire. Il contient *expressément*, pages 2^c et
« 31e, l'énonce de la méthode de projection que

« M. Biot vient d'adopter. Toutefois, après avoir
« indiqué cette méthode, et en faisant usage d'un
« moyen particulier de vérification, nous avons
« reconnu qu'elle n'avait pas été appliquée par les
« Égyptiens avec une exactitude géométrique, et
« qu'ils en ont déduit seulement une représenta-
« tion apparente et sensible de la situation respec-
« tive des astres. Par la suite de nos recherches,
« nous sommes parvenus à assigner le lieu d'un
« certain nombre de constellations extrazodia-
« cales que M. Biot vient aussi d'assigner. D'après
« ces divers motifs, j'ai l'honneur de réclamer
« auprès de l'Académie, au nom de M. Jollois et
« au mien, la priorité de ces résultats de notre
« travail.

« Je suis, etc., Devilliers. »

Pour réunir, sous les yeux du lecteur, tous les
élémens d'une décision équitable, je joins ici le
texte même des passages que M. Devilliers a désignés.

« La suite de nos recherches nous a conduits
« à démontrer plusieurs faits, et entre autres, que
« le zodiaque circulaire est un planisphère céleste,
« construit suivant une méthode particulière et
« ingénieuse; que l'époque de son établissement
« peut se déduire de la situation de son écliptique,
« c'est-à-dire, de la ligne circulaire excentrique
« sur laquelle les signes du zodiaque sont placés;

« que les zodiaques rectangulaires sont aussi des
« planisphères, mais construits suivant une autre
« méthode de projection ; enfin, que le centre du
« planisphère circulaire et la partie supérieure des
« autres appartiennent à l'hémisphère boréal, tan-
« dis que le cercle de bordure du premier et la
« ligne inférieure des seconds représentent l'hé-
« misphère austral.

« Cette dernière considération explique de
« quelle manière les anciens ont pu se représenter
« que l'édifice céleste était porté de tous côtés sur
« la mer. »

« *Observation.*

« Nos principales inductions, dans quelques-
« uns des articles précédens, sont tirées de la situa-
« tion respective des constellations ; et nous avons
« eu recours surtout au zodiaque circulaire, parce
« qu'il a, plus qu'aucun autre, l'apparence d'un
« planisphère céleste. En effet, si l'on suppose la
« sphère projetée sur un cercle dont le pôle du
« monde occuperait le centre et dont les méridiens
« formeraient les rayons, on aura une représenta-
« tion tout-à-fait analogue au planisphère de Den-
« derah. Cela est surtout remarquable pour la bande
« zodiacale, qui, suivant cette méthode de projec-
« tion, doit être tracée entre deux cercles dont le
« centre commun est un pôle de l'écliptique ; car,
« dans le bas-relief de Denderah, les douze signes

« sont situés de cette manière par rapport au mi-
« lieu du tableau. Si l'on cherche à tracer un an-
« neau qui renferme le plus exactement possible
« les douze signes, on trouve que son centre doit
« être sur un rayon passant par le cancer, cet asté-
« risme étant au-dessus de la tête du lion et plus
« voisin du pôle qu'aucune autre constellation
« zodiacale. Cette disposition correspond évidem-
« ment à l'époque où le point solsticial était dans
« la partie du cancer la plus voisine du lion.

« En admettant que le zodiaque circulaire est
« un planisphère céleste, on peut s'en servir avec
« avantage pour reconnaître les constellations,
« ainsi que nous l'avons fait pour le Centaure ; mais
« on doit bien se garder de croire qu'une exacti-
« tude mathématique a présidé sa construction.
« Une circonstance prouve le contraire d'une ma-
« nière incontestable : c'est que le cercle dont le
« centre est au pôle du monde, et qui serait tan-
« gent intérieurement à l'anneau des signes, passe
« par le centre de cet anneau, qui est le pôle de
« l'écliptique, avec une telle exactitude, que l'on
« croirait qu'il y a eu de l'intention de la part de
« l'auteur. Cependant cela ne peut être exact, puis-
« que l'un des points est à 23 degrés et demi du
« pôle du monde, et que l'autre est à 51 degrés
« 30 minutes du même pôle, en supposant 30 de-
« grés de largeur totale à la zône de l'écliptique
« qui renferme les signes.

« Les zodiaques par bandes sont aussi des pla-

« nisphères : mais ils sont construits suivant une
« autre méthode; c'est simplement la zône zodia-
« cale que l'on a développée, en plaçant en haut
« le côté du nord. Les méridiens, dans ce cas,
« sont représentés par des perpendiculaires à la
« ligne d'horizon du tableau, c'est-à-dire, à celle
« sur laquelle les figures sont censées marcher. »

Analysons maintenant le sens de ces passages,
et voyons s'ils peuvent établir ce que l'auteur de
la lettre affirme; savoir, que messieurs Jollois et
Devilliers ont *expliqué* dans leur mémoire le principe de la projection par développement dont j'ai
fait usage, et qu'ils l'ont *expressément énoncé*.

L'adoption d'un procédé graphique et mathématique, tel que celui dont il est ici question,
peut se constater par trois sortes de preuves distinctes.

1º La première et la plus directe, c'est de donner un énoncé clair et précis du procédé, dans
les termes géométriques universellement reçus.

2º La seconde, moins apparente, mais non
moins décisive, c'est d'exprimer seulement quelque propriété géométrique du procédé qui lui
soit particulièrement propre, et qui le caractérise
spécialement.

3º La troisième, enfin, c'est d'en faire usage,
et de l'employer selon ses propres règles dans les
applications auxquelles il doit servir.

Or, il me sera facile de montrer qu'aucune

preuve pareille ne peut se déduire des passages cités, ni même d'aucune autre partie du mémoire.

En effet, si l'on y cherche d'abord un énoncé géométrique précis, je ne crois pas que l'on puisse reconnaître ce caractère dans les expressions dont les auteurs ont fait usage. A la vérité ils disent que le zodiaque circulaire est un planisphère céleste, mais ils le disent également des zodiaques rectangulaires, ce qui montre que le mot de *planisphère* n'a pas ici un autre sens que le sens ordinaire, qui désigne généralement une représentation quelconque du ciel, et même souvent une représentation partielle. C'est ainsi, par exemple, que les astronomes appellent planisphère d'Hipparque la représentation d'un seul hémisphère faite stéréographyquement. On pourrait soupçonner une idée plus précise dans cette assertion des auteurs, que le planisphère circulaire est construit suivant une méthode de projection particulière et ingénieuse. Mais toute espèce de projection, quelle qu'elle soit, est nécessairement particulière, et l'on en peut concevoir une infinité qui méritent d'être appelées ingénieuses; il n'en est, par exemple, aucune qui soit plus ingénieuse que celle d'Hipparque. Cette épithète ne peut donc être considérée comme une définition. Ce qui serait une définition, ce serait d'avoir dit : « le zo- « diaque circulaire est la représentation complète « de la sphère céleste construite par développement « autour d'un point choisi pour pôle. Chaque étoile

« s'y trouve rapportée sur son cercle horaire propre
« à une distance rectiligne du centre, égale à sa
« distance polaire sur la sphère; » mais on ne voit
rien de pareil dans les passages sur lesquels M. Devilliers s'appuie. Ce qui semblerait en approcher
le plus, c'est cette phrase : « Si l'on suppose la
« sphère projetée sur un cercle *dont les méridiens*
« *formeraient les rayons*, on aura une représen-
« tation *tout à fait analogue* au planisphère de
« Denderah. » Mais, en analysant les expressions
dont cette phrase se compose, on verra bientôt
qu'elle peut s'appliquer à une infinité de projections, toutes distinctes les unes des autres, et pareillement différentes de la projection par développement. En effet, que sont les *méridiens*, dans le
langage géométrique? Ce sont des plans menés
par l'axe de la sphère. Ils ne peuvent donc pas
devenir les rayons d'un cercle dans le sens précis;
mais on peut les employer comme tels d'une manière figurée, en ne considérant que leurs intersections avec le plan sur lequel on projete la sphère.
Car, supposez qu'un pareil plan touche la sphère
en un point qui deviendra le centre de la projection; si l'on prolonge chaque méridien vers ce
tableau jusqu'à ce qu'il y laisse sa trace indéfinie,
chaque intersection qui en résultera donnera une
direction rectiligne suivant laquelle on devra porter
en projection tous les points de la sphère situés
sur ce méridien-là; et il faudra les y placer plus
près ou plus loin du centre de projection, selon

les valeurs relatives de leurs distances polaires
sur la sphère. Chacune de ces directions particu-
lières ne devant représenter qu'une demi-circonférence, on devra les terminer toutes à une même
distance du centre, et ainsi la limite du dessin
entier sera toujours un cercle, qui représentera le
développement du point de la sphère diamétralement opposé au pôle de projection. On pourra
donc alors dire, comme les auteurs du mémoire,
que la sphère *se trouve projetée sur un cercle dont
les méridiens forment les rayons*. Mais ne voit-on
pas qu'un pareil énoncé embrasse une multitude
infinie de projections également possibles, et qui
diffèrent toutes les unes des autres par les lois
que l'on adoptera pour la représentation graduée
des distances polaires? Par exemple, ce caractère
conviendrait au cas dans lequel on prendrait pour
rayon les cordes correspondantes à chaque distance, ou ces distances mêmes, ou toute autre
fonction quelconque des distances, qui attendrait
son maximum à l'extrémité du diamètre opposée
au pôle de projection. De tous ces systèmes divers, également compris dans l'énoncé que messieurs Jollois et Devilliers donnent, il n'y en a
qu'un seul de réalisé dans le zodiaque circulaire;
c'est celui où *chaque distance polaire* est représentée par *la longueur même* de cette distance
rectifiée. Mais ce terme caractéristique de rectifi-
cation appliqué à chaque distance, ne se trouve
nulle part dans les passages cités par messieurs

Jollois et Deviliers, ni même dans aucune autre partie de leur mémoire. Cependant il est absolument indispensable, pour spécifier la projection par développement, suivant laquelle le zodiaque circulaire est construit. Car ce ne serait pas même assez d'exprimer que les longueurs rectifiées des demi-circonférences méridiennes forment le rayon du cercle limite, puisque l'on pourrait assigner une multitude infinie de lois où cela aurait lieu, sans que les autres distances polaires, plus petites qu'une demi-circonférence, fussent représentées par leur développement même. Ainsi, quand on prêterait aux expressions de messieurs Jollois et Devilliers l'interprétation la plus étendue; quand même on supposerait qu'ils ont donné aux méridiens le sens de lignes méridiennes, avec la limitation sous entendue d'une longueur totale égale à leur développement sphérique, ces expressions ne composeraient point encore une indication suffisamment définie de la projection par développement, et, par conséquent, il n'en résulterait nullement qu'on ait dû l'y reconnaître. Mais ceci ne porte-t-il pas la faveur de l'interprétation fort au-delà des bornes qu'une juste critique exige? Lorsque messieurs Jollois et Devilliers parlent des zodiaques rectangulaires, ils disent : «que ce sont aussi des planisphères dans les- «quels les méridiens sont représentés par des «perpendiculaires à la ligne d'horizon du tableau.» Or, si, dans ce cas, le mot de méridien n'entraîne avec lui aucune idée fixe de longueur, résultante d'une loi de développement géométrique, pourquoi aurait-on dû y attacher cette idée précise, dans la discussion du zodiaque circulaire, lorsque les auteurs du mémoire ne l'expriment point, et lorsque cela n'est nullement nécessité, ni même indiqué, par aucun des résultats qu'ils ont prétendu en déduire? Une telle latitude d'interprétation donnerait trop d'avantage à l'indétermination des paroles et des pensées. Personne ne contestera que MM. Jollois et Devilliers ont pu songer à la projection par développement, comme à toute autre; la question est seulement de savoir s'ils ont embrassé cette idée avec assez de décision, et s'ils l'ont exprimée d'une manière assez ouverte pour que l'on ait dû la reconnaître et la leur attribuer. Or, au contraire, on dirait qu'en se voyant, par la nature de leur sujet, amenés au moment d'une spécification précise, ils ont reculé devant elle et ont craint de s'y exposer. Car, après avoir dit affirmativement, dans le premier des passages cités: « Nos recherches nous ont conduits à *démontrer* « que le zodiaque circulaire est un planisphère « céleste, » ils se bornent, dans le second passage, à dire : « que ce monument a, *plus qu'aucun au-* « *tre, l'apparence* d'un planisphère. » Une expression si peu assurée, après une assertion si formelle, est-elle bien celle de personnes qui ont reconnu, avec certitude, un caractère géométrique, et qui en développent rigoureusement les applications?

Mais nous avons dit que cette spécification pouvait encore se faire d'une autre manière: par le
simple énoncé de quelque propriété géométrique
particulière au procédé dont il s'agit. Voyons donc
si le mémoire de messieurs Jollois et Devilliers présente de pareils indices. Ce n'en est pas un sans
doute que d'avoir dit, dans le premier passage,
que le centre du planisphère appartient à l'hémisphère boréal, et le cercle de bordure à l'hémisphère austral. Ces expressions, même en les
prenant dans le sens le plus favorable, conviennent indifféremment à tous les systèmes de projection qui représentent la sphère complète autour du pôle de l'équateur. Elles n'appartiennent
pas plus à la projection par développement qu'elles n'appartiennent à toute autre. Mais voici dans
le second passage, une indication qui semble devoir être plus précise : Après avoir dit « qu'en pro-
« jetant la sphère sur un cercle dont les méridiens
« formeraient les rayons, on aurait une représen-
« tation tout-à-fait analogue au planisphère circu-
« laire, » les auteurs ajoutent : « Cela est surtout re-
« marquable pour la bande zodiacale qui, *suivant*
« *cette méthode de projection*, doit être tracée en-
« tre deux cercles, dont le centre commun est au
« pôle de l'écliptique. » Cette phrase paraissant
énoncer un caractère géométrique de la projection,
il faut s'attacher à en développer le sens avec une
attention particulière. On pourrait, au premier
aperçu, concevoir quelque incertitude sur ce que

les auteurs du mémoire ont entendu, par l'expression de *bande zodiacale*; mais la fin du passage
éclaircit ce doute et montre qu'ils désignent ainsi
une zône sphérique de trente degrés de largeur,
limitée par deux cercles parallèles à l'écliptique,
et menés à distances égales des deux côtés de ce
plan. C'est donc la projection de cette zône qu'ils
ont en vue dans le même passage, lorsqu'ils parlent de tracer sur le monument un anneau qui
renferme, le plus exactement possible, les douze
signes du zodiaque. Et ainsi la phrase que nous
analysons signifie que, *suivant la méthode de
projection* dont les auteurs ont fait usage, la zône,
ou l'anneau figuré, dans lequel sont répartis les
douze signes du zodiaque, doit être *tracée* sur
le dessin *entre deux cercles* décrits d'un même
centre, lequel sera placé au point où le pôle de
l'écliptique se projettera. Or cet énoncé peut
être entendu de deux manières; car il peut vouloir dire d'abord que l'anneau des signes sera
seulement *limité* par ces deux cercles qui le tou-
cheront, l'un en dedans, l'autre en dehors; ou
bien il peut signifier que ces deux cercles forment
réellement, l'un le contour intérieur, l'autre le
contour extérieur de l'anneau. Si la première interprétation était la véritable, le caractère qui
en résulterait, n'aurait rien qui fût particulier à
la projection par développement, puisque la zône
zodiacale étant oblique au plan sur lequel la
sphère est projetée, la courbe qui en limite la

représentation sur le dessin, sera toujours excentrique par rapport au pôle de l'équateur, centre
de la projection générale ; et ainsi, quel que soit
le mode de projection employé, on pourra toujours comprendre cette courbe entre deux cercles
qui auront leur centre commun au point où le
pôle de l'écliptique se projette, et dont l'un la
touchera en dedans, l'autre en dehors. Si, au contraire, on veut adopter la seconde interprétation,
le caractère énoncé deviendra plus précis, puisqu'il en résultera que les contours, tant intérieurs
qu'extérieurs de l'anneau doivent être formés par
deux cercles concentriques. Dans ce cas l'écliptique,
elle-même, étant intermédiaire entre ces deux
cercles, paraît devoir être également figurée dans
la projection par un cercle, concentrique aux
deux précédents, par conséquent excentrique relativement à l'ensemble de la projection, puisque
celle-ci a pour centre le pôle de l'équateur. En
effet cette conclusion est parfaitement confirmée par un autre passage du mémoire où les
auteurs disent : Que l'époque du monument peut
« se déduire de la position de son écliptique,
« c'est-à-dire, de la *ligne circulaire excentrique*,
« sur laquelle les signes du zodiaque sont placés. »
D'où l'on voit clairement qu'ils considèrent cette
ligne comme devant être circulaire. Or, ces diverses déterminations, soit de la ligne écliptique,
soit de la bande zodiacale ou anneau des signes,
ne conviennent en aucune manière à la projection

par développement, dans laquelle la description des mêmes éléments se fait suivant des lois toutes différentes, comme on a pu le voir dans le texte de notre mémoire. Car les cercles de la sphère qui sont parallèles à l'écliptique, et l'écliptique elle-même ne sont pas représentés dans cette projection par des cercles concentriques, ni même par des cercles, mais par des courbes ovoïdes d'une tout autre nature, et dont l'équation est même transcendante. Les contours circulaires attribués à la représentation de l'anneau zodiacal et de l'écliptique ne peuvent donc pas être employés pour définir cette dernière projection ; et au contraire, leur adoption devait exclure l'idée qu'on l'eût mise en usage. Ainsi elles n'étaient pas propres à faire reconnaître que c'était cette forme de projection que les auteurs voulaient adopter.

Mais, indépendamment de toute définition explicite, le procédé géométrique qu'ils avaient choisi aurait pu se manifester d'une manière suffisamment précise dans l'usage même qu'ils en auraient fait pour tracer la courbe écliptique, pour fixer la direction du colure des solstices, et pour déterminer ainsi l'époque céleste que le monument représentait. MM. Jollois et Devilliers semblent en effet aborder directement cette application décisive lorsqu'ils annoncent dans le premier passage : « que l'époque de l'établissement du zodiaque (cir- « culaire) *peut se déduire* de la situation de son « écliptique, c'est-à-dire, de la ligne circulaire

« excentrique sur laquelle les signes du zodiaque
« sont placés. » Mais, au lieu de fonder cette détermination sur une déduction géométrique rigoureuse comme ils en donnaient l'espérance, ils
se bornent dans, le second passage, à ces expressions bien moins décisives : « Si *l'on cherche* à
« tracer un anneau qui renferme *le plus exacte-*
« *ment possible* les douze signes, on trouve que
« son centre doit être sur un rayon passant par
« le Cancer, cet astérisme étant au-dessus de la
« tête du Lion, et plus voisin du pôle qu'aucune
« autre constellation zodiacale. Cette disposition,
« ajoutent-ils, correspond *évidemment* à l'époque
« où le point solsticial était dans la partie du
« Cancer la plus voisine du Lion.» Or, la condition
graphique d'après laquelle les auteurs décrivent
ici leur anneau des signes est évidemment d'une
indétermination extrême ; et la manière dont ils
assignent la direction solsticiale, n'est pas moins
douteuse. S'ils eussent tenu à un mode de projection géométrique quelconque, ils n'auraient
pas eu des résultats si vagues. La description rigoureuse de la courbe écliptique, faite selon les
lois mathématiques de leur projection, et d'après
des données de position précises tirées du monument même, leur aurait indiqué immédiatement
la direction du solstice, et par suite la date de
l'état du ciel que le monument représentait. Ils
n'auraient donc pas eu besoin d'établir cette date
sur la considération incertaine de la plus grande

proximité du Cancer au pôle, considération qui même, si elle était admise, laisserait encore une indétermination de plusieurs siècles. Mais, que dis-je! en prenant l'emblème excentrique du Cancer, pour la limite intérieure et réelle de leur anneau des signes, ils s'étaient nécessairement ôté toute possibilité d'employer un système quelconque de projection régulière, puisqu'une telle situation du Cancer relativement aux autres signes, est astronomiquement incompatible avec le ciel; et par conséquent il était impossible d'imaginer qu'en conservant une incompatibilité si palpable, ils eussent pu avoir l'espérance, ou même l'intention, d'assujettir encore le monument à une construction géométrique; surtout après que leurs expressions, et même leurs déterminations précédentes n'avaient présenté que des aperçus vaguement définis, ou des résultats établis hypothétiquement.

Ceci m'amène naturellement au troisième genre d'épreuve par lequel la réclamation de MM. Jollois et Devilliers peut être appréciée; et qui consiste à examiner s'ils ont fait réellement, dans leur mémoire, un usage apparent, manifeste, de la projection qu'ils réclament. Ici je crains, pour ainsi dire, de paraître avoir trop raison contre eux. Car, non-seulement ils n'ont pas fait une seule application précise de cette projection, mais encore toute application pareille leur eût été absolument impossible, à cause des inexactitudes considérables de la copie sur laquelle ils opéraient.

La première de ces assertions est bien aisée à prouver, puisqu'il n'y a pas une constellation, pas une seule étoile, dont la position absolue sur le monument se trouve calculée *numériquement*, ou déterminée *graphiquement*, dans leur mémoire. Bien plus, le système des Paranatellons qu'ils avaient adopté, les écarte à chaque instant de toute application pareille, puisque, au lieu de chercher à placer chaque étoile sur le cercle horaire où elle doit réellement se trouver en position astronomique, ils sont souvent conduits à la mettre sur le cercle horaire de quelqu'autre constellation très-distante, avec laquelle elle n'a de rapport que par la simultanéité, ou l'opposition hypothétique, de son lever ou de son coucher. Un petit nombre d'exemples suffira pour mettre ceci en évidence : MM. Jollois et Devilliers veulent trouver sur le zodiaque circulaire le Serpentaire, constellation qui, dans toutes les positions successives de la sphère céleste, s'est toujours trouvé sur un cercle horaire voisin du Scorpion et du Sagittaire. Or le monument n'offre rien dans cette partie qui puisse être supposé l'emblème individuel de cette constellation. En conséquence ils la cherchent ailleurs ; et ils la trouvent, selon eux, presque à l'opposé du ciel au-dessus du Taureau, où ils voient un homme tenant dans sa main, disent-ils, *quelque chose d'analogue à un serpent* (1). Or, ce quelque chose est réellement une tête de chèvre parfaitement caractérisée, comme on le peut voir dans le dessin de M. Gau, et mieux encore dans le calque exact de grandeur naturelle que j'ai fait graver, fig. 2, pl. Ire; et cette tête, comme on l'a vu plus haut, se trouve précisément à l'endroit où la projection par dévelopement fait tomber la belle étoile de la Chèvre. De sorte que l'application que MM. de Jollois et Devilliers en font au Serpentaire, est contraire à la fois à la nature de l'emblème tel qu'il existe, et à la nature de la projection telle qu'ils prétendent l'avoir employée. Au-dessous du Taureau, par conséquent au sud du zodiaque, le monument présente un personnage que son attitude animée, les accessoires qui l'environnent, et enfin la place qu'il occupe, nous avaient fait reconnaître pour Orion; et l'on a pu voir avec quelle exactitude toutes les belles étoiles de la constellation d'Orion sont venues ensuite s'appliquer sur ses contours dans la projection exacte de la sphère céleste. MM. Jollois et Devilliers, dans leur mémoire, font de ce personnage austral, l'emblème de Céphée, qui est une constellation boréale voisine du pôle (2). Mais, dans leur tableau figuré des constellations, ils le donnent comme l'emblème de Persée; et ils appliquent à Céphée une figure

(1) Recherches de MM. Jollois et Devillers, page 32 § 14.
(2) *Idem*, page 43, § 36.

de divinité assise dans une barque, à plus de 60°
en ascension droite de son lieu véritable. Or,
sans doute, en cela, ils ne suivent pas non plus
les règles de la projection qu'ils réclament. Mais,
par une conséquence nécessaire, ayant attribué
la figure d'Orion à Céphée ou à Persée, ils sont
forcés de trouver aussi Orion ailleurs, conséquemment hors de la place que la projection par développement lui assigne. En effet ils le font représenter par le petit Harpocrate sortant d'une fleur
de lotus que Plutarque nous dit cependant, d'une
manière si formelle, être l'emblême du soleil levant (1); et comme dans le ciel, ainsi que dans
tout système exact de projection céleste, on doit
trouver sous les pieds d'Orion la constellation du
Lièvre, ils voient ce Lièvre représenté, aussi hors
de sa place, par la fleur de lotus sur laquelle l'Harpocrate est assis. De même, ayant vainement
cherché l'emblême de la Lyre, à son véritable lieu
céleste, sur un cercle horaire dirigé à peu près
vers le milieu du Sagittaire, ils la transportent
diamétralement, sur cet emblême principal formé
par une tige de lotus surmontée d'un épervier,
auquel nous avons rapporté Syrius, parce que tout
l'ensemble du monument y fait tomber cet astre en
projection rigoureuse. Les auteurs du mémoire
abandonnent donc encore ici ce mode de projection pour suivre leurs hypothèses. Aussi, par une

(1) Recherches, page 50, § 48.

conséquence inévitable , ils placent Syrius en position réelle sur l'emblème de la vache d'Isis ; supposition également impossibile à concilier avec la
situation relative de cette figure , et des figures
zodiacales, dans un système quelconque de projection rigoureux. Par une autre déviation des
mêmes lois, les auteurs du mémoire considèrent
les neuf étoiles placées sur le cercle horaire du
Cancer, près du cercle de bordure, comme représentant la constellation du Dauphin , quoique la
place réelle de cette constellation soit sur le cercle
horaire du milieu du Capricorne; et de même, loin
de placer les étoiles de Cassiopée à leur lieu vrai,
ce qui les amène si exactement sur une figure
assise dont elles suivent les contours avec une fidélité parfaite , ils portent cette constellation dans
la partie opposée du planisphère pour la mettre
dans une petite figure assise au-dessus de la Balance, où ils placent aussi Andromède qui ne s'y
trouve pas davantage en position.

Ces exemples suffisent pour montrer si les
auteurs du mémoire peuvent fonder leurs droits
à la projection par développement sur les applications qu'ils en ont faites. Il me reste à montrer
qu'une vérification exacte de ce mode de projection leur eût été impossible à cause de l'inexactitude de la copie dont ils faisaient usage : cela ne
me sera pas plus difficile. En effet , si l'on veut
prendre la peine de comparer exactement à l'aide
du compas, les positions relatives des figures , et

les dimensions ainsi que les formes de ces figures mêmes, dans le dessin rigoureux de M. Gau, et dans la gravure de la commission d'Égypte, gravure que les auteurs du mémoire déclarent être identiquement conforme à leur dessin original (1), on trouvera que ces rapports, ces dimensions, ces formes, sont généralement altérés, et souvent dans des proportions considérables Sans doute, il serait souverainement injuste de leur en faire un reproche. Forcés de faire leur dessin à la lueur incertaine des flambeaux, dans une situation très-gênante, au milieu de mille difficultés causées par le lieu, le temps et les circonstances qui les environnaient, il est bien concevable qu'ils n'aient pas obtenu, qu'ils n'aient humainement pas pu obtenir, cette complète exactitude à laquelle peut arriver un dessinateur parfaitement bien établi, dans un état de sécurité complète, qui prend le monument sous l'exposition la plus favorable, au grand jour, et qui, après avoir couvert toute sa surface de carreaux très-serrés formés par des fils parallèles, peut aller examiner, et examine en effet avec le plus grand soin, chacune des figures, et même chaque partie des figures qu'il copie successivement. Voilà les avantages de situation que M. Gau a eus à Paris sur toutes les personnes qui avaient

____

(1) Appendice aux descriptions des monuments astronomiques, par **MM.** Jollois et Devillers, page 16, dernier alinéa.

dessiné avant lui le monument en Égypte; et je
ne crois pas que l'on hésite aussi à reconnaître
que cet habile artiste avait encore l'avantage personnel d'un talent spécial, depuis long-temps
exercé avec zèle et succès au dessin des figures
égyptiennes. Il est donc infiniment simple que le
dessin de M. Gau soit supérieur pour la fidélité
à celui des membres de la commission d'Égypte,
comme il l'est aussi que ce dernier renferme de
nombreuses erreurs, sans que ce fait porte la
moindre atteinte au mérite de ceux qui l'ont
exécuté, ou ôte rien à la reconnaissance que
nous leur devons pour avoir les premiers fait connaître ce monument au prix de tant de fatigues.
Mais en rendant, comme nous nous plaisons à le
faire, une entière justice à leur zèle et à leurs ser-
vices, nous ne craindrons pas d'exprimer une vérité
que l'on s'efforcerait en vain de faire méconnaître;
c'est que la copie du zodiaque circulaire publiée
par la commission d'Égypte est trop inexacte dans
ses détails et dans son ensemble, pour que l'on
puisse y reconnaître un système régulier de projection de la sphère céleste, et conséquemment
pour que l'on pût la faire servir à la vérification
d'un tel système, si l'on était parvenu à le deviner.
En effet, une semblable vérification ne peut
s'obtenir, qu'en appliquant sur le dessin une carte
céleste de même dimension, construite suivant le
mode de projection supposé, et voyant si les
étoiles les plus remarquables, soit par elles-

mêmes, soit par les idées religieuses ou astronomiques qui y étaient attachées, viennent se
placer fidèlement sur les emblèmes connus auxquels elles se rapportent, ou du moins sur des
figures aux contours desquelles leurs groupes
viennent naturellement s'adapter. Or, quiconque
voudra se donner la peine de faire une pareille
épreuve sur le dessin de la commission d'Égypte,
verra bientôt qu'il ne peut absolument servir à cet
usage, tant il s'écarte de la vérité dans les détails.
Mais il n'est pas même besoin de faire cette
épreuve pour s'en convaincre : que l'on compare
seulement cette copie avec la gravure fidèle du
dessin de M. Gau, exécuté sur les mêmes dimensions, mais à la vérité dans des circonstances
bien plus favorables, on sentira aussitôt du premier coup d'œil l'extrême différence des formes,
élément si essentiel pour l'exactitude des coïncidences astronomiques. On verra, par exemple,
que les figures de la commission semblent beaucoup plus séparées, et comme détachées les unes
des autres ; ce qui vient de ce qu'elles sont généralement trop petites et rétrécies dans leurs proportions ; circonstance qui doit nécessairement
déplacer et quelquefois faire entièrement sortir
de leurs contours les étoiles que la projection
assigne à chacune d'elles : ainsi, par exemple,
les étoiles de la Petite-Ourse ne peuvent trouver
ni leur configuration, ni leur place, dans la mince
et grêle figure de chacal placée au centre de ce

dessin ; tandis qu'elles s'adaptent avec tant de justesse à cette même figure lorqu'elle est exactement tracée d'après le monument. Mais, en suivant cet examen, on s'apercevra avec surprise que
plusieurs figures sont même représentées dans le
dessin de la commission tout autrement qu'elles
ne sont en réalité, avec des attributs d'une nature
toute différente, et quelquefois à des places, ou
sous des formes, dont le monument même n'offre
absolument aucune apparence. Ainsi, dans le dessin
de M. Gau, comme dans le monument, on voit
sous le pied oriental d'Orion une figure assez indéterminée, sur laquelle tombent en projection
les étoiles de la constellation du Lièvre. Dans le
dessin de la commission cette indétermination,
quoique très-réelle, n'existe point ; et l'on voit à
côté du même pied d'Orion, mais à quelque distance, l'image détachée et parfaitement nette d'un
oiseau dont tous les détails sont rigoureusement
terminés. Dans l'interprétation de MM. Jollois
et Devilliers, cet oiseau imaginaire devient l'emblème des Pléiades, quoique la projection rigoureuse place les Pléiades sur un cercle horaire bien
différent de celui-là. De même, si l'on considère
le personnage emblématique substitué au Cancer,
et sur lequel la projection rigoureuse fait en effet
tomber les étoiles du Cancer qui étaient alors
solsticiales, on verra que, dans le dessin de la
commission, ce personnage est placé parallèlement à la tige de lotus et très-séparé des Gémeaux ;

ce qui détruit toute possibilité de coïncidence avec
le colure des solstices; tandis que, dans le monument original, comme dans le dessin de M. Gau,
le personnage dont il s'agit est placé obliquement
aux Gémeaux et tout près d'eux, suivant la direction juste du cercle horaire sur lequel les étoiles
solsticiales du Cancer se trouvaient alors. Enfin,
si l'on examine le personnage excentrique, qui,
dans le dessin de M. Gau, comme dans le monument, porte une légende hiéroglyphique peu distante du pôle, on verra que cette légende sur
laquelle tombe en projection le carré de la Grande-
Ourse, est remplacée dans le dessin de la commission de l'Égypte par une figure isolée, distincte,
représentant un dragon, dont MM. Jollois et Devilliers ont fait la constellation du Dragon polaire,
en témoignant toutefois leur surprise que les Égyptiens lui eussent donné des dimensions si petites,
tandis qu'elle en a de si grandes dans le ciel.
On conçoit aisément toutes les conséquences qui
ont du résulter d'une illusion pareille. En effet,
le Dragon céleste s'allonge entre les deux Ourses,
et entoure la petite de ses replis. Comment placer
ces deux constellations, si on le reduit d'une manière si excessive? Cela devient mathématiquement
impossible, à moins que l'une d'elles ne soit plus,
pour ainsi dire, représentée que par un simple
point. MM. Jollois et Devillers ont voulu se sou-
straire à cette difficulté en plaçant les deux Ourses
hors de leur image fictive du Dragon, la petite

dans la figure de chacal, située près du centre
du planisphère; la grande dans la grande figure
d'hippopotame, placée à côté du chacal. Mais
cette disposition extérieure du Dragon, relativement aux deux Ourses, étant incompatible avec
le ciel, n'a pu résulter pour eux d'une projection
par développement exactement effectuée. Même,
en considérant les deux Ourses seules, si l'on
veut placer la petite dans l'image du chacal,
comme MM. Jollois et Devilliers l'ont fait, et
comme la projection par développement nous a
également conduit à le faire, il devient impossible
de mettre la Grande-Ourse dans la figure d'hippopotame qui se trouve entre le Chacal et le Sagittaire, puisque la simple inspection d'un globe
céleste, montre que la constellation de la Grande-
Ourse est située entre la Petite-Ourse et le Lion,
précisément du côté opposé du ciel. C'est là en
effet que la projection par développement nous
l'a fait placer; mais puisque MM. Jollois et Devilliers l'ont placée d'une autre manière, il est évident que ce n'a pas été en vertu d'une application
exacte de la même méthode. Ainsi, en définitif,
quand bien même ils auraient eu un moment l'i-
dée de ce mode de projection, ce que je suis
tout-à-fait disposé à croire, puisqu'ils le disent,
cependant comme ils ne l'ont nulle part énoncé
d'une manière précise et déterminée; qu'ils n'ont
indiqué aucun caractère géométrique spécial, auquel on pût le reconnaître ; qu'enfin ils n'en ont

pas fait et n'en ont pas pu faire une seule application rigoureuse, il est évident que personne
n'était dans l'obligation de soupçonner qu'on dût
leur en attribuer l'invention et l'usage. Aussi, de
tous les savans qui ont écrit sur cette matière, il
n'en est pas un seul qui l'ait fait, même parmi
ceux qui avaient à leur égard un sentiment de
bienveillance particulière, et qui ont pris le soin
le plus spécial de rapporter et d'analyser les diverses opinions émises avant eux. Il y a plus, les
recherches de MM. Jollois et Devilliers ont été
citées dans la plupart de ces écrits, sans qu'on
leur attribuât le moins du monde l'idée d'avoir
employé une méthode quelconque de projection
qui leur fût propre; et ils n'ont jamais témoigné
par la réclamation la plus légère qu'on eût diminué
quelque chose du mérite qui leur appartenait.
Pourquoi, après avoir laissé si long-temps et si
généralement oublier l'idée qui avait dû être le
premier fondement de toutes leurs recherches,
s'empressent-ils aujourd'hui de la réclamer lorsqu'elle devient utile pour la première fois? Et si
l'on en tire des conséquences qu'ils n'ont pas même
indiquées, si l'on en fait des applications qu'ils
n'ont point faites et qui leur étaient impossibles
à cause de l'inexactitude même de leur copie
qu'ils considéraient comme si fidèle, suffit-il
qu'ils assurent que cette idée s'était aussi présentée à leur esprit pour qu'ils soient en droit de la
revendiquer avec tous les résultats qu'on en a su

déduire? (1) Je ne crois pas que les principes de la justice littéraire légitiment le moins du monde une pareille opinion. Et c'est là tout ce que je me suis proposé d'établir dans cette réponse.

Une autre personne a reclamé aussi l'idée de la projection par développement, et son application au zodiaque, non pas, à la vérité, pour elle-même, mais pour un homme que la mort vient de nous enlever, et qui était aussi remarquable entre les savants, par son équité, que par ses vastes connaissances. A ces traits on reconnait aisément M. Delambre. Le prétexte de cette nou-velle réclamation est tiré d'un rapport que M. De-lambre avait fait il y a environ deux ans à l'Aca-démie, et dans lequel, après avoir montré que le zodiaque circulaire ne pouvait pas être une projection stéréographique, comme l'auteur du mémoire l'avait supposé, il exprimait dans les termes suivants ses propres incertitudes sur la manière employée pour le construire. « Si c'est « une projection, disait-il, elle a été faite sans au-« cune idée de géométrie...... Nous n'oserions as-« surer que le dessinateur du zodiaque eût la « moindre connaissance de la projection d'Hip-« parque, ce qui ferait donner à ce monument

(1) **MM.** Jollois et Devilliers avaient une si entière confiance dans leur dessin des zodiaques, qu'ils se rendent eux-mêmes, dans leur mémoire, le témoignage d'avoir employé des moyens propres à obtenir un degré d'exactitude que rien ne pût sur-passer. Appendice aux Recherches, page 3.

« une date décidément trop moderne, aux yeux
« de quelques savants dont l'opinion mérite toute
« sorte d'égards. Mais, ayant une partie considé-
« rable de la sphère à représenter sur un plan,
« ils auront choisi tout naturellement celui de
« l'équateur ; ils auront placé au centre le pôle
« boréal, autour duquel ils auront dessiné les dif-
« férentes constellations dans l'ordre de leur pas-
« sage au méridien, à des distances polaires à
« peu près égales aux distances réelles, autant,
« du moins, qu'ils pouvaient les estimer, sans
« *même avoir eu l'idée de les rendre égales aux*
« *tangentes des moitiés de ces distances réelles,*
« ainsi que l'exigerait la théorie d'Hipparque. Peut-
« être ont-ils suivi les distances à l'équateur ou
« les déclinaisons telles qu'ils auraient pu les con-
« naître : c'est *ce dont il est impossible de s'assurer*
« puisqu'ils n'ont indiqué la place d'aucune étoile. »
Il est parfaitement évident que ce passage n'offre
aucune intention quelconque d'indication précise,
mais qu'il exprime seulement comment le zodiaque
pourrait avoir été dessiné à vue, sans aucune notion de géométrie. La supposition que ce dessin
aurait pu être exécuté sur le plan de l'équateur,
avec des distances polaires *à peu près* égales aux
distance polaires véritables, ne désigne pas spécialement la projection par développement plutôt
que tout autre systéme analogue, où les constellations seraient distribuées à des distances du centre
plus ou moins grandes, selon qu'elles seraient plus
ou moins éloignées du pôle céleste ; et cela est si

vrai, que, parmi les diverses particularités que son idée embrasse, M. Delambre admet le cas où l'on représenterait les distances au pôle par les tangentes de la moitié de leur distance angulaire, comme l'a fait Hipparque. M. Delambre n'a donc pas eu, n'a eu nullement, dans ce passage, l'intention d'indiquer la projection par développement comme ayant été spécialement suivie dans la construction du zodiaque circulaire; et, ce qui achève de le confirmer d'une manière tout-à-fait incontestable, c'est que, dans un appendice placé *à la fin du rapport*, et pareillement imprimé, quoiqu'il n'eût pas été lu à l'Académie, M. Delambre expose un essai qu'il a tenté, pour reconstruire astronomiquement le zodiaque circulaire; essai qui, dit-il, lui a donné avec le monument *une ressemblance assez grande*. Or, le procédé qu'il a mis en usage pour cet objet, n'est point la projection par développement, mais la projection stéréographique d'Hipparque; et l'on accordera aisément qu'il ne l'aurait pas choisie, s'il eût soupçonné qu'une autre eût été plus applicable. Au reste, il n'est pas étonnant que M. Delambre se soit borné à cet essai, et qu'il se soit contenté d'un accord nécessairement assez imparfait, lorsqu'on pouvait représenter beaucoup mieux le monument par une autre méthode, telle que celle que nous avons mise en usage. C'est que ce mieux ne pouvait être alors obtenu, ni même cherché, à cause des inexactitudes capitales renfermées dans la copie de la commission d'Égypte, que l'on s'était efforcé de présenter comme parfaitement fidèle. Et qui était la seule sur laquelle on pût raisonner puisqu'il n'en existait pas d'autre. Je n'ajouterai plus qu'un mot sur ce sujet. La réputation M. Delambre n'a pas besoin d'être soutenue par des interprétations forcées, qui donneraient à des expressions évidemment vagues une intention de rigueur et de certitude qu'il ne leur attribuait pas lui-même. Cet homme célèbre m'honorait d'une amitié particulière, et je ne suis pas de ceux qui l'ont regretté le moins sincèrement. Dès que j'eus conçu la première idée que le zodiaque circulaire pouvait être fondé sur une projection par développement, ce fut à lui que j'allai la confier d'abord; il m'engagea fortement à la suivre. Lorsque, vers les derniers jours de sa vie, mon travail se trouva terminé, et que je l'eus communiqué à l'institut, il s'intéressa assez vivement au résultat pour désirer que je lui en fisse part, ce qu'assurément je n'aurais pas osé solliciter de sa bienveillance, dans l'état allarmant où il se trouvait. Je passai près d'une heure à lui expliquer le système de projection dont j'avais fait usage, et à lui en développer les applications sur le dessin même. Il ne me parla plus de la projection d'Hipparque qu'il avait essayée, et ne me montra pas la moindre idée qu'il eût songé à employer celle dont je l'entretenais; mais il y prit un intérêt si vif et si ardent qu'il semblait que son esprit, déja presque détaché de son corps, saisissait avec passion ce dernier instant de jouir d'une science qui avait fait toutes ses délices, et aux progrès de laquelle il était si entièrement dévoué.

Je terminerai ici cette trop longue polémique. La seule nécessité de repousser une réclamation publiquement portée devant les académies a pu me contraindre d'entrer dans une discussion pareille. Je ne l'eusse jamais fait pour le frivole avantage de défendre des opinions littéraires. Ce serait donc bien vainement que l'on me supposerait disposé à m'y engager encore pour soutenir celles que j'ai émises dans l'ouvrage que je publie en ce moment. J'y ai dit tout ce que j'avais pu trouver de certain relativement à l'ancienne astronomie égyptienne. J'ai cité les textes originaux, et ainsi chacun peut vérifier les conséquences que j'en ai déduites. Je ne me regarde nullement comme obligé à combattre les critiques que l'on en pourra faire, persuadé que la vérité et l'erreur finissent toujours par prendre l'une et l'autre leur place méritée, malgré toute la vivacité des passions du moment. Je dis donc adieu à un sujet désormais fini pour moi ; et je retourne avec joie à des études chéries que je lui avais sacrifiées depuis trop long-temps.

NOTES.

I.

Sur la forme de l'astérisme d'Antarès, avec des remarques sur la manière dont les anciens représentaient un cœur.

Les deux lobes proéminents et séparés qui se voient dans la partie supérieure de l'astérisme, me l'avaient d'abord fait prendre pour une grosse étoile, dont ces lobes formaient deux pointes. Mais heureusement cette interprétation ayant été vivement critiquée, j'ai voulu consulter de nouveau le monument pour étudier avec un soin scrupuleux les détails de cette partie : quelle a été ma surprise lorsqu'en les examinant ainsi, j'ai cru y reconnaître distinctement l'emblème par lequel les modernes désignent généralement un cœur ! L'application d'un emblème pareil, au lieu précis où le calcul astronomique m'avait conduit à placer Antarès, *le cœur du Scorpion*, était trop singulière pour ne pas chercher à la vérifier par tous les moyens possibles. Je n'en trouvai pas de meilleur, que de suivre fidèlement à travers un papier-glace les contours que l'astérisme me semblait offrir. J'en ai pris ainsi plusieurs calques qui se sont tous trouvés d'accord dans leur expression générale. Mais, pour plus de fidélité, j'ai mieux aimé m'en rapporter à M. Gau qu'à moi-même, et c'est un calque pris ainsi par cet habile artiste, qui a donné la figure

que j'ai fait graver. Le trait ponctué indique les limites extérieures de l'excavation faite dans la pierre à l'endroit où
l'astérisme est sculpté.

Quelque jugement que l'on veuille porter sur cette analogie, j'ai cru ne pas devoir taire la manière dont elle s'était
offerte à moi. Je ne la présente d'ailleurs que comme une
conjecture; d'autant qu'elle n'importe nullement à la vérification du système de projection qui s'applique au monument.
Car cette vérification n'exige que la coïncidence fidèle des
étoiles du Scorpion avec les contours de la petite figure qui
porte l'astérisme; coïncidence qui devient bien plus frappante
encore par la position d'Antarès sur l'astérisme même. Toutefois ceci m'a conduit à chercher s'il existait quelque indice
de la forme sous laquelle les anciens représentaient emblématiquement un cœur; et si cette forme était ou non pareille
à celle qui est maintenant adoptée. Les passages suivants,
tirés d'Horus-Apollo et de Plutarque, m'ont paru montrer
qu'il y avait entre ces formes le plus grand rapport, si ce
n'est une entière identité.

Le 36ᵉ hiéroglyphe du 1ᵉʳ livre d'Horus Apollo a pour titre :
« Comment les Égyptiens figurent un cœur. » Voici maintenant le texte : « Lorsqu'ils veulent indiquer un cœur, ils pei-
« gnent un ibis, animal qui est consacré à Mercure, le régu-
« lateur du cœur et de la raison; car l'ibis par lui-même, est
« en grande partie semblable à un cœur. » L'interprétation de
cette ressemblance me semble n'offrir aucun doute : lorsque
l'ibis abaisse son col sur sa poitrine ou le cache sous ses
ailes, les sommités de celles-ci s'élevant en saillie des deux
côtés de son corps ovoïde, composent avec lui une forme
absolument semblable à celle par laquelle nous figurons un
cœur. On peut s'en convaincre par la fig. 8, planche 1, où
l'on a dessiné un ibis dans cette situation.

Plutarque, dans le traité d'Isis et d'Osiris, dit d'Harpocrate : « qu'il est le modérateur des pensées que les hommes se
« forment des dieux. C'est pourquoi, ajoute-t-il, on le repré-

« sente ayant un doigt sur sa bouche, comme un emblême de
« la réserve et du silence ; et au mois de Mesori, lui offrant
« des légumes, ils disent : « La langue est fortune, la langue
« est dieu. » Parmi les végétaux d'Égypte, ils lui consacrent le
« *persea*, parce que son fruit ressemble à un cœur, ses feuilles
« à une langue. » Amyot, dont j'emprunte ici la version, traduit *persea* par le pêcher ; et la forme de la feuille et du fruit du
pêcher, ne repousserait point cette interprétation. Mais, en
rassemblant toutes les indications que les auteurs grecs et
arabes peuvent fournir sur le persea, M. de Sacy, dans une
dissertation très-savante, a montré que ce nom doit plutôt
s'appliquer à un arbre autrefois fort commun en Égypte, et
qui, après y être devenu de plus en plus rare, en a tout-à-
fait disparu vers le douzième siècle : cet arbre est désigné
par les écrivains arabes sous le nom de *lebach*. Les passages
rassemblés par M. de Sacy, en constatant ce fait, ne lui ont
pas fourni d'indications assez précises pour pouvoir remonter
jusqu'au caractère botanique de l'arbre auquel ce nom doit
être appliqué ; mais il en résulte du moins que son fruit est
d'une forme ovoïde, analogue à celle de l'amandier, ce qui
indique d'une manière suffisante, l'idée qu'attachait Plutarque
à l'emblême du cœur auquel on le faisait servir.

Il paraît que le cœur était fréquemment employé par les
Égyptiens, non-seulement comme image physique, mais encore comme le siége moral des affections de l'ame. C'est ce
qu'indiquent déja les passages cités d'Horus et de Plutarque.
En voici d'autres qui ne laissent aucun doute à cet égard.

Le 7ᵉ hiéroglyphe du 1ᵉʳ livre d'Horus-Apollo est conçu en
ces termes : « Comment les Égyptiens figurent l'ame (ψυχήν).
« L'épervier est pris également pour l'emblême de l'ame,
« d'après l'analogie tirée de son nom. En effet, le nom égyp-
« tien de l'épervier est baieth, qui, décomposé, signifie cœur
« et ame ; bai, signifie ame, et eth, cœur. Suivant les Égyp-
« tiens, le cœur est le séjour de l'ame. C'est pourquoi le mot
« baieth, exprime pour eux une ame unie à un cœur. » Au

reste, l'alliance de l'ame avec le cœur n'était pas particulière
aux Égyptiens. Car, en décrivant ce viscère dans le vii liv.
de son histoire naturelle, Pline dit de lui : *ibi mens habitat.*

Le 4ᵉ hiéroglyphe du ii livre d'Horus est conçu en ces
termes : « Ce que signifie un cœur humain suspendu à un la-
« rynx ; un cœur humain suspendu à un larynx, désigne la
« bouche d'un homme de bien. »

Dans le 22ᵉ du 1ᵉʳ livre il est dit : « Pour désigner l'Égypte
« ils peignent un encensoir embrasé, surmonté d'un cœur.
« Indiquant ainsi que l'Égypte, à cause de l'extrême chaleur
« qu'elle éprouve, est comme le cœur d'un jaloux qui brûle
« d'une perpétuelle flamme.

Le cœur était aussi employé comme emblême du Nil ; c'est
ce que nous apprend le passage suivant, extrait du 21ᵉ hiéroglyphe du 1ᵉʳ livre, lequel a pour objet l'inondation du
Nil : « Les Égyptiens assimilent le Nil à un cœur joint à une
« langue. Le cœur étant employé dans cet emblème comme
« le chef et la partie principale du corps, ainsi que le Nil
« l'est de l'Égypte ; la langue comme aimant à être toujours
« dans l'humidité. » Plutarque dans le traité d'Isis et d'Osiris,
§. xxx, dit aussi que les Égyptiens représentent le Nil par un
cœur. Ceci explique un autre usage des Égyptiens attesté par
le scoliaste grec d'Aratus, que l'on croit être Théon d'Alexandrie. Après avoir remarqué que le Lion est le signe céleste dans
lequel l'inondation commence à atteindre une grande hauteur :
« par cette raison, dit il, les clefs des temples portent chez
« les Égyptiens des images de lion, desquelles pendent des
« chaînes auxquelles un cœur est attaché. » Il est évident
qu'ici le cœur désigne le Nil, et les chaînes ou la clef, désignent la langue, comme dans Horus. J'ajoute que l'emploi
des images de lion comme emblême du débordement, que nous
avons vu aussi attesté par Horus-Apollo, l'est également par
Plutarque dans le traité d'Isis et d'Osiris, §. xxxiii ; et il y
est appuyé sur les mêmes motifs, c'est-à-dire, sur ce que le
débordement commence lorsque le soleil entre dans le Lion.

Or, Plutarque écrivait au commencement du second siècle de l'ère chrétienne. A cette époque, lorsque le débordement s'opérait, c'est-à-dire, environ trente jours après le solstice, le soleil se trouvait dans la longitude de η du Lion, qui est une des étoiles de la crinière. On pouvait donc, sans prétendre à une exactitude astronomique, dire que le soleil entrait alors dans le Lion. L'expression deviendrait tout-à-fait exacte si on l'appliquait au lion comme signe. Au reste, peut-être le passage de Plutarque offre-t-il plutôt l'interprétation actuelle d'un usage adopté, que la détermination raisonnée de son origine ancienne, qui est suffisamment expliquée par la longue coïncidence du débordement avec la présence du soleil dans les étoiles du Lion.

II.

TABLEAU *des distances au centre et des cordes prises sur le monument, avec leur réduction en distances polaires et en différences d'ascension droite.*

Le diamètre du médaillon mesuré à plusieurs reprises et en différens sens s'est trouvé être de 1548 millimètres ; ce qui donne 774 millimètres pour son rayon. Or, par la nature de la projection, ces 774 millimètres représentent le développement d'une demi-circonférence ou de 180° ; donc toute autre distance au centre égale à un nombre d de millimètres, vaudra en degrés $\dfrac{180° d}{774}$ ou $\dfrac{10° d}{43}$; de sorte que, pour lui donner cette forme, il suffira de la multiplier par 10, et de prendre la 43ᵉ partie du produit ; c'est ainsi qu'a été formé le tableau ci-après :

DÉSIGNATION des ASTÉRISMES d'après l'étoile à laquelle on les rapporte.	DISTANCES AU CENTRE mesurées en millimètres.	DISTANCES POLAIRES conclues en degrés, minutes et secondes.		
Arcturus.........	238mm	55°	20'	56"
Antarès.........	465	108	16	45
Fomalhaut.......	574	133	29	18
Sheat..........	327 ½	76	9	45
Acharnar........	694	161	23	43
Canopus........	621 ½	144	32	6
Croix du sud.....	591	137	26	31
Grande-Ourse...	90	20	55	48

Pour trouver les angles dièdres compris entre les cercles horaires qui contiennent ces divers astérismes, on a mesuré, ordinairement sur le bord du médaillon, quelquefois entre les astérismes mêmes, la longueur de la corde rectiligne comprise entre les rayons menés du centre du monument à chacun d'eux ; et de là on a conclu l'angle compris entre les rayons ou la différence d'ascension droite, au moyen du calcul trigonométrique ; c'est ainsi qu'on a obtenu le tableau ci-après :

DÉSIGNATION des ASTÉRISMES.	LONGUEUR DES CORDES mesurée en millimètres.	DÉSIGNATION des POINTS entre lesquels les cordes sont mesurées.	ANGLES DIÈDRES, ou différences d'ascension droite conclues.
Arcturus—Antarès......	318^{mm}	bord du médaillon.	23° 42′ 32″
Arcturus—Fomalhaut...	1369	bord............	124 20 50
Arcturus—Sheat.......	513	entre les astérismes.	129 33 8
Arcturus—Pléiade.....	1536	bord............	165 43 20
Arcturus—Lotus (1)....	1285	bord............	112 13 8
Lotus—Aldebaran......	544	bord............	41 8 54
Arcturus—Canopu s ...	1231,5	bord............	105 45 38
Arcturus—Grande-Ourse.	215	entre les astérismes.	
Arcturus—Croix du sud.	377	bord............	28 15 26

Les angles exprimés dans ce tableau sont ceux qui résultent des mesures immédiates. En prenant leurs différences deux à deux, on aura les différences d'ascension droite comprises entre deux quelconques des astérismes qui y sont désignés. C'est ainsi qu'ont été calculés les nombres rapportés dans le Mémoire.

(1) Nous désignons ainsi, pour abréger, la tige de lotus sur laquelle Syrius tombe réellement en projection astronomique. L'alignement est pris sur le milieu de l'axe de la tige.

III.

Tableau *des calculs trigonométriques relatifs à la détermination du pôle du monument sur la sphère céleste.*

Pour exposer la marche de ces calculs, et mettre chacun en état de les vérifier, je choisirai comme exemple Antarès et Sheat. Je prends d'abord dans les tables de La Caille, les longitudes et les distances polaires de ces deux étoiles relativement à l'écliptique et à l'équinoxe vernal de 1750. On a ainsi

	Longitude en 1750	Distances au pôle boréal de l'écliptique de 1750
Antarès.	246° 16′ 28″	94° 32′ 12″
Sheat...	355 52 58	58 51 48

Ces données sont représentées en position sur la sphère céleste, dans la fig. 4, pl. 1. L L' ♈ est le grand cercle de l'écliptique dont C est le centre, C E l'axe, E le pôle boréal. E A est le cercle de latitude sur lequel Antarès se trouve en A; E B est le cercle de latitude sur lequel Sheat se trouve en B. A B est ainsi l'arc de grand cercle qui mesure la distance angulaire de ces deux étoiles sur la sphère céleste. D'après cela, dans le triangle sphérique A E B formé au pôle de l'écliptique, on connaît les côtés A E, B E, qui sont les distances des deux étoiles à ce pôle, et l'on connaît en outre l'angle dièdre A E B compris entre elles, lequel est égal à la différence de leurs longitudes, ou à 109° 36′ 30″. On peut donc, avec ces données, calculer l'arc de distance A B des deux étoiles, ainsi que les angles diedres E A B, E B A; on trouve ainsi dans ce triangle

$$A B = 109°\ 6′\ 6″$$
$$E A B = 58\ 34\ 13$$
$$E B A = 83\ 36\ 11$$
$$A E B = 109\ 36\ 30$$

Maintenant désignons par P la position inconnue du pôle du monument sur la sphère céleste, et concevons ce pôle rapporté comme tout autre point au même systéme de coordonnées dont nous venons de faire usage, c'est-à-dire, à l'écliptique et à l'équinoxe fixe de 1750. Pour cela on devra supposer un cercle de latitude E P mené du point E à ce pôle inconnu ; après quoi il faudra déterminer l'arc P E qui exprime sa distance au pôle de notre écliptique, et l'angle dièdre P E B formé par le cercle de latitude P E avec le cercle de latitude E B mené par Sheat : or, c'est ce qui est très-facile au moyen de ce qui précède. Car, d'abord dans le triangle sphérique A P B formé au pôle inconnu et aux deux étoiles, on connaît l'arc de distance A B que nous venons de trouver égal à 109° 6′ 6″. On a de plus les deux arcs A P , B P, qui, étant les distances des deux étoiles au pôle du monument, peuvent se prendre graphiquement sur le médaillon même ; et nous avons vu que l'on a ainsi A P = 108° 16′ 45″ ; B P = 76° 9′ 45″. Avec ces trois côtés connus on peut calculer les trois angles du triangle A P B, et l'on trouve

$$
\begin{aligned}
P\,A\,B &= 81°\ 14′\ 50″ \\
P\,B\,A &= 104\ \ 51\ \ 54 \\
A\,P\,B &= 105\ \ 52\ \ 37
\end{aligned}
$$

Ce dernier angle au pôle inconnu peut aussi se déduire directement des mesures graphiques, puisque c'est le même que comprennent sur le monument les rayons menés du centre aux astérismes d'Antarès et de Sheat. On voit, d'après le tableau de la page 41, que sa valeur conclue de la mesure des cordes est 105° 50′ 36″ ; ce qui diffère extrèmement peu du résultat que nous venons d'obtenir en résolvant le triangle A P B, d'après la connaissance de ses trois côtés. Cet accord offre une vérification remarquable de la correspondance réelle et géométrique qui existe entre les diverses parties du monument. Toutefois, on doit, comme nous l'avons fait, préférer le résultat obtenu par la résolution trigonométrique du triangle A P B, parce que le calcul qui le donne n'emprunte du monument que les distances polaires A P, B P, et se trouve ainsi indépendant des différences d'ascension droite toujours plus difficiles à observer, surtout pour les anciens chez lesquels la mesure du temps s'obtenait par des méthodes très-imparfaites.

Si de l'angle P B A que nous venons de trouver égal à 104° 51′ 54″ on retranche l'angle E B A que nous avons vu être de 83° 36′ 11″, on aura l'angle E B P égal à 21° 15′ 43″. Alors dans le triangle sphérique E B P, on connaîtra

l'angle E B P = 21° 15′ 43″
l'arc   B P = 76   9   45 distance de Sheat au pôle du monument.
l'arc   B E = 58 51 48 distance de Sheat au pôle de l'écliptique.

ainsi, en résolvant ce triangle, on obtiendra

l'arc   P E = 26° 4′ 42″
l'angle P E B = 126 46 35

Or l'arc P E est la distance sphérique du pôle inconnu au pôle de l'écliptique de 1750; son complément 63° 55′ 18″ est donc la latitude P′ P du pôle inconnu rapportée à cette même écliptique.

Si à l'angle   P E B = 126° 46′ 35″
on ajoute la longitude de Sheat
en 1750 ou.................... ϒ P′ L L′ = 355 52 58

On aura pour somme   482 39 33
ou en retranchant une circonférence ϒ P′ = 122° 39′ 33″

c'est la longitude du pôle P du monument sur l'écliptique fixe de 1750, à partir de l'équinoxe vernal de cette même année. Le calcul entre Arcturus et Fomalhaut s'établit de la même manière. Je n'en donnerai ici que les résultats successifs qui se rapportent à la fig. 5 pl. 1.

	Longitudes en 1750	Distances au pôle de l'écliptique en 1750
Arcturus ♈ ♋ A′ = 200° 44′ 46″		E A = 59° 5′ 29″
Fomalhaut ♈ ♋ F′ = 33o 20 33		E F = 111 6 13

de là en résolvant le triangle F E A , on trouve

$$A\,F = 134°\ 2'\ 17'$$
$$E\,A\,F = 90\ 16\ 39$$
$$E\,F\,A = 66\ 52\ 31$$
$$F\,E\,A = 129\ 35\ 47$$

maintenant, P étant le pôle inconnu, on aura dans le triangle sphérique A P F

$$A\,P = 55°\ 20'\ 56''\ \text{par le monument}$$
$$F\,P = 133\ 29\ 18\ \ \text{par le monument}$$
$$A\,F = 134\ 2\ 17$$

de là on tirera les trois angles

$$P\,A\,F = 119°\ 41'\ 49''$$
$$P\,F\,A = 80\ 2\ 25$$
$$A\,P\,F = 120\ 36\ 12$$

La mesure des cordes azimuthales prise sur le monument, donne ce dernier angle égal à 124° 20′ 50″, par conséquent plus fort de 3° 44′ 38″, que ne le donne le calcul trigonométrique. Cette différence se réduirait considérablement, si, au lieu de supposer Fomalhaut placé sur l'étoile qui fait partie de sa légende, on le plaçait sur la dernière étoile du groupe la plus voisine de la légende, et qui semble se détacher du groupe pour se porter vers elle ; ce déplacement n'altérerait pas la distance polaire qui est sensiblement constante sur toute cette légende ainsi que pour l'étoile même dont nous venons de parler. J'ai expliqué dans le Mémoire les motifs de fidélité pour lesquels j'ai mieux aimé ne pas profiter de cet avantage. Ici je me bornerai à faire remarquer qu'il n'en résulterait aucun changement pour la position définitive du pôle P sur la sphère céleste, puisque, dans le calcul de cette position, nous n'employons que des distances polaires, sans que les différences d'ascension droite, qui sont seules affectées de cette incertitude, y entrent absolument pour rien.

Nous venons de trouver $\qquad$ P A F $= 119° 41' 49''$
Nous avons eu précédemment $\quad$ E A F $= 901639$

$$\text{donc} \qquad \text{P A E} = 29° 25' 10''$$

On a de plus, par le monument, $\quad$ P A $= 552056$
par les données astronomiques $\quad$ E A $= 59529$

on pourra donc résoudre le triangle sphérique E P A et en déduire l'arc P E ainsi que l'angle P E A. On trouve ainsi

$$P\ E = 24° 55' 35''$$
$$\text{donc} \qquad P'\ P = 65425$$

c'est la latitude du pôle du monument sur l'écliptique fixe de 1750.

On a ensuite $\qquad$ P E A $= 73° 29' 21''$

On avait d'ailleurs par les

données astronomiques $\qquad$ Ɣ P' A' $= 2004446$

$$\text{donc} \qquad \text{Ɣ P'} = 127° 15' 25''$$

c'est la longitude du pôle du monument sur l'écliptique de 1750, à partir de l'équinoxe fixe de cette même année.

En joignant ce résultat à celui que nous avons obtenu par la combinaison d'Antarès avec Sheat, on aura le tableau de la page 50.

I V.

Sur la manière de calculer les positions des étoiles relativement à l'équateur et à l'écliptique, pour des époques anciennes.

Soit, fig. 6, $E \Upsilon \Upsilon'$ la position de l'écliptique à une époque fixe, par exemple, au commencement de l'année 1750, que les travaux de Lacaille ont rendue célèbre, et que l'on a prise pour l'origine de plusieurs déterminations astronomiques. Soit, à cette même époque, ΥQ l'équateur, et Υ le point équinoxal; en sorte que les longitudes se compteront de Υ vers E, et les ascensions droites de Υ vers Q. Considérons maintenant une autre époque postérieure à la précédente. L'équateur aura rétrogradé en vertu de la précession. Soit donc $\Upsilon' Q'$ sa nouvelle position à cette époque, et Υ' son intersection avec l'écliptique fixe de 1750; l'angle sphérique $E \Upsilon' Q'$ sera son inclinaison sur cette écliptique. Mais alors l'écliptique vraie se sera déplacée dans le ciel, en vertu de l'attraction des planètes; elle aura pris, par exemple, la direction de $N E'$, faisant avec la précédente un angle sphérique $E N E'$, qui sera toujours très-petit. Par l'effet de ce déplacement, elle coupera la nouvelle position de l'équateur en Υ''; et le point Υ'' sera la nouvelle position du point équinoxial vrai. De sorte que l'on comptera les longitudes de Υ'' vers E', et les ascensions droites de Υ'' vers Q'

Maintenant il faut savoir qu'en supposant l'obliquité de l'écliptique observée à la première époque, la théorie de l'attraction fait connaître pour une autre époque quelconque, 1° l'arc $\Upsilon \Upsilon'$ ou la précession du point équinoxial sur l'écliptique fixe de 1750; 2° l'angle $E \Upsilon' Q'$, obliquité de l'équateur mobile sur cette même écliptique; 3° l'arc $\Upsilon \Upsilon''$ ou le mouvement du point équinoxial en ascension droite; 4° enfin, l'obliquité de l'équateur mobile sur l'écliptique mobile ou l'angle $E' \Upsilon'' Q'$.

Avec ces données, rien n'est plus facile que de transporter les catalogues des astres d'une position à l'autre, et de calculer quelles seront, ou quelles ont dû être, les longitudes, latitudes, ascensions droites et déclinaisons. Cette recherche n'est exactement qu'une simple transformation de coordonnées.

En effet, connaissant les longitudes l et les latitudes λ rapportées à la position primitive de 1750, on ajoutera aux longitudes l'arc de précession $\Upsilon\Upsilon'$ sur l'écliptique fixe, arc que nous nommerons ψ; les longitudes $l+\psi$ et les latitudes λ détermineront la position des astres sur l'écliptique fixe pour la nouvelle époque que l'on aura considérée. Comme on connaît aussi, par la théorie, l'angle $E\Upsilon'Q'$, obliquité de l'équateur mobile sur cette écliptique à la même époque, on pourra calculer avec ces données les ascensions droites et les déclinaisons relativement à la nouvelle position $\Upsilon'Q'$ de l'équateur. Nous les nommerons a' et d'. Pour les obtenir, il suffira d'appliquer les formules trigonométriques que nous donnerons plus loin.

Mais ces arcs sont comptés à partir du point équinoxial Υ' : pour les ramener à l'équinoxe vrai Υ'', il suffit de retrancher de toutes les ascensions droites, l'arc $\Upsilon'\Upsilon''$, ou le mouvement du point équinoxial en ascension droite. Soit α' cet arc que la théorie de l'attraction fait connaître. Alors les ascensions droites $a'-\alpha'$ et les déclinaisons d' seront les élémens de l'astre relativement à la nouvelle position de l'équateur et du point équinoxial vrai Υ''; et comme on connaît aussi l'angle $E'\Upsilon''Q'$, obliquité de l'écliptique mobile sur l'équateur mobile, pour la nouvelle époque, on pourra aisément calculer les longitudes et les latitudes pour cette même époque, relativement à l'écliptique mobile. Ce sera encore une application très-simple des formules trigonométriques que nous donnerons tout à l'heure. Par ce moyen, on aura les ascensions droites des astres, leurs déclinaisons, leurs longitudes et leurs latitudes, rapportées à la nouvelle position de l'équateur, de l'écliptique et du point équinoxial Υ''.

Nous avons supposé la nouvelle époque postérieure à 1750. Si elle était antérieure, les raisonnemens seraient les mêmes, le signe seul des quantités changerait. C'est ce que représente la fig. 7. Alors la précession $\Upsilon\Upsilon'$, au lieu d'être ajoutée aux longitudes, devrait d'abord en être retranchée; et le mouvement du point équinoxial $\Upsilon'\Upsilon''$, au lieu d'être soustrait de l'ascension droite a', s'y ajouterait. Tout cela va de soi-même dans les formules, en y supposant le temps positif pour les époques postérieures à 1750, et négatif pour les autres.

La marche de l'opération étant ainsi complètement expliquée, je vais donner les formules numériques qui expriment les valeurs des divers élémens que nous venons de désigner.

Pour cela, prenons l'équinoxe de 1750 comme origine des temps, et nommons $+\Psi$ la rétrogradation du point équinoxial sur l'écliptique de 1750 jusqu'après un nombre t d'années juliennes comptées depuis cette époque, t devant être supposé négatif pour les années antérieures. Désignons aussi par V l'obliquité de l'équateur sur l'écliptique fixe pour la même époque $+t$; la théorie de l'attraction assigne à Ψ et à V les valeurs suivantes que je tire de la Mécanique Céleste, mais que j'ai converties en mesures sexagésimales

$$\Psi = 50'',412t + 2°47'57'',02 + 3°,83\sin.[86°33'57'',5 + 50'',412t]$$
$$- 6°,61777 \cos.[32'',1158.t] - 1°,,58148 \sin.[13'',946.t]$$
$$V = 23°8'32'' - 1°,636884 \cos.[85°33'57'',54 + 50'',412.t]$$
$$+ 0°,457443 \cos.[13'',946.t] - 2°,561724 \sin.[32'',1158.t]$$

Ces résultats sont relatifs au plan fixe qui coïncidait avec l'écliptique en 1750. Maintenant, comme l'écliptique se déplace dans le ciel, la rétrogradation apparente du point équinoxial après $+t$ d'années n'est pas $+\Psi$, mais une autre quantité que nous nommerons Ψ'; et, de même, l'inclinaison de l'équateur de l'écliptique déplacée, n'est pas V, mais une autre quantité V'. Or les valeurs de Ψ' et de V' se déduisent encore de la théorie de l'attraction, et sont exprimées par les formules suivantes que je tire également de la Mécanique Céleste.

$$\Psi' = 50'',412.t - 1°,285407 \sin.[13'',946.t) + 5°,59834 \sin.^2[16'',0579.t]$$
$$V' = 23°28'23''. - 0°,929736 \sin.[32'',1158.t] - 0°,73532 \sin.^2[6'',973. \; t]$$

Dans ces formules comme dans les précédentes, les angles compris sous les signes de sinus et de cosinus, sont exprimés en secondes sexagésimales. Ainsi, lorsqu'on les aura multipliés par le nombre d'années que t exprime, il faudra les réduire en degrés, minutes et secondes pour pouvoir les employer dans les tables de sinus. Quant aux coefficiens numériques des différens termes, ils sont aussi exprimés en degrés sexagésimaux ; mais on y a laissé subsister les fractions décimales de degré, afin que, dans les applications, on pût prendre immédiatement leurs logarithmes. Les produits ainsi effectués se trouveront donc aussi sous la même forme; de sorte qu'après les avoir obtenus et combinés ensemble par addition et soustraction, il faudra réduire la fraction décimale définitive en minutes et secondes, pour avoir le résultat exprimé suivant la division sexagésimale du cercle.

Quand on aura calculé Ψ, V, Ψ', V', on formera la quantité

$$\frac{\Psi - \Psi'}{\text{Cos. } V}$$

ce sera le déplacement du point équinoxial en ascension droite qui est représenté par $\Upsilon'\,\Upsilon''$ dans les figure 6 et 7. En suivant pas à pas la marche indiquée plus haut, on obtiendra, d'après ces valeurs, tous les élémens nécessaires pour transporter directement les positions de 1750 à une époque quelconque donnée.

Il ne me reste plus qu'à joindre ici les formules nécessaires pour calculer les ascensions droites et les déclinaisons, quand on connaît les longitudes et les latitudes ou réciproquement. Soient d'abord λ la latitude, l la longitude, que nous supposerons données. On aura directement la déclinaison d et l'ascension droite a par les deux formules suivantes, dans lesquelles ω représente l'obliquité de l'équateur sur l'écliptique.

$$(1) \quad \sin. d = \quad \sin. \omega \cos. \lambda \sin. l + \cos. \omega \sin. \lambda$$

$$(2) \quad \tang. a = -\frac{\tang. \lambda \sin. \omega}{\cos. l} + \frac{\sin. l \cos. \omega}{\cos. l}$$

à quoi l'on peut joindre

$$(3) \quad \cos a = \frac{\cos. \lambda \cos. l}{\cos. d}$$

Les deux premières sont directes et n'offrent jamais d'ambiguïté dans leurs résultats. Elles exigent seulement que l'on calcule chacun des termes qui les composent, en ayant égard aux signes convenus des lignes trigonométriques. Mais lorsque l'on a beaucoup de transformations de ce genre à faire, et que l'on a besoin d'obtenir la déclinaison et l'ascension droite, il est plus simple de calculer d'abord d par la première formule, et d'en déduire ensuite a par l'équation (3). Seulement il faut prendre garde que, si l'angle a est peu différent de zéro ou de 180°, la formule (3) qui donne seulement son cosinus, ne pourra pas décider si l'arc a est plus grand ou moindre que cette limite ; de sorte que l'on s'exposerait à des erreurs en interprétant ses indications. Alors il faut effectuer aussi le calcul par la formule (2), qui donne la tangente de a ; car les signes de tang. a et de cos. a étant ainsi connus, détermineront dans quel quadrans l'extrémité de l'arc a doit se placer.

Si au contraire c'étaient la déclinaison d et l'ascension droite a qui fussent connues et que l'on en voulût déduire la latitude λ et la longitude l, on y parviendrait à l'aide des formules suivantes, lesquelles sont inverses de celles qui précédent.

$$(I) \quad \sin. \lambda = -\sin. \omega \cos. d \sin. a + \cos. \omega \sin. d$$

$$(II) \quad \tang. l = \frac{\tang. d \sin. \omega}{\cos. a} + \frac{\sin. a \cos. \omega}{\cos. a}$$

à quoi l'on peut joindre

$$(\text{III}) \qquad \cos. l = \frac{\cos. a \cos. d}{\cos. \lambda}$$

La troisième s'emploiera lorsque l'on voudra avoir λ et l et non pas seulement l'une ou l'autre de ces quantités ; mais il faudra la vérifier à l'aide du calcul de tang. l. dans les cas où la valeur seule de cosinus accompagnée des indications géométriques du problème ne serait pas suffisante pour décider dans quel quadrans l'arc doit être limité.

Du reste, en se servant de ces formules comme des précédentes, il suffit de se rappeler que les déclinaisons d et les latitudes λ se comptent de o à $\pm$ 90°, le signe positif appartenant aux valeurs boréales, le négatif aux australes ; et que les ascensions droites a ainsi que les longitudes l se comptent continuement, de o à 360° en sens contraire du mouvement du ciel.

Si nous voulons appliquer ces formules à la 700ᵉ année avant l'ère chrétienne, nous ajouterons 700 à 1750, ce qui donnera $t = - 2450$, le signe étant négatif, puisqu'il s'agit d'une époque antérieure. Cette valeur de t étant introduite dans les divers termes, de Ψ, V, Ψ', V', elle donnera

$$\text{sur l'écl. fixe de } 1750 \quad \Psi = - 34° 24' 10'',84 \;;$$
$$V = 23° 31' 21'', 53$$
$$\text{sur l'écl. déplacée} . . \quad \Psi' = - 33 \; 53 \; 42 \; ,4$$
$$V' = 23 \; 48 \; 51, 01$$

les signes de ces valeurs et les relations de grandeur de V et de V' montrent que les positions relatives de l'équateur et de l'écliptique aux deux époques comparées, sont telles que le représente la fig. 7 , et opposées à celles que représentait la fig. 6 pour des époques postérieures à 1750 ;

de là on tire

$$\Psi - \Psi' = - 0° 30' 28'',4 \quad \text{et} \quad \frac{\Psi - \Psi'}{\cos. l} = - 33' 14'',13$$

Cette dernière quantité est le déplacement du point équinoxial sur l'équateur mobile, ou $\Upsilon'\,\Upsilon''$. Sa valeur négative
montre que la position de cet arc est contraire à ce que supposait la fig. 6 pour une époque antérieure, et conforme à ce
que représente la fig. 7; mais un avantage particulier de ces
résultats comme de tous ceux qui se déduisent des formules
analytiques bien disposées, c'est de n'avoir pas besoin du secours des figures pour être interprétés, et d'être toujours appli-
cables, d'après la seule indication du signe que le calcul leur
donne.

Pour donner un exemple de ces formules, appliquons-les
à Syrius. En prenant le lieu de cet astre pour 1750 dans les
tables de la Caille, on trouvera

$$\text{longitude } l = 100°\,38'\,22'' \quad;\quad \text{latitude } \lambda = -\,39\;32\;59$$

j'applique le signe négatif à la latitude pour exprimer qu'elle
est australe. Maintenant la rétrogradation du point équinoxial sur l'écliptique fixe de 1750 ou Ψ est aussi négative et
égale à $-\,34°\,24'\,11''$; ainsi, en l'ajoutant à la longitude de
1750, elle la diminuera, et l'on aura

$$
\begin{aligned}
l &= 100°\,38'\,22'' \\
\Psi &= -34\;\;24\;\;11 \\
\hline
l' &= 66°\,14'\,11'' \qquad \lambda' = -\,39°\,32'\,59''
\end{aligned}
$$

l' est la longitude comptée sur l'écliptique de 1750, à partir
de l'intersection Υ' de cette écliptique avec l'équateur mobile;
λ' est la latitude qui est demeurée constante. Ces coordonnées se convertiront en déclinaison et en ascension droite
par les formules (1), (2), (3), en y faisant l'obliquité ω ou V,
égale à $23°\,31'\,22''$; ce qui donne

$$d' = -\,17°\,35'\,20'' \quad;\quad a' = 70°\,58'\,35''$$

la déclinaison d' est comptée à partir du plan réel de l'équateur pour l'époque assignée ; l'ascension droite a' est comptée sur ce même équateur, mais à partir de son intersection Υ' avec l'écliptique de 1750 supposé fixe. Si l'on veut obtenir les ascensions droites comptées à partir de l'intersection Υ'' de cet équateur avec l'écliptique déplacée, propre à l'époque que l'on considère, il faut ajouter à a' le mouvement du point équinoxial en ascension droite qui est ici de $0°\ 33'\ 14''$, et l'on aura

$$d'' = -17°\ 35'\ 20'' \qquad a'' = 71°\ 31'\ 49''$$

a'' et d'' seront les coordonnées relatives à l'équateur et à l'équinoxe vrai qui avaient lieu 700 ans avant l'ère chrétienne, l'ascension droite a' étant comptée à partir de cet équinoxe, qui est représenté par Υ'' dans la fig. 7.

V.

Sur une règle donnée par Théon d'Alexandrie, pour trouver le jour de l'année égyptienne auquel s'opère le lever héliaque de Syrius.

Cette règle se trouve dans le folio 154 du manuscrit 2390 de la Bibliothèque-Royale, qui contient le commentaire sur Ptolémée, les tables manuelles, et divers opuscules de Théon d'A-lexandrie. On peut donc présumer qu'elle est aussi de ce géomètre, ou au moins de son école : en voici le texte avec la traduction, tels que le savant M. Hase a bien voulu me les donner.

Περὶ τῆς τοῦ κυνὸς ἐπιτολῆς ὑπόδειγμα.

Ἐπὶ τοῦ ρ. ἔτους Διοκλητιανοῦ περὶ τῆς τοῦ κυνὸς ἐπιτολῆς ὑποδείγ-ματος ἕνεκεν λαμβάνομεν τὰ ἀπὸ Μενόφρεως ἕως τῆς λήξεως Αὐγού-στου. Ὁμοῦ τὰ συναγόμενα ἔτη α̅χ̅ε. οἷς ἐπιπροστεθοῦμεν τὰ ἀπὸ τῆς ἀρχῆς Διοκλητιανοῦ ἔτη ρ. γίνονται ὁμοῦ ἔτη α̅χ̅ε. Τούτων λαμβάνομεν

τὸ τέταρτον μέρος, ὅ ἐστι υκϛ. τούτοις προσθέντες [ἡμέρας?] ε, γίνονται υλα. Ἀπὸ τούτων ἀφελόντες τὰς τότε τετραετηρίδας, οὔσας ρβ, λοιπὸν
κα. Τὰ λείποντα ἡμέρας τκθ. Ταύτας ἀπόλυσον ἀπὸ Θὼθ, διδόντες,
ἑκάστῳ μηνὶ ἡμέρας λ, ὡς εὑρίσκεσθαι τὴν ἐπιτολὴν ἐπὶ τὸ Διοκλητιανοῦ ἐπιφὶ κθ. Ὁμοίως ποίει ἐπὶ ὁτουδήποτε χρόνου.

RÈGLE POUR LE LEVER HÉLIAQUE DU CHIEN.

« Par exemple, si nous voulons obtenir l'époque du lever du
Chien pour la centième année de Dioclétien, nous comptons
d'abord les années écoulées depuis Ménophrès, jusqu'à la fin
d'Auguste : elles donnent pour somme 1605 ; et leur ajoutant,
depuis le commencement de Dioclétien, 100 années, on en
aura en tout 1705. De ce total, nous prenons le quart qui est
426 ; à quoi ajoutant 5 jours, nous avons 431. De là, nous ôtons
ce qu'il y avait alors de tétraétérides écoulées, c'est-à-dire, 102
en laissant 21 (années.) Le reste est 329 jours. Répartissez
ce nombre, à compter de Thot, en prenant 30 jours pour
chaque mois, vous trouvez le lever du Chien au 29 Épiphi
de l'année dioclétienne. Opérez de même pour toute autre
époque donnée. »

Pour comprendre ce calcul, il faut en étudier successivement les diverses parties, et chercher le principe sur lequel
chacune d'elles est fondée. D'abord, puisque l'auteur grec
prescrit de compter les années depuis Ménophrès, jusqu'à la
fin d'Auguste, et qu'il y ajoute tout de suite les années de
Dioclétien, pour en faire une somme totale, il est évident
que toutes ces années se suivent immédiatement ; et qu'ainsi
ces expressions, le commencement de Ménophrès, la fin d'Auguste, les années de Dioclétien, doivent s'entendre, non pas
de la naissance ou de la mort de ces princes, mais de l'origine
des ères appelées de leur nom. C'est ainsi que, lorsqu'on dit
la centième année de Nabonassar, cela signifie la centième
année à partir de l'époque où l'ère de Nabonassar commence,

Secondement, puisque l'auteur grec ajoute ensemble ces diverses sortes d'années, il est évident qu'il les considère, au moins dans ce premier calcul, comme étant de même durée. Or, nous savons que les années d'Auguste et de Dioclétien, étaient des années de 365 jours soumises à l'intercalation quadriennale ; ou, en d'autres termes, des années juliennes moyennes de 365 jours ¼. C'est donc aussi en années moyennes de cette forme, que l'auteur grec exprime l'intervalle écoulé depuis le commencement de Ménophrès jusqu'à la fin d'Auguste.

Maintenant on sait que l'ère alexandrine d'Auguste commence 24 ans avant l'ère chrétienne, et 21 ans après la réforme prescrite par Jules César. Le premier jour du thot vague coïncida alors avec le 29 août julien. Depuis cette époque, les Alexandrins rendirent leur année fixe, en intercalant un jour tous les quatre ans, selon la méthode julienne ; et ainsi le premier jour du thot fixe se trouva toujours depuis répondre au 29 août, dans les années communes, au 3o, dans les bissextiles. On sait encore que cette ère d'Auguste subsista jusqu'au 29 août de l'année 284 après l'ère chrétienne, époque à laquelle l'ère de Dioclétien commence. Pour présenter ces éléments de calculs d'une manière commode par sa continuité, je rapporterai ici leur place dans la période julienne de Scaliger, en y joignant aussi celle de l'ère chrétienne.

ANNÉES DE LA PÉRIODE.

Réforme de l'année par Jules-César................	4669	1er janvier.
Fixation de l'année chez les Alexandrins...................	4690	29 août.
Ère chrétienne...............	4714	1er janvier.
Fin de l'ère alexandrine d'Auguste, et commencement de l'ère de Dioclétien........	4998	29 août.

Avec ces données, nous pouvons d'abord rapporter à l'ère chrétienne l'origine inconnue à laquelle l'auteur grec donne le nom de Ménophrès. Car la somme des années de Ménophrès et d'Auguste, faisant, selon lui, 1605 ans, qu'il emploie dans ce calcul comme des années juliennes moyennes, il suffit de retrancher les années complètement révolues depuis l'ère chrétienne jusqu'à la fin d'Auguste, c'est-à-dire, 283, et le reste, 1322, exprimera le rang de l'année julienne antérieure à l'ère chrétienne, dans laquelle les années de Ménophrès commencent. Or, nous avons vu plus haut, tant par le calcul astronomique, que par le témoignage de Censorinus, qu'en effet cette année — 1322, est celle du premier renouvellement du cycle caniculaire avant l'ère chrétienne, c'est-à-dire, que le lever héliaque de Syrius, en Égypte, s'est trouvé alors coïncider avec le premier jour du thot vague. C'est donc ce premier renouvellement de la période que la règle de Théon assigne comme l'origine de son Ménophrès.

Maintenant, l'intervalle des levers héliaques consécutifs de Sirius en Égypte, ayant dû être de 365 jours $\frac{1}{4}$, c'est-à-dire, précisément égal à une année julienne moyenne, il s'en suit que l'époque de ce phénomène était fixe dans cette forme d'année. Mais elle ne l'était point dans l'année vague de 365 jours. Si l'on imagine deux séries, l'une d'années vagues égyptiennes, l'autre d'années fixes alexandrines, ayant l'une et l'autre pour origine un même jour physique, un jour où le lever héliaque de Sirius coïncide avec le premier de thot, quand il se sera écoulé quatre années alexandrines complètes, et que l'addition du jour intercalaire faite à la quatrième y aura maintenu le lever héliaque de Syrius au premier de thot, on comptera quatre années vagues, plus un jour; et par conséquent le lever héliaque de Syrius s'opérera le deuxième jour de thot dans cette forme particulière d'année. De même, quand il se sera écoulé huit années juliennes, dont deux bissextiles, on comptera huit années vagues, plus deux jours, et ainsi ce sera le troisième jour de thot que le lever héliaque de Syrius aura

lieu. D'où l'on voit qu'en général, pour connaître le nombre
de jours dont le lever héliaque se sera déplacé dans l'année
vague, à partir du premier de thot, il suffit de diviser le
nombre d'années juliennes écoulées par 4, ou d'en prendre le
quart. C'est aussi ce que fait l'auteur grec, et il trouve ainsi
$\frac{1705}{4}$ ou 426, en se bornant aux nombres entiers. Conséquemment, si l'on supposait que les deux séries correspondantes
d'années vagues et d'années fixes, que nous imaginions tout à
l'heure, se sont continuées pendant 1705 années juliennes, le
déplacement du lever héliaque dans les années vagues serait
426 jours ou une année vague entière plus 61 jours, c'est-à-
dire, que ce phénomène aurait parcouru une fois toute l'année
vague, serait revenu ainsi au premier thot, et l'aurait déja dé-
passé de 61 jours entiers. Toutefois, ce résultat ne peut s'appliquer qu'au parallèle terrestre pour lequel l'origine de la période a été primitivement établie, c'est-à-dire, pour celui où
le lever héliaque coïncidait avec le premier de thot, à l'époque
prise pour point de départ; et, si l'on voulait obtenir la date
du phénomène pour une autre latitude, il faudrait ajouter ou
ôter un certain nombre de jours fixe dépendant de la différence des latitudes. C'est ce que l'auteur grec nous paraît faire
en ajoutant 5 jours aux 426 trouvés plus haut, ce qui lui donne
en tout 431. Et, comme sa correction est additive, on voit qu'il
fait son calcul pour un parallèle plus boréal que celui auquel la
période est censée primitivement s'appliquer. On peut même
dire quel est ce parallèle primitif; car en ajoutant ainsi 5 jours,
l'auteur grec, trouve définitivement le 29 épiphi fixe, ou le
23 juillet, pour l'époque du lever héliaque, ce qui répond
assez bien à la latitude d'Alexandrie, puisque Ptolémée indique
le 28 épiphi, ou le 22 juillet, pour le parallèle de quatorze
heures qui passe un peu au sud de cete ville. Ainsi, sans l'addition de ces cinq jours, l'on trouverait le 24 épiphi au lieu du
29, c'est-à-dire, le 18 juillet au lieu du 23. Or Ptolémée assigne le 22 épiphi pour le parallèle où le plus long jour est
de $13^h\cdot\frac{1}{4}$, ce qui répond à la latitude $23^\circ 51'$; et il assigne le 28

pour le parallèle où le plus long jour est de 14 heures, ce qui répond à la latitude de 3o° 22′ : la différence moyenne est donc ainsi de 6° 31′ de latitude pour 6 jours de différence, ou 1° 5′ par jour ; ce qui donne pour deux jours 2° 10′. Ajoutant donc cette différence à la première latitude 23° 51′, qui correspond au 22 épiphi, on aura 26° pour la latitude du parallèle où le lever héliaque de Sirius arrivait le 24 épiphi fixe, et pour lequel la règle de Théon suppose l'origine de la période primitivement établie. Il est remarquable que cette latitude, un peu plus boréale que celle de Thèbes, soit précisément celle des temples de Denderah et d'Esné.

Les calculs précédens sont faits dans la supposition que la série des années vagues se continue sans interruption pendant tout le cours des 1705 années juliennes. Mais tel n'a pas été le cas réel à Alexandrie ; car l'année, en conservant sa forme, y est devenue fixe 21 ans après la réforme julienne, lorsque le premier de thot coïncida avec le 29 août julien. Ainsi, depuis ce jour jusqu'à la centième année de Dioclétien, à laquelle notre calcul s'applique, il s'est écoulé un certain nombre d'années, pendant lesquelles le thot ne s'est plus déplacé. Pour connaître ce nombre nous n'avons qu'à prendre d'abord le nombre d'années écoulées depuis la fixation du thot jusqu'à la fin de l'ère d'Auguste, nombre qui, d'après les dates rapportées tout à l'heure, se trouve être de 3o8 ans ; puis, en y ajoutant les 100 années de Dioclétien, qui conduisent jusqu'à l'époque pour laquelle nous faisons notre calcul, nous aurons pour somme 408 ans pendant lesquels le thot n'a plus varié. Or, ces 408 ans étant divisés par 4 donnent pour quotient 102 ; ce qui fait 102 jours de variation du thot que nous avions comptés en trop dans notre premier calcul. Il faut donc les retrancher de 431 pour avoir la variation véritable qui se trouve alors exprimée par le reste 329. Voilà aussi précisément ce que fait l'auteur grec, lorsque, après avoir trouvé les 431 jours de déplacement du thot, tant pour l'intervalle de temps donné, que pour le changement de parallèle, il prescrit d'en retrancher ce qu'il y avait alors de tétraéterides, en laissant de côté les nombre 21; car ces tétraéterides ne sont autre chose que les périodes quadriennales écoulées depuis la fixation du thot alexandrin; et elles doivent se calculer d'après le nombre total des années écoulées depuis la réforme julienne, diminué de 21 années, parce que le thot alexandrin ne devint fixe que 21 ans après cette réforme, et qu'ainsi il continua de se déplacer dans l'année solaire pendant ces 21 ans. Ayant trouvé ainsi 329 jours pour le déplacement effectif du thot vague depuis Ménophrès, l'auteur grec prescrit de répartir ce nombre à partir du premier de thot, en comptant 30 jours pour chaque mois, ce qui lui donne d'abord 10 mois avec 29 jours de reste; et le conduit ainsi au 29e jour du onzième mois, c'est-à-dire au 29 épiphi de l'année vague égyptienne. Toutefois, d'après le raisonnement sur lequel le calcul des jours de variations se fonde, il semble que leur répartition doit se faire en comptant le premier d'entre eux comme coïncidant avec le deux de thot, ce qui conduirait au 30 épiphi au lieu du 29. Au reste, la différence d'un jour est de peu de conséquence pour la date d'un phénomène soumis à tant d'incertitudes physiques, et il se peut que, par cette raison, l'auteur grec se soit borné à présenter la répartition à partir du premier de thot comme étant plus simple. Toutefois, il aurait pu simplifier bien davantage encore l'exposé de sa règle en distinguant les levers héliaques antérieurs, et les levers héliaques postérieurs, à la fixation du thot alexandrin. Car, pour les premiers, le quart du nombre d'années écoulées depuis Ménophrès, donne le déplacement total du phénomène sans qu'il soit besoin d'y faire aucune correction, de tétraéterides; et pour les autres, la date du phénomène reste fixe au même jour d'épiphi où il avait lieu dans l'année de la fixation du thot.

VI.

*Sur les passages de Vettius Valens et de Porphyre,
desquels on a voulu conclure l'existence d'une
forme d'année égyptienne, commençant au lever de Syrius.*

Le passage de Vettius Valens que j'ai rapporté, n'a jamais
été cité en entier: Baimbrigde qui l'a mis le premier en avant,
n'en a donné que les seuls mots relatifs au commencement de
l'année dont il fait une application rétrograde à l'état antique de l'Égypte. Après lui, presque tous les écrivains qui
se sont occupés de l'histoire du cycle caniculaire, ont reproduit de confiance les mêmes expressions, et en ont tiré sans
difficulté la même conséquence. M. Ideler est, je crois, le seul
qui ait senti la nécessité de discuter le passage entier. Mais il
n'a pas pu le faire, n'ayant pas à sa disposition l'ouvrage original qui n'a point été publié. Plus heureux que lui, j'ai pu
avoir cet avantage, graces à la complaisance du savant
M. Hase, qui a bien voulu, à ma prière, rechercher s'il
existait dans la bibliothèque royale, quelque manuscrit des
Anthologiques de Vettius, où se trouvât le passage dont il
s'agit. Il en a découvert en effet un qui le renferme, et il me
l'a communiqué copié et traduit, tel que je le rapporterai plus
bas. Mais, pour fixer le degré d'importance qu'il faut lui attribuer, je crois devoir auparavant donner quelque détail sur la
nature de l'ouvrage où il se trouve. Ce n'est point un traité
astronomique, mais astrologique ; divers exemples de nativités que l'auteur calcule, montrent qu'il était postérieur aux
Antonins. Le passage relatif à l'année de Sirius n'y est pas lié
à une recherche historique; c'est le simple énoncé d'un fait,
d'un usage, que l'auteur cite et dont il fait l'application au
calcul des nativités. Il termine le chapitre 6ᵉ, intitulé: περὶ

τοῦ οἰκοδεσπότου τοῦ ἔτους, c'est-à-dire , « sur le dominateur de
« l'année. » Cette expression astrologique tient à l'idée de l'influence que chaque point de la sphère céleste était supposé
exercer sur les évènemens qui arrivaient sous ses différens
aspects. Dans ce sens chaque année était généralement domi-
née par l'influence sous laquelle elle commençait; et conséquemment cette influence dépendait de l'époque à laquelle on
fixait son origine. C'est ce que Vettius Valens explique dans
le chapitre cité ; et il le termine en indiquant comment on
détermine le dominateur d'une année quelconque. « Καθολικῶς
οὖν τοῦ ἔτους κύριον καὶ κοσμικῶν κινήσεων οἱ παλαιοὶ ἐκ τῆς νουμηνίας 
τοῦ Θὼθ κατελάβοντο· ἔνθεν γὰρ τὴν ἀρχὴν τοῦ ἔτους ἐποιήσαντο φυσι-
κώτερον δὲ καὶ ἐκ κυνὸς ἐπιτολῆς. » « Généralement les anciens ont
« pris le dominateur de l'année et de tous les mouvemens de
« l'univers à compter de la néoménie de Thot car ils faisaient
« partir de là l'origine de l'année et plus naturellement à
« compter du lever héliaque du Chien. » Cette traduction lit-
térale nous offre plusieurs remarques à faire. La première,
c'est qu'il n'est pas du tout certain que l'auteur veuille ici
parler d'une année historique , civile ou religieuse ; car ,
l'objet de son indication ainsi que le texte de ses paroles ,
semblerait au contraire s'appliquer beaucoup plus naturellement à un simple usage astrologique. La seconde, c'est que l'absence complète de ponctuation dans cette phrase de notre manuscrit, y jette une ambiguité que l'on a cherché à reproduire
avec fidélité dans la traduction, et qui malheureusement porte
sur la circonstance la plus essentielle du passage; elle consiste en ce que le dernier membre « et plus naturellement à
« compter du lever du Chien» peut se rapporter soit au membre
précédent « car ils faisaient partir de là l'origine de l'année »
soit au membre antérieur « les anciens ont pris le dominateur
« à partir de la néoménie de thot ; » de sorte qu'en rétablis-
sant la ponctuation selon l'un ou l'autre de ces deux systèmes,
on traduirait, dans le premier : « les anciens ont pris le domi-
« nateur de l'année et de tous les mouvemens de l'univers , à

« compter de la néoménie de thot. Car ils y plaçaient l'ori-
« gine de l'année ; et, plus naturellement, ils la plaçaient, au
« lever héliaque du Chien ; » et au contraire, dans le second
système, on devrait traduire : « les anciens ont pris le domina-
« teur de l'année et de tous les mouvemens célestes à compter
« de la néoménie de thot ; car ils y plaçaient l'origine de
« l'année ; et plus naturellement, ils ont pris ce dominateur, à
« compter du lever héliaque du Chien. » Or on voit que le
sens, dans ces deux cas, est fort divers ; puisque, dans le premier l'auteur indiquerait réellement une forme d'année astrologique ou autre, commençant au lever de Syrius ; et, dans le
second il indiquerait seulement une origine attribuée au dominateur de l'année, ce qui n'offrirait plus aucune application historique. Si j'osais avoir un avis en pareille matière, la
seconde, interprétation me semblerait préférable, à cause de
la préposition ἐκ, qui donne au dernier membre de la phrase
une forme absolument pareille à celle de la fin du premier
membre, comme si l'un n'était que la continuation de l'autre,
ce qui semble placer en parenthèse le membre intermédiaire,
« car ils faisaient partir de là l'origine de l'année. » Cependant
je me suis tenu, dans le texte de mon mémoire, à l'autre interprétation, comme étant moins favorable à l'opinion que je
voulais défendre ; et, en effet, elle l'est bien assez encore
pour la conséquence que je veux en déduire. En effet, quand
on croirait devoir l'admettre, comment pourrait-on jamais
donner à ce passage isolé, accidentel, amené pour un but
tout astrologique, une autorité historique qui pût suppléer
au silence unanime de tous les auteurs plus anciens, surtout
en prétendant faire de cette autorité une application antérieure de quinze ou vingt siècles ? Autant vaudrait-il prétendre
que les anciens considéraient la période de 1461 ans comme
ramenant le soleil, la lune et les cinq planètes à une même
position relative, parce que l'astrologue Firmicus lui attribue
cette propriété. En général, des connaissances astronomiques
positives sont une chose fort rare même aujourd'hui que tant

de livres imprimés ont pu contribuer à les répandre. Combien ne devaient-elles pas l'être davantage chez les anciens? Et si maintenant nous trouvons tant de personnes, même instruites, qui ne se font aucune idée précise des levers héliaques, ni des élémens qui déterminent les périodes de leurs retours, combien ne devons-nous pas nous tenir en garde contre les assertions plus ou moins vagues d'anciens écrivains qui ont jeté un mot sur ce sujet en passant et sans y attacher une importance scientifique ! Combien devons-nous être réservés sur la confiance que nous accordons à leurs expressions! Comment ferons-nous, par exemple, pour admettre, comme un témoignage astronomique, cette assertion de Porphyre, si souvent reproduite, et que j'ai rapportée dans le corps de mon ouvrage. Αἰγυπτίοις δὲ ἀρχὴ ἔτους οὐχ ὑδροχόος, ὡς Ῥωμαίοις, ἀλλὰ καρκίνος. Πρὸς γὰρ τῷ καρκίνῳ ἡ σῶθις, ἣν κυνὸς ἀστέρα Ἕλληνες φασί. νουμηνία δὲ αὐτοῖς ἡ σώθεως ἀνατολὴ, γενέσεως κατάρχουσα τῆς εἰς τὸν κόσμον. « Pour les Égyptiens l'origine de l'année n'est pas le « Verseau comme pour les Romains, mais le Cancer ; car « près du Cancer est l'étoile Sothis que les Grecs appellent « l'astre du Chien; et, pour les Égyptiens, la néoménie est le « lever de Sirius, ce phénomène ayant présidé à l'origine du « monde. » C'est ainsi que l'on a traduit généralement ce passage auquel on a aussi prétendu donner une autorité historique. Mais qui ne voit que, sous ce rapport, il est complètement inadmissible à cause des erreurs et des contradictions qu'il renferme. Car d'abord, ainsi que l'a bien fait remarquer M. Ideler, les Romains ne plaçaient pas l'origine de leur année dans le signe du Verseau, mais dans celui du Capricorne ; ensuite, l'étoile Sothis, c'est-à-dire Sirius, n'a jamais été, ni ne pourra jamais être près du Cancer, puisque ce signe est l'extrémité boréale de la route annuelle du soleil, tandis que Sothis ou Sirius, est une étoile fort australe. Pour donner à cette assertion un sens raisonnable, il faut croire, comme je l'ai dit dans le texte, que Porphyre savait vaguement que, de son temps, le lever héliaque de Sirius s'opérait le soleil étant dans le signe du Cancer ; et qu'il a mal à propos confondu cette circonstance avec un rapport de proximité. Alors, si le commencement d'une certaine espèce d'année astrologique ou autre, se trouvait fixé par computation ou autrement au lever héliaque de Syrius, Porphyre aura pu dire, que cette année commençait aussi avec le Cancer. Mais de quel poids des expressions si vagues, et qu'il faut si généreusement interpréter pour leur donner un sens raisonnable, peuvent-elles être, pour prouver l'existence ancienne et publique d'une forme d'année dont on ne trouve aucun indice dans les écrits d'Hérodote, de Diodore, de Strabon, de Géminus, d'Hipparque, ni de Ptolémée, c'est-à-dire de tous les auteurs auxquels une époque bien plus voisine, des connaissances bien plus positives et un but tout spécial vers ces sortes de recherches, donnaient des moyens mille fois plus efficaces de s'en assurer ? Il est évident que l'on ne saurait comparer des autorités moins comparables.

VII.

Sur une assertion des prêtres d'Égypte rapportée par Hérodote.

Comme le passage d'Hérodote où cette assertion est consignée est devenu célèbre par la diversité des interprétations dont il a été l'objet, je le rapporterai d'abord ici en entier, d'après la traduction de Larcher qui n'a été contestée en ce point par personne.

« Jusqu'à cet endroit de mon histoire, les Égyptiens et leurs
« prêtres me firent voir que, depuis leur premier roi jusqu'au
« règne de Vulcain, qui régna le dernier, il y avait eu trois
« cent quarante et une générations ; et pendant cette longue
« suite de générations, autant de grands prêtres et autant de
« rois. Or, trois cents générations font dix mille ans ; car

« trois générations valent cent ans. Et les quarante et une gé-
« nérations qui restent au-delà des trois cents, font mille trois
« cents quarante ans. Ils ajoutèrent que, durant ces onze mille
« trois cents quarante ans, aucun dieu ne s'était manifesté
« sous une forme humaine ; et qu'on n'avait rien vu de pareil
« ni dans les temps antérieurs à cette époque, ni parmi les
« autres rois qui ont régné en Egypte dans les temps posté-
« rieurs. Ils m'assurèrent aussi que, dans cette longue suite
« d'années, le soleil s'était levé quatre fois hors de son lieu
« ordinaire, et entre autres, deux fois où il se couche mainte-
« nant ; et qu'il s'était aussi couché deux fois à l'endroit où
« nous voyons qu'il se lève aujourd'hui ; que cela n'avait ap-
« porté aucun changement en Égypte ; que les productions de
« la terre et les inondations du Nil avaient été les mêmes ; et
« qu'il n'y avait eu ni plus de maladies ni une mortalité plus
« considérable. » EUTERPE § CXLII.

Remarquons d'abord, comme un préliminaire essentiel, que
le nombre total 11340 n'est pas donné par Hérodote comme
lui ayant été textuellement rapporté par les prêtres égyptiens ;
mais comme étant le résultat d'un calcul qu'il établit lui-même
d'après le nombre des générations écoulées. D'où l'on voit
que ce nombre 11340 dépend de la valeur que l'on veut adopter pour la durée d'une génération. Et même, il faut ajouter
qu'Hérodote dans ce calcul n'est pas concordant avec lui-
même ; car, après avoir dit que trois cents générations font
dix mille ans, et que trois font 100 ans, ce qui donne $33\frac{1}{3}$
pour la durée de chacune d'elles, il ajoute que les quarante
et une autres font ensemble 1340 ans, au lieu qu'il aurait
dû dire 1367, d'après les $33^a\frac{1}{3}$ qu'il vient d'employer pour
la durée d'une génération.

Quoi qu'il en soit, en adoptant le nombre 11340 comme
exact et effectif, il s'agit d'interpréter l'énigme mystérieuse à
laquelle le récit rapporté par Hérodote l'attache. C'est ce que
l'on a fait de plusieurs manières différentes dont nous allons
rapporter les principales. Scaliger, et après lui l'abbé Bel-

langer, ont pensé que les prêtres avaient voulu indiquer le déplacement de l'année tropique vraie dans l'année vague. Car,
en supposant l'année tropique de 365j.,2414, valeur qui n'est
en erreur que de 1′ 14″, en 756 années pareilles, il se sera
écoulé 756 années vagues de 365 jours, plus 756 fois la partie fractionnaire qui se trouve faire 182j.,4984, c'est-à-dire
presque exactement une demi-année vague. Ainsi, après cet
intervalle, chaque position vraie du soleil dans l'écliptique ré-
pondrait à un jour de l'année vague diamétralement opposé à
celui où elle se trouvait 756 ans auparavant ; et comme 11340
divisés par 756 donnent pour quotient 15 , il s'ensuivrait que
cette inversion se serait répétée 15 fois pendant la période
entière. Mais , comme Scaliger le remarque lui-même, une
telle inversion ne constitue pas un changement de lever et de
coucher ; et l'on peut ajouter que surtout quinze alternatives
pareilles ne peuvent pas s'accorder avec les quatre que mentionne le récit d'Hérodote.

Un autre savant, Gibert , a proposé autre explication différente, fondée sur la comparaison de l'année lunaire avec
l'année solaire vraie. En effet, en supposant comme il le fait,
la première de 354,3666 ou 354j.,8h. 48′ , et la seconde de
365j.,2428 ou 365j. 5h. 49′ 38″, on trouve que 2835 années
solaires sont presque égales à 2922 années lunaires , et par
conséquent 4 fois 2835 ou 11340 années solaires font 11688
années lunaires complètes. Alors, en supposant que le mot
grec ηλιος , qui signifie communément soleil , doive être pris
dans le récit d'Hérodote avec une acception plus générale,
comme s'appliquant à un astre quelconque , Gibert pense que
les quatre renouvellemens de la période peuvent être considérés comme quatre levers de soleil ou quatre levers d'années,
et qu'ainsi ce nombre satisfera à l'énoncé énigmatique des
prêtres égyptiens.

Bailly, en rapportant ce sentiment de Gibert, le critique, et
propose de considérer les 11340 années comme des années de
trois mois ou d'une saison ; mais comme il devient alors im-

posible de placer les 341 générations dans cet intervalle ainsi raccourci, il suppose que les prêtres se sont vantés d'une antiquité fabuleuse pour rehausser leur nation.

M. Fourier a cherché aussi à résoudre l'énigme par une interprétation à peu près pareille, mais il l'établit entre l'année vague de 365 jours et l'année sydérale. Pour cela il admet, d'après le témoignage d'Albategnius astronome arabe du neuvième siècle, que l'année sydérale a été connue des anciens Égyptiens, et qu'ils la faisaient égale à 365 j. 6 h. 11′, ou 365 j.,2576388 ; puis il *suppose* que le nombre 11340 donné par Hérodote exprime, en années vagues, le temps pendant lequel plusieurs de ces révolutions, désignées comme des conversions du lever et du coucher du soleil, se trouvent accomplies. M. Fourier n'a pas dévoilé plus ouvertement le secret de cette comparaison, de sorte que son sentiment sur ce point offre encore une sorte d'énigme ; mais toutefois moins difficile à dénouer que celle d'Hérodote. En effet, elle exige seulement que l'on cherche si 11340 années vagues de 365 jours sont égales à un certain nombre entier mais moindre d'années sydérales. Or, si l'on suppose ce dernier nombre égal à 11340—8 ou 11332, et que l'on désigne par x la fraction qu'il faut ajouter à 365 jours pour compléter une année sydérale, on aura en réduisant tout en jours cette condition d'égalité à satisfaire

$$11340.\ 365 = [\,11340 - 8\,][\,365 + x\,]$$

d'où l'on tire $x = \dfrac{2920}{11332} = 0{,}257677$

alors la durée de l'année sydérale $365 + x$ devient 365,257677 ou 365 j.,6 h. 11′ 3″,3, résultat qui diffère à peine du nombre assigné par Albategnius ; mais cette relation numérique qui existe entre les évaluations des deux espèces d'années, n'explique pas plus que les hypothèses précédentes les *quatre* conversions des couchers et des levers du soleil, ce qui est le point capital du récit des prêtres, puisque le nombre 11340 lui-même est, comme nous l'avons fait voir, un résultat de calcul propre à l'historien. Par conséquent, on en peut conclure que, si l'énigme proposée à Hérodote n'est pas une de ces forfanteries dont les mêmes prêtres se montraient si prodigues envers lui et les autres voyageurs, elle reste encore à interpréter.

FIN.

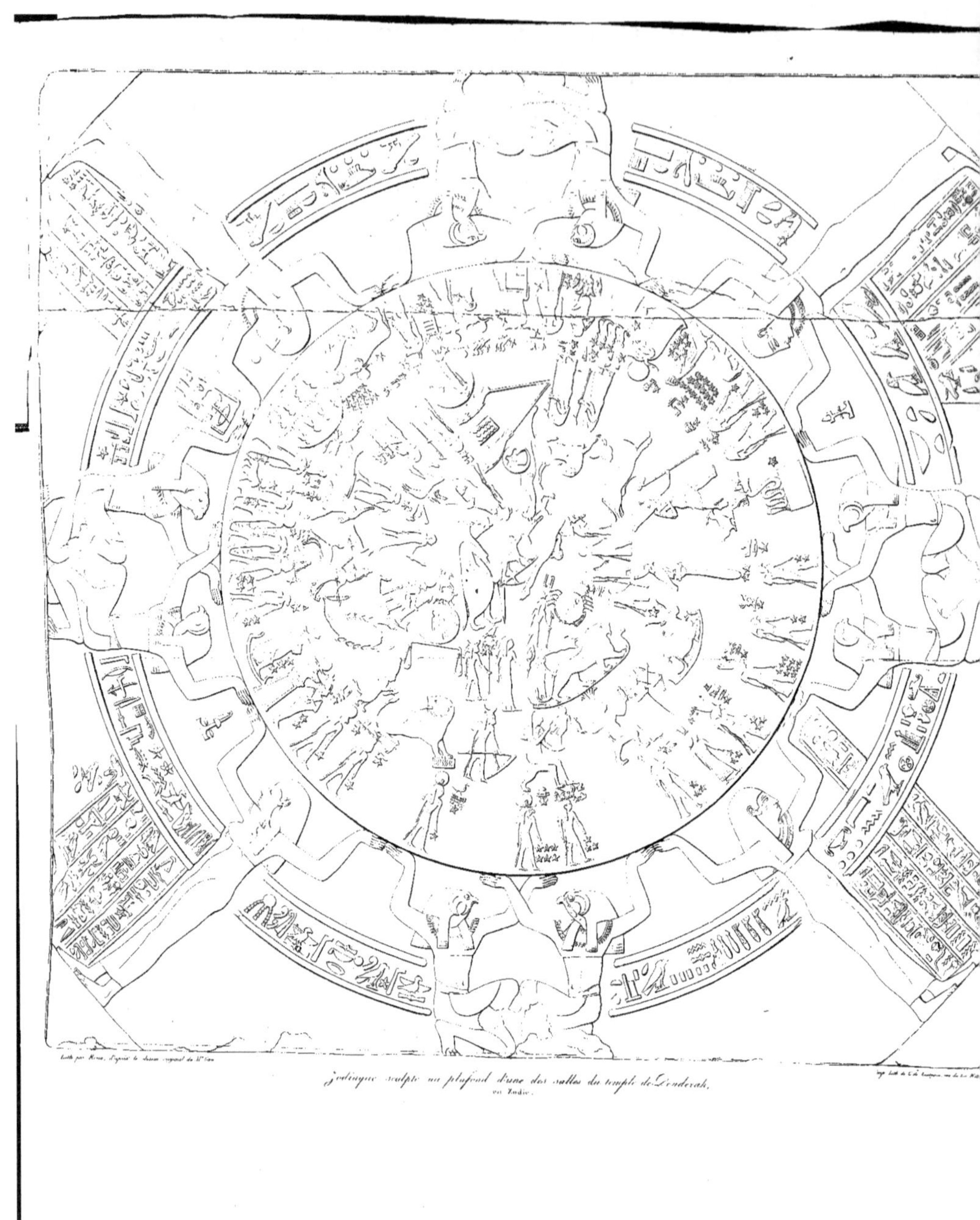

Zodiaque sculpté au plafond d'une des salles du temple de Denderah,
en Égypte.

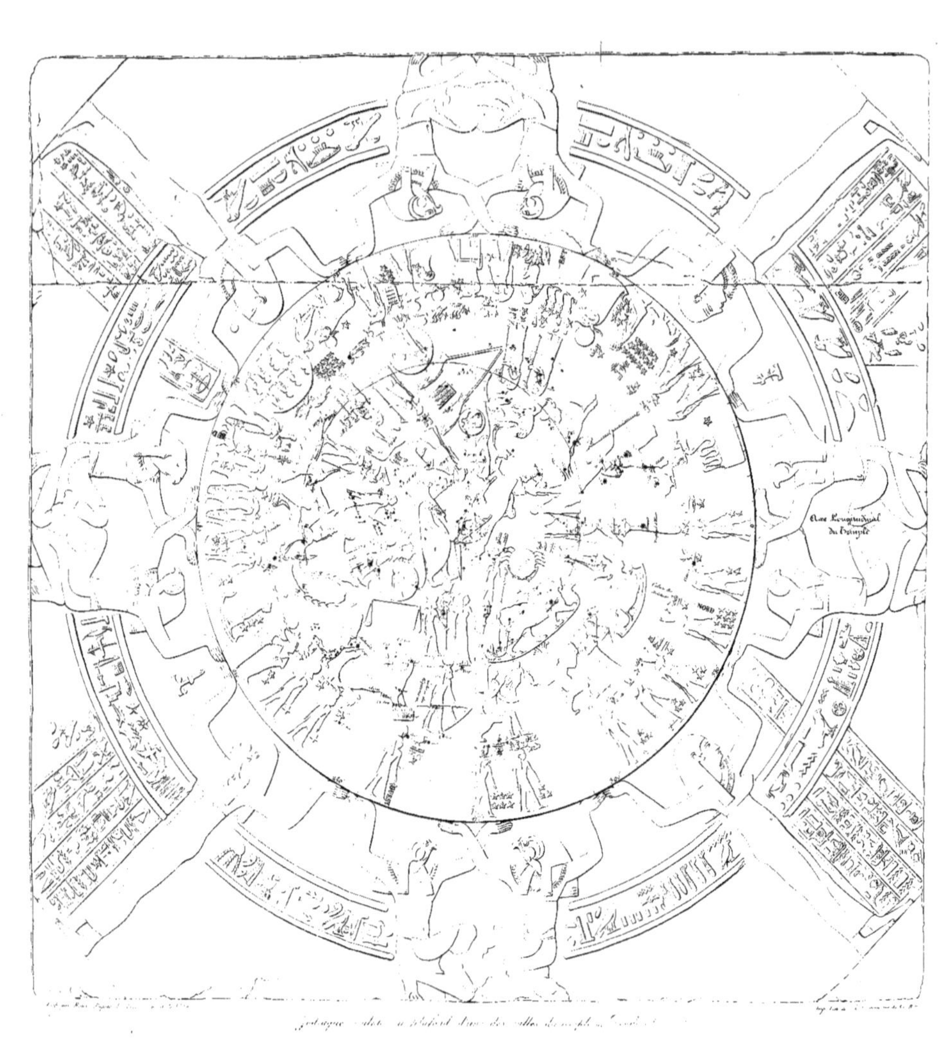

NORD
Axe Longitudinal
du Temple

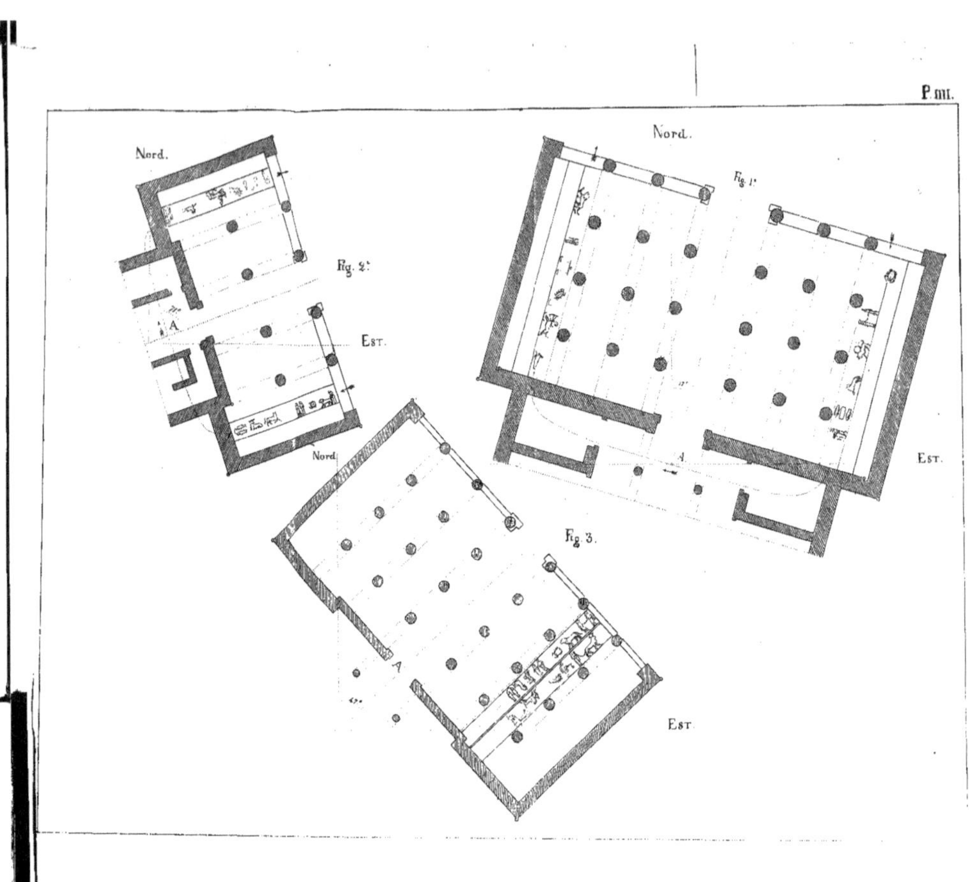

Nord.
Nord.
Nord.
Nord.
Fig. 1.
Fig. 2.
Fig. 3.
Est.
Est.
Est.
Est.
A
A
A
P. III.

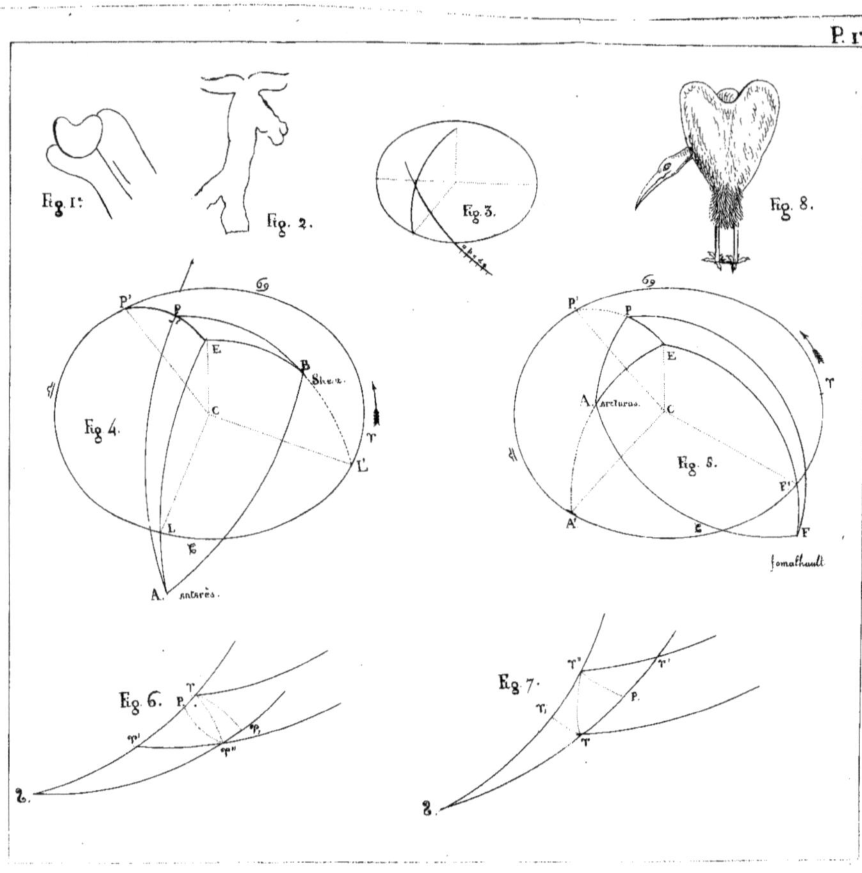
Fig. 1.
Fig. 2.
Fig. 3.
Fig. 8.
Fig. 4.
Fig. 5.
Fig. 6.
Fig. 7.
P'
P
E
B
Shéa.
C
L'
L
A. Antarès.
Arcturus.
A
C
E
A'
F'
F
Jomathault